复旦大学院系（学科）发展史丛书

FUDAN
UNIVERSITY

复旦大学
高分子学科发展史

张剑　段炼　伍洁静　著

复旦大学出版社

前 言

本书的编写，旨在记录和展现复旦大学高分子学科自1958年创立以来的发展历程，回顾其从无到有、从小到大、由弱到强的辉煌历史，展望其在新时代背景下的未来发展。作为中国高分子科学领域的重要研究基地和人才培养摇篮，复旦大学高分子学科在过去六十多年的发展中，始终秉承"学术自由、百花齐放"的精神，培养了大批优秀的高分子科学人才，取得了丰硕的科研成果，为国家的高分子科学事业和经济社会发展做出了重要贡献。

自1958年高分子化学教研室和高分子化学研究所成立以来，复旦大学高分子学科经历了初创、停滞、恢复、发展等多个阶段，最终于1993年独立建系，成为中国高分子科学领域的重要力量。近年来，随着国家科技实力的不断提升，高分子科学在材料、能源、生物医药等领域的应用日益广泛，复旦大学高分子科学系也迎来了新的发展机遇。为了系统总结和传承复旦大学高分子科学系的历史经验,激励新一代高分子学人继续前行,编写这本学科发展史显得尤为重要。

本书共分为四章,分别从不同阶段回顾了复旦大学高分子学科的发展历程。

第一章:艰苦创业 奠定基础(1958—1992)

本章详细记录了复旦大学高分子学科的初创阶段。1958年,复旦大学与中国科学院合作成立高分子化学研究所,同时在化学系成立高分子教研室,标志着复旦大学高分子学科的正式起步。在这一阶段,于同隐教授作为学科奠基人,带领第一批高分子学人筚路蓝缕,开启了复旦大学高分子科学的艰难征程。尽管经历了"文革"的停滞,但在"拨乱反正"后,复旦大学高分子学科逐渐走上了健康发展的道路,初步建立了教学和科研体系,培养了一批优秀的高分子科学人才。

第二章:砥砺前行 聚合奋起(1993—2010)

本章重点讲述了1993年高分子科学系成立后的快速发展阶段。独立建系后,复旦大学高分子科学系在杨玉良、江明等学科带头人的领导下,逐步确立了"高分子化学与高分子物理并重,加强高分子加工工艺"的学科建设指导思想,形成了高分子结构与性能、多组分聚合物、聚合反应及功能与生物大分子等研究方向。在这一阶段,复旦大学高分子科学系不仅在教学和科研上取得了显著成就,还积极参与国家重大科研项目,推动了高分子科学的产学研结合。

第三章：笃行致远 聚合腾飞（2011—2022）

本章聚焦于复旦大学高分子科学系在新时代背景下的奋进与前景。2011年，聚合物分子工程教育部重点实验室升格为国家重点实验室，标志着复旦大学高分子科学系进入了全新的发展阶段。在这一阶段，复旦大学高分子科学系不仅在基础研究上取得了突破性进展，还在生物医用高分子、光电能源高分子等新兴领域开拓了新的研究方向。同时，复旦大学高分子科学系积极服务于国家战略，承担了大量国家级科研项目，取得了多项重要科研成果。

第四章：人物风采

本章通过介绍复旦大学高分子学科发展历程中的杰出人物，展现了高分子学人的风采。从学科奠基人于同隐教授，到中国科学院院士江明、杨玉良、彭慧胜，再到一批批投身高分子事业的学者，他们不仅在科研上取得了卓越成就，还为复旦大学高分子学科的发展做出了不可磨灭的贡献。他们的学术精神、科研态度和人才培养理念，深深影响了复旦大学高分子科学系的文化传承。

回顾复旦大学高分子学科发展的历史，我们可以看到，从1958年的初创到1993年的独立建系，再到2011年国家重点实验室的成立，复旦大学高分子科学系始终紧跟国家科技发展的步伐，不断开拓创新，取得了令人瞩目的成就。这些成就的取得，离不开一代代高分子学人的辛勤付出和无私奉献。他们不仅在科研上追求卓越，还在人才培养上倾注了大量心血，培养了大批优秀的高分子科学人才，为国家的高分子科学事业和经济社会发展做出了重要贡献。

展望未来,复旦大学高分子科学系将继续秉承"学术自由、百花齐放"的精神,紧跟国家科技发展的战略需求,进一步深化高分子科学的基础研究,拓展高分子材料在能源、环境、生物医药等领域的应用;复旦大学高分子科学系将继续加强国际合作与交流,提升在国际高分子科学领域的影响力,努力建设成为世界一流的高分子科学研究与人才培养基地。

本书的编写,不仅是对过去六十多年历史的总结,更是对未来发展的展望。希望这本书,能够激励新一代高分子学人继承和发扬复旦大学高分子科学系的优良传统,勇于创新,追求卓越,为复旦大学高分子学科的未来发展贡献自己的力量。

最后,感谢所有为本书编写提供支持和帮助的师生、校友和各界朋友,特别是江明、李文俊、府寿宽、张炜等老师对书稿的反复修缮与补充。正是他们的辛勤付出和无私奉献,才使得复旦大学高分子科学系的历史得以完整记录和传承。希望这本书能够成为复旦大学高分子学科发展历程中的一座里程碑,激励更多的高分子学人为科学事业和国家发展贡献力量。

复旦大学高分子科学系
2025 年 2 月

目 录

| 第一章　艰苦创业　奠定基础
　　从化学系高分子教研室起步　　1
一、中国高分子科学的起步　　3
二、复旦高分子学科的创建与中辍　　7
三、拨乱反正，健康发展　　26
四、科研成就与学术传承　　47

| 第二章　砥砺前行　聚合奋起
　　高分子科学系的成立与发展　　67
一、抓住机遇建系与学科发展规划　　69
二、师资队伍建设与人才培养　　82
三、从教育部聚合物分子工程开放实验室到
　　重点实验室　　101
四、研究方向的确立与扩展　　127
五、学术交流谱新篇　　147

| 第三章　笃行致远　聚合腾飞
　　高分子科学系的奋进与前景　　155
一、建立多元化、高层次的人才培养体系　　157

二、聚合物分子工程国家重点实验室　　172
　　三、积极服务国家战略,科学研究成就突出　　186
　　四、加强合作,全方位开展学术交流　　202
　　五、迁入新址,焕发新气象　　212

| **第四章　人物风采** |　　223
　　一、学科奠基人于同隐　　225
　　二、中国科学院院士江明、杨玉良、彭慧胜　　227
　　三、现任教授　　231
　　四、退休及调离教授　　238

| **附录** |　　243
　　一、教职工名录　　245
　　二、学生名录　　246
　　三、国家课题目录　　273
　　四、硕士学位论文目录(1993—2023)　　303
　　五、博士学位论文目录(1993—2023)　　347

第一章

艰苦创业 奠定基础

从化学系高分子教研室起步（1958—1992）

高分子科学因其在国民经济和生产发展的极端重要性,在1956年国务院制订的"12年科技规划"中成为国家重点发展学科。1958年,复旦大学与中国科学院联合成立高分子化学研究所,同时在化学系成立高分子教研室。于同隐教授担任研究所副所长和教研室主任,带领同仁与学生,筚路蓝缕,开启了复旦大学高分子科学发展的艰难征程,奠定了相当稳固的基础。"文革"结束后,面对百废待兴的建设事业,党中央提出向科学技术现代化进军的口号,科研机构和管理机构逐渐恢复,科技人才重获新生,科学的春天真正到来了。复旦大学化学系高分子化学专业走上了健康发展的道路。

在复旦大学高分子科学系成立之前,复旦大学的高分子学科建设可分为3个阶段:1958—1966年,初创阶段;1966—1977年,停滞阶段;1978—1992年,"拨乱反正,健康发展"阶段。

一、中国高分子科学的起步

高分子是由小分子结构单元通过化学键联结而成,最大特点是具有长链结构,这使其获得了与小分子化合物不同的特性。人类使用天然高分子材料已有数千年的历史,但高分子学科的建立仅百年。虽然1920年代和1930年代已合成甚至生产了酚醛树脂等高分子材料,但对高分子的本质还没有正确的认识,以为高分子是由小分子堆积而成的,属于胶体,没有意识到高分子是由小分子结构单元通过化学键联结起来的这一本质。

1920年代中期,德国化学家施陶丁格[1]提出了高分子的科学概念,经过艰苦的学术争论后终于被广泛接受,一门新学科从此诞生,并成为发展最为迅速的学科之一。当今高分子科学更是与材料科学、生命科学等交叉融合,展现了更为广阔的发展前景[2]。

我国高分子教学和研究萌芽于20世纪40年代末50年代初。1948年,冯新德在清华大学开始讲授"聚合反应"课程,并且指导学生以糠醛树脂等作为毕业论文主题,这是中国高分子科学教育的先声[3]。1951年,唐敖庆等在《中国化学会会志》发表关于高分子链构象统计研究论文,是我国第一项关于高分子化学研究的学术成果。由此,我国高分子科学开始起步。当时,上海有机化学研究所、长春应用化学研究所已开始了高分子合成和表征的初步研究,1956年还专门在北京成立了以高分子科学研究为主要方向之一的化学研究所。北京大学、四川化工学院(后并入成都工学院,再并入四川大学)、大连工学院(现大连理工大学)、华东纺织工学院(现东华大学)、华南工学院(现华南理工大学)等高等院校相继开设了化学纤维、橡胶和塑料等专业课程。1954年10月,王葆仁在北京主持召开第一次全国高分子学术报告会。翌年,中国科学院成立全国高分子化

---

[1] 施陶丁格(Herman Staudinger,1881—1965),1953年诺贝尔化学奖获得者,长期担任德国弗莱堡大学教授。创立高分子线链学说,证明由小分子形成长链结构的高聚物不是简单的物理堆积,而是由化学反应结合而成。
[2] 江明. 我经历的高分子学科五十年[J]. 科学,2009,61(6):11-16.
[3] 张藜. 新中国与新学科:高分子科学在现代科学的建立[M]. 济南:山东教育出版社,2005:143.

合物委员会。1957年,专业性的学术刊物《高分子通讯》创刊。总体而言,从科学体制化角度来看,无论是科研机构的创设、学术交流网络的建立,还是人才培养系统的构成,与西方发达国家相比,我国高分子科学的起步并不算太晚,与日本几乎处于同一起跑线上。当时我国《高分子通讯》和日本《高分子化学》在发表文章的数量与水平上很相近,可以说,我国高分子化学的体制化在"文革"前已颇具规模。

20世纪50年代,我国科学技术学科和门类空白点很多,发展也不平衡。1956年5月,中共中央发出"向科学进军"的号召。国家从全局出发,以"重点发展,迎头赶上"为基本方针制订了《一九五六——一九六七年科学技术发展远景规划纲要(修正草案)》(简称《纲要》),提出了57项重要科技任务、616个中心研究课题,包括基础、应用和发展研究。"重有机化学产品和高分子化合物的生产过程的研究及其应用范围的扩大"成为第28项重要科技任务。《纲要》对高分子化合物的重要性如是阐述:

> 由于高分子化合物种类和性质的多样化,很快就被利用到各种近代工业中去,成为极重要的化学材料。飞机工业、汽车及轮船制造工业、国防工业、电讯工业以及大量的日用品的生产都和多种多样的高分子化合物的生产密切联系着。合成橡胶、塑料、纤维及涂料等已经大部地代替了天然原料,并在某些性质方面超过了天然原料。高分子

化合物的研究工作是极有前途的①。

《纲要》也这样布置了高分子化合物方面的任务：

> 在高分子化合物方面要调查天然高分子化合物资源，研究它们的性能和化学加工的方法。研究合成高分子化合物的聚合方法和生产技术；研究它们的加工成型方法以制成橡胶塑料和纤维等材料，并研究这些材料的机械物理性能以扩大其应用范围。同时，应在新型高分子化合物的合成、高分子化学形成的反应机构、高分子的结构及其与机械物理性质的关系等方面进行研究，希望能创造新型的具有指定性能的高分子化合物，并发展高分子化学这门学科。

为配合这项重点任务，在基础研究化学学科，要求对高分子的物理化学特性投入相当大的力量；另外，"高分子化合物是有机化合物，除了研究其物理化学性质，还应在合成及反应机构方面投入更多的力量"。

有了《纲要》的纲领性指导，我国高分子科学的发展进入了快速发展"通道"。

1958年初，中共中央确立了"鼓足干劲，力争上游，多快好省地建设社会主义"的总路线，提出要以群众运动的方式，促使

---

① 一九五六——一九六七年科学技术发展远景规划纲要（修正草案）[M]//胡维佳.中国科技政策资料选辑（1949—1995）（上）.济南：山东教育出版社，2006：172、247.

农业和工业同时高速发展,在最短的时间内赶上西方资本主义国家。科学技术领域自然也不例外,出现了高分子学科全面开花的形势,全国许多院校都从无到有开展高分子教育和科研。那一年,刚刚成立的中国科技大学建立了我国第一个高分子系,全国很多综合性大学都创办高分子化学专业并成立教研室。

二、复旦高分子学科的创建与中辍

(一) 高分子化学研究所和高分子教研室成立

在"大跃进"运动中,上海市提出把上海建设成为我国先进科学中心之一的目标。1958年3月,近2000名专家举行会议,成立9个全市性的科技协作小组;8月,召开科学技术研究工作跃进大会,提出钢铁、机械、化学、纺织、医学、农业及原子能和平应用等方面的规划;11月,以中国科学院、高等院校和工业部门合作建设的方式,新建原子核、数学、技术物理、高分子化学、电子学、无线电技术、计算技术、力学、自动化、生物化学、电子仪器、科学技术情报等18个研究所[1]。其中,复旦大学与中国科学院联合,筹建技术物理研究所(101所)、原子核研究所(102所)和高分子化学研究所(103所)[2]。

1958年10月,高分子化学研究所成立,化学系主任吴征铠担任所长,有机化学教授于同隐担任副所长,主持具体工作。

---

[1] 《上海科学技术志》编纂委员会.上海科学技术志[M].上海:上海社会科学院出版社,1996:54-57.
[2] 《复旦大学百年志》编纂委员会.复旦大学百年志[M].上海:复旦大学出版社,2005:1128-1129.

同时,在化学系成立高分子教研室,于同隐担任主任。

于同隐教授,早年毕业于浙江大学化学系,后留学美国密歇根大学获博士学位;1951年回国后在浙江大学任教;1952年院系调整,来到复旦大学化学系执教,1955年任有机化学教研室主任,为本科生讲授有机化学。1956年,他带领年轻的同事和学生一起,从事列入复旦12年科学规划的"硅有机合成"课题研究。短短几年内,成果频出,发表七八篇论文,充分展示了他在科研上的能力与实力。1958年,在复旦高分子学科创建期间,担任研究所副所长(所长物理化学家吴征铠主要精力放在筹建原子能系[①])和教研室主任,时年41岁。

新成立的高分子研究所(教研室)的初创成员,除于同隐外,还有从化学系有机教研室和物化实验室抽调的青年教师徐凌云、叶锦镛、叶秀贞、何曼君、王季陶、孔德俊等,以及应届毕业生唐德宪、张中权、王智庭等。创建之初,高分子研究所面临的最大问题是师资力量严重不足。为此,学校决定让化学系一批三年级的本科学生提前毕业,留校充当高分子专业的青年教师。他们是江明、纪才圭、胡家璁、陈维孝、董西侠、包银鸿、王铭钧、骆文正、郑元福、赵素珍、王金华和刘淑兰,共12人。1959—1966年间,又有郭时清、黄秀云、朱文炫、李文俊、王立惠、卜海山、史庭安、周修龄、李海晟、马瑞申、平郑骅、李善君、府寿宽等加入高分子教研室。

[①] 吴征铠. 我的一生[M]. 北京:原子能出版社,2006:48. 也许正因为此,吴征铠在回忆中只字未提有关复旦大学高分子科学事宜。

图 1-1 中国科学院复旦大学高分子化学研究所

曾经挂在复旦大学邯郸路校区化学楼东侧门的中国科学院复旦大学高分子化学研究所牌实物现已不存,只有这张照片留存在复旦大学校史馆内,记载了曾经的"起点"。"大跃进"期间,复旦大学与中国科学院合作创设了3个研究所:技术物理研究所1961年独立为中国科学院上海技术物理所;原子核研究所也独立成为中国科学院上海原子核研究所;只有高分子化学研究所在"调整、巩固、充实、提高"中于1962年被撤销。

最初成立高分子研究所时,没有独立的工作场所,临时安排在化学楼的二、三楼的几间实验室内。1962年1月迁入了新建成的高分子楼,俗称"跃进楼"。

(二) 白手起家,边干边学

国务院编制 12 年科学规划时,曾提出"以任务为经,以学科为纬,以任务带学科"的规划制订原则。复旦高分子学科的起步在相当程度上是依靠各种"任务"带动起来的。高分子化学研究所成立时,正值"大跃进"高潮,在此氛围下,研究所提出要"创造一千种新物质",集中力量研制"700℃上天 5 分钟"的耐高温材料等不切实际的计划。

20 世纪五六十年代,出于国防建设的需要,国家准备自行研制"两弹一星"。作为运载各种导弹和卫星的工具,火箭在再入大气层时,将因空气动力加热而急速升温。因此,要求具有足够的涂层强度及与底层材料的结合强度,以及良好的抗热震性。特别是在前三十几秒钟的升温阶段,需要具有如耐磨、耐蚀、耐热、绝热等特殊表面性能的材料。

所谓"700℃上天 5 分钟",就是要研制出瞬时耐高温材料,能耐 700℃高温,延续 5 分钟不烧毁,以满足国防科技发展的需求。但当时复旦高分子专业的成员没有人做过一项高分子的研究,也根本没有条件做这样的研究,这样的任务显然脱离了实际,也不可能完成。尽管这项课题研究持续了一年多,却没有得到有价值的"成果"。如果说有什么积极意义的话,那就是付了"学费",部分教师从中得到了一定的锻炼,积累了经验。

与此同时,部分教师还从事了黏度计、渗透压仪、沸点升高仪和光散射仪的研制。光散射仪的研制工作难度最大,当时国际上也还没有光散射仪产品。那时,激光还没有发明,用汞灯为光源。光源和电子测量系统的稳定,对这些还没有读完大学的年轻助教来说,真是很大难题,虽经两年"奋战",不能过关①。

1961年1月,党中央提出"调整、巩固、充实、提高"方针,实际上宣告了"大跃进"运动的结束。高分子化学研究所被撤销,但复旦高分子学科以化学系高分子教研室为依托,继续发展。反思高分子"大跃进"的成败,大家意识到了加强教师队伍基础理论学习的重要性和紧迫性,在逐步脚踏实地开展研究工作的同时,需要加强基础理论的学习。此后,研究工作包括研制仪器(热机械分析仪、光散射仪器等),从事聚酯橡胶、测定玻璃化温度、分子量测定等基础性研究。"边干边学"是指导思想。目的很明确,在科研的同时,努力学习基础知识,在实践中成长。通过大量的实验工作,青年教师和学生在有机合成、高分子合成以及高分子成型加工研究方面得到了锻炼。为了尽快提升青年教师的水平,于同隐派遣青年教师骨干前往一些高分子学科先进单位进修②。叶锦镛去中国科学院化学所和北京大学进修学习了两年③。何曼君赴中国科技大学,跟随钱人元学习高分子物理课程。

于同隐以身作则,勤奋学习,为青年教师树立了榜样。他

---

① 江明.科学巨匠　后辈楷模——献给钱人元先生百年诞辰[J].高分子学报,2017(9):1382-1388.
② 20世纪50年代末,北京大学化学系高分子化学教研室受教育部委托开办进修班,全国26所高等院校的教师参加了关于高分子合成的学习。参见:张藜.新中国与新学科:高分子科学在现代科学的建立[M].济南:山东教育出版社,2005:147.
③ 叶锦镛口述,2013年10月29日,上海。资料存于采集工程资料库。

图1-2　1961年7月,832组(高分子物理组)师生留影

是学有机化学出身,转到高分子科学来,自然也碰到很多新的问题,特别是开展高分子物理研究涉及较深的物理和数学问题,对化学专业出身的人来说有相当的难度。于同隐不仅自己努力钻研,还带领着大家一起学习。1960年代初期,为了学习关于链构象统计的俄文专著,他带着大家一起读,并邀请数学系的老师来给大家讲解。于同隐指导年轻教师和研究生阅读高分子英语原版书,例如毕尔梅耶(Fred W. Billmeyer)的 *Textbook of Polymer Science*(聚合物科学教科书)、班福德(C. H. Bamford)的 *The kinetics of vinyl polymerization by radical mechanisms*(烯类单体自由基聚合动力学)、托博尔斯基(A. V. Tobolsky)的 *Physical chemistry of high polymeric systems*

(高聚物体系的物理化学)等①。那时大学生基本上都学俄语,英语水平较差。为了提高大家的阅读能力,于同隐为大家开了专业英语课,还为此专门编了讲义。配合初级自由基反应的研究,于同隐还专门开设了《初级自由基反应》的讲座。

整个高分子教研室没有一位老师是受过高分子学科教育和训练的,"边干边学,互教互学"就自然成为大家基础理论学习的最佳途径。在1959—1961年间,于同隐亲自规划,将高分子化学和物理的基本问题分解为若干专题,分配给教研室较资深的老师,分别准备报告②。报告人必须就这个专题查阅资料、钻研消化,然后归纳总结,最后写成讲义,向全教研室作报告。与一般讲课不同,报告后都有提问和讨论。实践证明,这是复旦高分子学人边干边学、相互促进、迅速提高的有效方式。在高分子教研室,于同隐共组织了17次高分子化学专题讲座,初步搭建了复旦高分子学科的基本体系和框架。讲义汇编整理成册,正式名称为《高分子化学专题讲座》,俗称"十七讲"。这已成为复旦大学高分子学科发展史上具有里程碑意义的专有名词,相当程度地代表着复旦大学高分子学科早期发展的水平。随着岁月的流逝,"十七讲"的讲义几乎全部遗失了。幸好黄秀云老师还保存了一本,现珍藏于复旦大学档案馆③。"十七讲"目录如下:

---

① 江明口述,2013年10月29日,上海。资料存于采集工程资料库。
② 府寿宽口述,2013年10月29日,上海。资料存于采集工程资料库。
③ 李文俊口述,2013年10月29日,上海。资料存于采集工程资料库。

第一讲　绪论

第二讲　聚合反应

第三讲　聚合反应(续)

第四讲　含硅高聚物

第五讲　含氟高聚物

第六讲　酚醛树脂及塑料

第七讲　高聚物溶液的热力学

第八讲　高聚物溶液的热力学(续)

第九讲　高聚物的分级

第十讲　高分子溶液的渗透压

第十一讲　高聚物稀溶液的粘度和分子量测定

第十二讲　光散射法测定高聚物的分子量

第十三讲　加聚反应动力学

第十四讲　共聚反应

第十五讲　缩聚反应

第十六讲　高分子化合物的结构

第十七讲　高聚物的高弹性

　　每讲到底由谁主讲,现已无从查考,原稿仅注明第六讲"酚醛树脂及塑料"由何曼君主讲。另外,据江明回忆,"高聚物溶液的热力学"由化学系朱京主讲。从"十七讲"内容可以看出,在复旦大学高分子学科创建之初,于同隐组织师生探究高分子科学,能够比较全面地认识其内涵,准确地把握其精髓,初步明确其架构体系,为今后科研与教学的发展奠定了坚实的基础。特别值得指出的是,"十七讲"诞生的年代正是"三年困难时期",物质条件很差,粮食供应紧张,大家时常吃不饱。但就是在这样的条件下,教研室的老师们互教互学,勤奋钻研,学习氛围非常浓厚,青年教师进步很快。

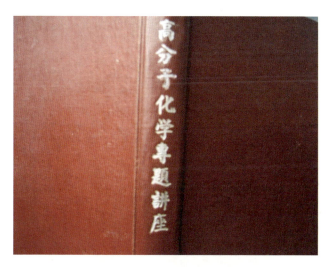

图 1-3 《高分子化学专题讲座》油印本书脊

青年教师们勤奋学习高分子基础理论,促进了科研工作。王铭钧独立钻研高分子统计理论,与吉林大学唐敖庆、江元生合作,在《高分子通讯》第 5 卷第 1 期(1963 年 7 月)发表论文"高分子凝胶化理论",提出一种推导重均分子量表示式的简便计算方法,利用该方法推导出多种反应类型的凝胶化条件,指出不管反应过程中有无内环化现象,凝胶化条件的表示式相同。江明与李文俊等克服重重困难,成功试制了光散射仪,利

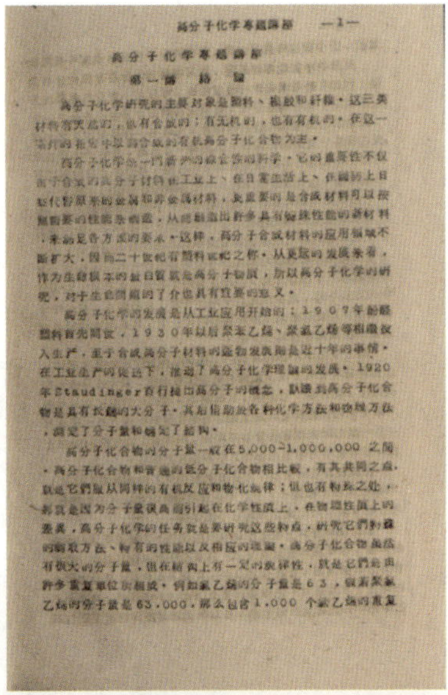

高分子化学专题讲座　—1—

高分子化学专题讲座

第一讲　绪　论

高分子化学研究的主要对象是塑料、橡胶和纤维。这三类材料有天然的，也有合成的；有无机的，也有有机的。在这一[illegible]以合成的有机高分子化合物为主。

高分子化学是一门新兴的综合性的科学。它的重要性不仅由于合成的高分子材料在工业上、在日常生活上、在国防上日益代替那些的金属和非金属材料，更重要的是合成材料可以按照需要的性能来制造，从而制造出许多具有特殊性能的新材料，来满足各方面的要求。这样，高分子合成材料的应用领域不断扩大，因而二十世纪有塑料世纪之称。从更远的发展来看，作为生命基本的蛋白质就是高分子物质，所以高分子化学的研究，对于生命问题的了解也具有重要的意义。

高分子化学的发展是从工业应用开始的：1907年酚醛塑料首先问世，1930年以后聚苯乙烯、聚氯乙烯等相继投入生产，至于合成高分子材料的蓬勃发展则是近十年的事情。在工业生产的促进下，推动了高分子化学理论的发展。1920年Staudinger首行提出高分子的概念，认识到高分子化合物是具有长链的大分子。其后借助于各种化学方法和物理方法，测定了分子量和确定了结构。

高分子化合物的分子量一般在5,000~1,000,000之间。高分子化合物和普通的低分子化合物相比较，有其共同之点，就是它们服从同样的有机反应和物化规律；但也有特殊之处，那就是因为分子量很高而引起在化学性质上，在物理性质上的差异。高分子化学的任务就是要研究这些特点，研究它们特殊的制取方法、特有的性能以及相应的理论。高分子化合物虽然有很大的分子量，但在结构上有一定的规律性，就是它们是由许多重复单位所组成。例如氯乙烯的分子量是63，假若聚氯乙烯的分子量是63,000，那么包含1,000个氯乙烯的重复

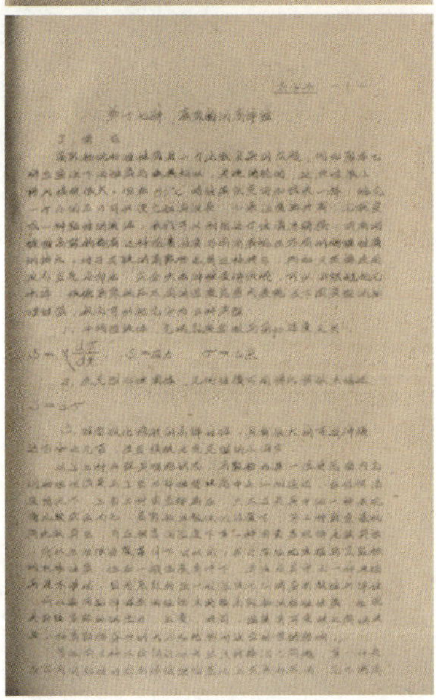

图1-4　“十七讲”第一讲“首页”与第十七讲“首页”

全部讲义仅第一讲为打字机油印，后面完全是手刻油印。

用此仪器研究了高分子溶液性质，于1964年在《高分子通讯》第5期上发表论文“聚苯乙烯-丁酮-正己烷体系稀溶液性质的研究”。于同隐和研究生鲍起鼐的文章也于同年在《高分子通讯》发表①。

5期　　江　明、李文俊：聚苯乙烯-丁酮-正己烷体系稀溶液性质的研究　　361

为 1.62×10^{-6}，仍較同一級分在丁酮-正己烷（$\gamma = 0.45$）中的截矩 $1.34 \cdot 10^{-6}$ 为高。由于两者均为 θ 溶剂，$P(90)$ 应相同，故截矩不同說明后者 K 值确与純丁酮为溶剂之 K 值不同，尽管两溶剂之折光指数相当接近。类似的情况文献中已見报导，如聚二甲基硅氧烷在甲苯（$n^{25} = 1.493$）和邻苯二甲酸二乙酯（$n^{25} = 1.499$）中测得的表观分子量随溶剂組成变化很大[14]。

摘　　要

测定了五个聚苯乙烯級分（$\bar{M}_\eta 3.2 \times 10^5—2.7 \times 10^6$）在丁酮-正己烷体系中的特性粘数，发现高分子量級分的特性粘数-組成曲綫在 $\gamma = 0.13$ 处出現极大値。簡要叙述了自制光电式散射光度計的結构。聚苯乙烯級分在上述混合溶剂体系内光散射测定的結果表明，A_2 也在 $\gamma = 0.13$ 处出現极大。应用溶度参数解释了上述結果。本工作所得聚苯乙烯溶度参数实验値为8.8。

根据在 θ-溶剂中 $A_2 = 0$ 及 Mark-Houwink 方程参数 $\alpha = \frac{1}{2}$ 的条件，从粘度及光散射所测得的聚苯乙烯-丁酮-正己烷体系（30℃）的 θ 溶剂組成是一致的，$\gamma_\theta = 0.45$。

致謝：工作过程中于同隐教授給以指导和关心；上海分析仪器厂叶宵登等同志协助制作光散射仪器；中国科学院化学研究所供給乳浊玻璃；叶秀貞、駱文正等同志参加过仪器的制作。作者謹在此表示深切的謝意。

图1-5　江明、李文俊在《高分子通讯》上发表论文的“摘要”与“致谢”

在组织系列学术报告的同时，于同隐带领青年教师翻译西方高分子学术论文。先后出版了两本论文集。其一是结合教研室“接枝橡胶”的研究，和中国科技情报研究所合作编译的《乙烯类单体与天然橡胶的接枝共聚》，作为“化学译丛”之一，由科学出版社于1961年12月出版。接枝共聚物和嵌段共聚物

① “文革”前，复旦高分子专业发表的论文还有于同隐、杜聪的“聚二甲基硅氧烷甲苯溶液特性粘数的温度依赖性”，《高分子通讯》第7卷第5期（1965）。

是高分子改性的一个重要方向,该书汇聚了当时国外相关前沿研究论文共 12 篇。

图 1-6 《乙烯类单体与天然橡胶的接枝共聚》版权页

图 1-7 《高聚物的分子量测定》一书封面

另外一本是《高聚物的分子量测定》,作为"高分子译丛"之一,由上海市科学技术编译馆于 1965 年 12 月公开出版。此前,中国科学院化学所钱人元等人于 1958 年出版了一本同名著作,是高分子工作者进行分子测定时的必备参考书,对复旦高分子学科建设作用很大。复旦高分子化学教研室 1965 年组织翻译的 8 篇论文,总结了钱人元著作发布后国际上此领域的新进展。

(三)本科和研究生教学

在"边干边学"人才培养的思想指导下,初创的复旦高分子化学学科在 1958 年就开始在化学系招收高分子专业本科生，第一届（即 1960 届）仅有黄秀云等 3 人。这 3 位实际上与同届提前毕业的留校生一同工作，1960 年毕业后仅黄留校工作。1961 届，李文俊、朱通、封朴等作为预备教师参与科研，另有多位同学也作为高分子专业学生培养。限于条件，这两届都没有开设课程，只有专题报告，学生参加实验工作。在于同隐的直接指导下，基于"十七讲"的成果，1960 年起，教研室正式为 1962 届学生开设课程，包括"高分子化学"（叶锦镛主讲）和"高分子物理"（何曼君主讲）等专业基础课，"高分子单体"（徐凌云主讲）和"高分子溶液"（江明主讲）等专门化课，课程没有正式教材，但都发放油印讲义。

图 1-8　江明主讲的"高分子溶液"油印讲义

据统计，1960—1964 年，化学系高分子专业（高分子组）共招收学生 185 人。毕业生中少数人跟随于同隐读研究生，或留校任教，更多的学生毕业后被分配到各地高校、科研机构和工矿企业，大多数人都从事高分子专业相关工作；有些人成为教授、总工程师，或成为单位的领导。这是"文革"前复旦高分子学科初创时期对社会的重要贡献。

图 1-9　1964 年复旦大学化学系高分子组毕业留影

于同隐自 1960 年开始招收高分子学科方向的研究生。当年招收杜聪、高南，1961 年招收李葰、李有刚，1962 年招收胡家璁、鲍其鼐、府寿宽，1964 年招收汪道彰，1965 年招收罗永康。

其中,胡家璁为在职研究生,府寿宽毕业后留校工作。鲍其鼐、李荄、汪道彰、罗永康毕业后,分别在石油化工、合成树脂、涂料、复合材料等领域颇有建树,成为相关领域的学术带头人和研究领导者。研究生未设专门课程,主要学习方式是在于同隐指导下阅读英文专著。例如,府寿宽的研究方向是高分子合成,于同隐特意安排他读了有关有机化学结构理论的英文原著。他回忆说:"我们那个时候怎么读呢?差不多两个礼拜念一章。这一章由谁来主讲,这个事先就得准备一下。到时候,我们就到课堂上讲,于先生在旁边补充。"虽然当时的研究条件很差,部分研究生的工作仍然取得了良好的结果。例如,府寿宽的双链聚合物的合成和物性的研究取得成功,其后发展为教研室高分子合成方面的一个重要研究方向;鲍其鼐发表论文,用动态热机械法研究高聚物的力学性能;1964年,于同隐与鲍其鼐在《高分子通讯》合作发表了论文《聚甲基丙烯酸甲酯的分子量对温度-形变性质的影响》。这是于同隐发表的第一篇高分子学术论文。

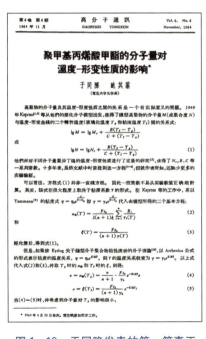

图1-10 于同隐发表的第一篇真正意义上的高分子学术论文

图 1-11 1965 年复旦大学 60 周年校庆时,高分子专业部分教师和研究生合影留念

一排左起:府寿宽、董西侠、包银鸿、赵素珍、何曼君、徐凌云、鲍其鼐。

二排左起:纪才圭、卜海山、王铭钧、骆文正、李葭、李海晟、李国炎。

三排左起:李文俊、胡家璁、戚翔云、江明、孔德俊、汪道彰。

(四)教学和科研体系的初步建成

当年,一般人往往认为高分子和有机化学很接近。于同隐出身有机化学,故校领导决定由他领衔复旦高分子学科。一开始,复旦高分子学科确以高分子合成作为主要方向。然而,于同隐早就认识到高分子是一门综合性的学科,作为一个教学和科研单位,仅仅有接近有机合成的高分子化学是远远不够的,必须还有高分子物理和高分子工艺等方向,才能形成较为完整的教学和科研体系。

经过1958—1965年8年的艰苦努力,高分子专业建立了初步的课程体系(包括实验课);自行研制和购置了部分仪器,科研方面也初步显示成果,在专业期刊上开始有论文发表。建成了学科比较完整的高分子科学教研室,设立了高分子化学、高分子物理、高分子工艺和高分子辐射化学4个组,这样较完整的高分子的专业设置,在当时全国高校中是不多的。

在此过程中,教师队伍得到了锻炼。由此也开始形成了一支团结、勤奋、好学的具有复旦高分子学科文化特质的队伍。当时还是青年教师或学生的何曼君、叶锦镛、江明、府寿宽、李文俊、李善君等人逐渐成为高分子的学科骨干。

在复旦高分子学科发展历程中,何曼君(1930—2013)也做出了突出贡献。她1953年毕业于复旦化学系,1957年从北京大学物理化学专业研究生毕业后来复旦化学系工作。1958年作为始创成员,长期担任高分子教研室副主任,协助于同隐筹建复旦高分子学科,是学科发展的"大管家",被时任复旦大学党委副书记、副校长的王零称为"何司务长"。1983年因家庭原

图1-12 为发展高分子科学,专门建造了实验楼,名曰"跃进楼"

因调去华东化工学院(今华东理工大学)。

(五) 停滞阶段

1966年"文革"爆发,复旦高分子的科研与教学工作全部停顿。自1970年起,高分子专业开始招收工农兵学员,学制为3年,教学秩序有所恢复。在极其艰难的条件下,于同隐等高分子专业广大教师,竭尽全力克服政治干扰,针对学生的实际情况编写教材,重新开设高分子实验,并带领学生到工厂实习,使工农兵学员的文化和专业水平得到了不同程度的提高。据统计,1970级招生61人,1972级招生31人,1973—1977年每年招生32人,共252人。其间,培养出了杨玉良等杰出人才。

1975年,以高分子化学专业研究班(2年制)名义招收张炜、丁崇德、杨修塈3人为研究生,1976年招收陆亚蒙、曹望平为研究生。当时,研究生的培养废除了导师制,由化学系石油化工厂聚丙烯组教师集体指导。作为当时高分子化学专业唯一的教授,于同隐虽然"靠边站",但在研究生们的学习与研究中仍发挥了指导作用。这些研究生毕业后,也都走上了重要的科研或行政岗位。张炜曾任高分子科学系党委书记兼系副主任、聚合物分子工程国家重点实验室副主任等职务。

"文革"初期的狂热之后,高分子学科教师与学生也参与了一些科研工作。1971年,化学系和上海高桥化工厂、上棉三十一厂、上海合成树脂研究所、上海合成纤维研究所等单位组建了会战组,其从事的"丙烯液相本体聚合新工艺"研究是其中的

图 1-13　1974 年高分子专业工农兵学员毕业留影

图 1-14　1977 年高分子专业工农兵学员毕业留影(1977 年 1 月拍摄)

代表。该项目在"文革"期间发表了"丙烯本体聚合试验"等论文,成果获得 1978 年全国科学大会奖。

三、拨乱反正,健康发展

(一) 背景

"文革"结束以后,党中央大力拨乱反正,消除影响,开始改革开放。复旦大学党委整顿学校领导机关,并初步调整了各系和机关部室的干部,为学校工作逐渐步入正轨创造了条件。1977年10月29日,复旦大学革委会主任、原校长陈望道病逝。1978年7月12日,中共上海市委调整学校的领导班子,任命苏步青为复旦大学校长,夏征农为党委第一书记。学校教学、科研等各方面工作开始走上正轨。1981年1月,中共复旦大学第九次代表大会召开,会议明确提出学校工作的具体任务是:进行教学调整和改革,加强科学研究;培养又红又专的人才和建设又红又专的教师队伍;整顿编制,精简机构,提高效率和管理水平;搞好学校领导体制,实行民主办校。

化学系由"文革"前系主任吴浩青重新担任系主任。全系师生在新的党政班子领导下,快速重建实验室,建立正常的教学秩序,各项科研工作也逐步走向正轨。以化学系高分子化学教研室为代表的高分子学科,也由此进入新的发展阶段。

这时,已年逾六旬的于同隐重新出任高分子化学教研室主任,挑起了重建复旦高分子学科的担子。"文革"不仅极大地阻碍了中国科学的发展,使科研人才出现断层,更严重的是,对人们心理与思想造成了冲击。复旦高分子学科也一样。于同隐尽管在"文革"期间也受到了冲击,但他在复出后,抛开恩怨与隔阂,克服各种困难,将教师们团结在一起,积极行动起来,使教研室的教学和科研迅速复兴和发展起来。1982年,教育部根据重点学科规划,将复旦高分子化学与激光物理、核物理、真空物理、电化学、进化与行为遗传等方面11项研究确定为部重点科研项目[①]。高分子学科无论在校内还是校外都已显现出影响力。

(二) 教学秩序恢复和教材建设

"文革"后,复旦高分子专业改为4年制。首先恢复招生与教学,1977年招收曹宪一、徐瑞云等12人,1978年招收肖宏、金毅敏等29人,1979年招收全大萍、胡七一等24人,1980年招收

图1-15　文革后招收的首届高分子专业组本科毕业师生合影

---

① 《上海科技》编辑部编.上海科技(1949—1984)[M].上海:上海科学技术文献出版社,1985:199.

第一章　艰苦创业　奠定基础

图 1-16　1982 年 6 月 11 日，1978 级高分子专业本科毕业师生合影

金小玲等 24 人，1981 年招收邵正中等 19 人，1982 年招收陈文杰等 27 人。为满足教学需要，教材建设成为复旦高分子学科改革开放初期最具特色的学科建设事务之一。

高分子是新兴学科，20 世纪 50 年代末，全国高校纷纷办起高分子专业时，各校都没有正式的高分子教材。在复旦，于同隐根据自己的学科背景，编写了一本讲义《高分子合成化学》。这本油印讲义很简练，仅仅几十页的篇幅，但穿插了一部分与高分子相关的有机合成基本反应作为先导，然后再讲高分子的聚合反应。从 1960 年开始至 80 年代初，"高分子物理""高分子化学"和"高分子实验"3 门高分子专业基础课已经开设了近 20 年，教材、讲义也不断改善和完善。进一步修订教材并公开出版的时机已经成熟。

高分子物理是复旦高分子教研室"文革"前就全力关注的

方向,20世纪80年代初期成为学科发展的重点,教研室首先组织了《高分子物理》的编写。《高分子物理》由该课程的讲课老师何曼君、陈维孝、董西侠负责编写,1983年1月由复旦大学出版社出版。于同隐校订并撰写序言。于同隐在序言中回顾了高分子科学的发展历史,特别指出,自20世纪60年代以来,高分子科学的研究重点"转移到高分子物理方面,逐渐阐明了高分子结构和性能的关系,为高分子的理论和实际应用建立了新的桥梁"。《高分子物理》从分子运动的观点阐明高分子的结构和性能,着重在力学性质和电学性质方面,同时也兼顾物理化学和近代的研究方法[1]。该书是全国最早出版的一本综合性高分子物理教材,受到了许多专家和前辈的热情鼓励,不少高校也将其作为教材或教学参考书。高分子科学领域的同行们将它作为研究工作中的基础参考读物。1986年12月,在广州召开的高分子教学工作会议上,代表们提出再版的要求。会后,作者总结几年教学的实践经验,并广泛吸收各方面的意见,增加了高分子科学的新成就,于1990年出版了修订版。《高分子物理》修订版曾获得国家教育委员会颁发的"优秀教材"等奖项,成为此后20多年国内高分子物理教学的首选教材。21世纪之初,面临日新月异的高分子科学发展,原书编撰者何曼君和在高分子物理课教学第一线的张红东一起,再度修订,增加高分子物理学的新成就,2006年由复旦大学作为"博学·高分子科学系列"出版了第三版。

---

[1] 于同隐.序言[M]//何曼君,陈维孝,董西侠.高分子物理.上海:复旦大学出版社,1983.

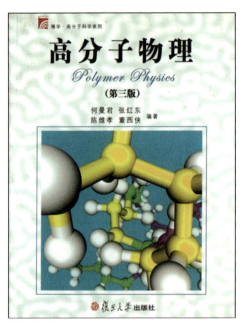

图 1-17　2006 年出版的《高分子物理》第三版

高分子科学教学体系一贯重视高分子实验课的建设。1983 年 9 月,高分子教研组编写的第一本实验教材《高分子实验技术》由复旦大学出版社出版。于同隐在序言中说①:

> 高分子科学是一门实验科学。实验技术是高分子科研和教学中不可缺少的一个环节。长期以来,尽管许多院校结合自己的特点,编写了不少实验教材,国外也有这类教材出版,但是还缺乏一本或几本使用面比较广、符合我

---

① 于同隐. 序[M]//复旦大学化学系高分子教研组. 高分子实验技术. 上海:复旦大学出版社,1983.

国情况的实验书,以及综合各种实验手段的参考书。

复旦大学高分子教研组从一九五八年以来,由于教学和科研工作的需要,开设了不同类型的实验课;并且随着高分子科学的发展和国内实验条件的改善,增补了各种新的内容。这些年来还办了分子量测定训练班(和中国科学院化学研究所合办)、凝胶色谱训练班(和中国科学院长春应用化学研究所合办)、顺磁共振培训班,从中吸取有益的经验,充实了这本书的内容。另外,有些实验是科研的成果,经过选择而移植过来的。这些实验都经过高年级学生和研究生的实践,证明是符合学习要求的。

该书编入了 30 个高分子物理方面的实验,包括聚合物的溶液性质、力学、热学、电学、光学性能等;编入 35 个高分子化学方面的实验,涉及塑料、橡胶、纤维、黏合剂和涂料等。主要参与编著者包括徐凌云、马瑞申、张中权、张炜等。初版 6 000 册一经问世即供不应求,1984 年又加印了 7 000 册。1993 年,为了适应不断发展的高分子科学实验技术与设备,特别是计算机技术在高分子科学研究中的应用,修订了该书,增加 20 个新实验,并修订了原有实验内容。于同隐在修订版前言中对教学和科研在大学教育中的重要地位进行了辨证思考:"在大学教育中,教学和科研是两项不可分割的中心任务。将科研成果引入实验教材,既提高了教学质量,也有助于科研的开展。"[1]1996

---

[1] 于同隐. 修订版前言[M]//复旦大学高分子教研组. 高分子实验技术(修订版). 上海:复旦大学出版社,1996.

年8月修订本正式出版。

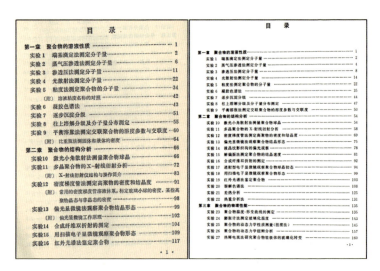

图1-18 《高分子实验技术》初版和修订版目录第一页

高分子化学是高分子科学的基础,复旦高分子教研室曾多次编写过自用的《高分子化学》教材。1995年,这本教材得以正式出版(这是在高分子科学系成立后)。当时,国内各高校高分子化学教材各有千秋,复旦的《高分子化学》也有着自己的思考与特色,"我们觉得高分子化学这门课程是高分子专业的第一门专业基础课,学生囿于以前的思维定势往往会从小分子的角度来看待高分子,而忽略高分子的特点"。因此,该书以较多的篇幅叙述高分子发展的历史和分子量、分子量分布等基本概念,使学生懂得要准确了解高分子的化学,首先要突破小分子的框框。该书在讨论聚合反应的原理时,以聚合反应机理和动力学为主要线索展开,因为高分子化学课程是在学生学习了有机化学和物理化学后开设的,这样安排更容易收到良好的教学效果。这本教材由府寿宽组织编写,参与编写人员有李樘、纪才圭、李善君、李文俊、张中权、唐德宪和张炜等。

另外,高分子学科老师还参与撰著了一些高分子科学的专著,如于同隐、李文俊撰写了王葆仁担任编委会主任的"高分子科技丛书"中《配位聚合》①一书的第二章"丙烯配位聚合"。

教研室在组织出版专业教科书的同时,还引进翻译了国外知名教科书《大分子》(德国高分子科学家汉斯-乔治·伊利亚斯著)。于同隐在译序中说,中译本以德文版第三版英译本(1977年出版)为基础,增加了德文第四版所增加的内容第六篇"工艺"。该书"涉及高分子科学的各个方面,从天然和合成高分子的基础理论到工艺都作了介绍。一般书上很少讨论到的问题,例如表面张力、无机链等都有专门的论述。有些章节,特别是溶液热力学,它的基础理论写得比较

图 1-19 《大分子》版权页

从译序可以看出,该书早在1980年就开始翻译,直到1986年才出版,其间的艰辛可想而知。

---

① 上海科学技术出版社1988年出版,全书共5章,分别介绍了乙烯、丙烯配位聚合,乙烯-丙烯配位共聚,二烯烃、环烯烃配位聚合。

全面。对高分子科学的历史发展也作了详细的叙述"。该书上册内容为"结构和性能",下册为"合成、材料和工艺学",中文版1986年由上海科学技术出版社出版。

(三) 材料科学研究所和材料系的建立

在复旦高分子学科逐渐发展成长过程中,国家形势也在变化,科学技术面向经济建设的科技体制改革提上议事日程。1984年4月,复旦大学被国务院批准为国家十所重点建设高校之一,这为学校的发展提供了新的机遇。为了把复旦大学办成多学科的综合性大学,学校在教学改革中提出"综合""渗透"和"交叉"的方针,调整系科和专业。在重点建设一批原有学科的同时,复旦大学又创建了一些新的专业和学科。正是在这样的方针政策指导下,复旦大学在1981—1985年发展规划中,为充分发挥学校多学科和综合性特点,加速基础科学和技术科学的结合,促进新学科的建设,决定筹备设立材料科学研究所,抽调物理系电子材料部分专业、化学系无机化学部分专业以及高分子教研室共同组建。1982年5月,物理系和化学系联合向学校提出了《关于成立"材料科学研究所"的报告》。同年12月29日,材料科学研究所正式成立,由高分子学科奠基人于同隐任所长,无机化学专业徐燕、物理系宗祥福任副所长,高分子物理专业王立惠任直属党支部书记。研究所下设高分子、电子材料和稀土发光材料3个研究室。

复旦大学高分子学科全体人员成建制地从化学系转出,全部进入了材料科学研究所。实际上研究所同时承担了系的功能,继续承担高分子学科的教学任务,因此也称为教研室。研究所虽然成立了,但并没有统一的办公地点,继续沿袭原学科研究室用房。高分子研究室仍然在跃进楼和丙烯楼,其他两个研究室分散于跃进楼和若干平房实验室[①]。

图1-20　1984年材料科学研究所1980级(化学系1980年招生)毕业师生留影

材料科学研究所成立之初,于同隐是唯一的教授,教职工70人左右。到1986年,全所共有教职工120余人,其中教授5人、副教授18人、高级工程师2人、讲师和工程师39人,仪器设备总值1000余万元。1986年3月,材料科学系成立,并保留材料科学研究所,王立惠出任系主任,宗祥福接任材料所所长。复旦大学高分子学科的教学和科研工作并未因上述机构的变动产生实质性影响,与电子材料相关的高分子材料方面有所增强。借助上海市支持建立复旦大学材料科学研究所的专项资

---

① 复旦大学材料科学系. 相聚材料科学系[M]. 内部印行.

金,高分子实验室添置了凝胶渗透色谱仪、动态扫描量热计、红外光谱仪等一批高分子学科实验最基本的设备,复旦高分子学科的研究条件有了明显的改观。

1993年4月,为适应高分子学科的快速发展需求,成立高分子科学系。原材料科学学系(研究所)绝大多数高分子人员转入高分子系。

(四) 全国首批硕士点、博士点

通过20余年的发展与工作积累,特别是基于于同隐教授的成就和威望,1981年,复旦高分子学科成为国家首批高分子化学与物理专业硕士学位、博士学位授予点;1985年成立国家首批高分子化学与物理专业博士后流动工作站。于同隐是第一位博导,1989年后,江明、卜海山、府寿宽、李善君、杨玉良等先后担任博士生导师,为复旦高分子学科的发展奠定了坚实有力的基础。据统计,1981—1992年间,共招收本科生335人,硕士研究生91人,博士研究生17人[①],培养了杜强国、杨玉良、黄骏廉、葛明陶、许临晓、郭鸣明、李光宪、刘剑洪、肖宏、邵正中等一批优秀人才。

(五) 选派教师出国学习进修

在20世纪80年代,作为改革开放的重大举措之一,复旦高分子学科大力派遣青年教师去西方发达国家大学和研究所访学、留学和开展研究,零距离接触国际高分子科学前沿。青年教师江明是改革开放后我国最早派出的一批访问学者之一,他

---

① 高材传薪火 聚合创未来(纪念复旦大学校友会高分子科学系分会成立·高分子科学系成立30周年)[M],内部资料.

图 1-21　材料科学系 1988 届高分子专业本科（材料系高分子专业第一届毕业生）毕业师生合影

图 1-22　材料科学系 1988 届硕士研究生（高分子化学与物理、材料化学、材料物理 3 个专业）毕业师生合影

前排左起：叶锦镛、王智、王立惠、于同隐、徐凌云、黄秀云、王季陶、董西侠。
二排左三起：李善君、府寿宽、江明、潘宝荣。

于 1979 年 4 月赴英国利物浦大学从事多组分聚合物的物理化学方面研究。1981 年回国,在此新方向上开展研究并取得突出成就。杨玉良是较早在国外从事博士后研究回国并取得重大成就的代表。1986 年 10 月,杨玉良赴德国马普高分子研究所随 H. Spiess 教授从事博士后研究,陆续在权威刊物上发表了多篇高质量理论结合实验论文。此外,教研室大批中青年教师赴国外访问研究,如王立惠、李善君去美国马萨诸塞大学(俗称麻省大学),何曼君去美国纽约大学石溪(Stony Brooke)分校,府寿宽去美国纽约大学理工学院(Polytechnic Institute of New York University),李文俊和薛培华去美国纽约州立大学环境科学与森林学院,平郑骅去法国南锡洛林国立综合技术大学,卜海山去美国伦斯勒理工学院(Rensselaer Polytechnic Institute),杜强国去美国德州奥斯汀大学,黄骏廉去挪威奥斯陆大学,纪才圭去比利时鲁汶大学,等等。整个 20 世纪八九十年代,复旦高分子学科大多数中青年教师,先后分赴国外著名高分子研究机构学习、工作。这一举措迅速提高了青年教师的业务水平,使他们接触到国际前沿的研究,并在回国后开展了创新性研究,开拓了多组分聚合物、功能高分子、高分子先进表征方法、膜科学和高分子结晶等研究方向[1]。

(六)聘请国外专家讲课

大量邀请国外学者包括顶级科学家前来复旦讲学,是改革开放促进学科发展的又一重大举措。美国诺贝尔奖获得者 P.

---

[1] 府寿宽,邵正中.于同隐[M]//白春礼.20 世纪中国知名科学家学术成就概览·化学卷(第 4 分册).北京:科学出版社,2011:259.

Flory 于 1978 年前来访问,作关于高分子链构象的报告,是第一位来访的西方学者。1979 年 5 月 20 日至 6 月 12 日,于同隐正式邀请美国加利福尼亚大学化工系沈明琦来复旦大学讲学。沈明琦曾任加利福尼亚大学化工系主任,在 1970 年代中期首先提出高分子合金的概念,影响很大。他在复旦大学 20 来天的讲学中,共举办讲座 10 次,题目分别为黏弹性的现象学处理、时-温对应关系、高分子黏弹性的分子理论、黏弹性的应用、橡胶的弹性、玻璃态的本质、聚合物中的断裂现象、多组分聚合物、等离子体聚合、高分子中的格林艾森(Gruneisen)参数等[1],部分讲学内容曾发表在当时国内的学术期刊上[2]。沈明琦是第一位来复旦作系统讲座的西方学者,他的讲学为如饥似渴的复旦大学高分子专业的师生打开了高分子科学的眼界和视野,影响了他们的学术道路。

从 20 世纪 80 年代初期起,大批高分子学者纷纷前来我国访问。除教研室自行邀请的学者外,由于上海的地理位置优越,顺道来访者也很多,几乎每周都有国外学者的报告和交流,许多是国际知名学者,例如,美国的 M. Szwarc、O. Vogel、M. Morton、R. Eby、B. Chu,德国的 H. Ringsdorf、G. Wegner、H. Spiess、H. Zachman,加拿大的 A. Eisenberg、M. Winnik,日本的中岛章夫和竹本喜一,等等。他们交流的内容通常包括学术报告、参观实验室和座谈。这些活动大大提高了教师和研究生对国际前沿的了解,同时,促进了双方进一步合作交流。有些

---

[1] 国外来华学者讲学简讯[J]. 化学通报,1979(5):8984.
[2] 如《高聚物粘弹性的分子理论》一讲发表在《合成纤维》1980 年第 1 期。

教授通过交流,物色并选拔了青年教师和研究生,邀请他们出国开展合作研究或读博士后。1983年4月,活性阴离子聚合发明人、国际顶级高分子学者M. Szwarc来访,作了系统性演讲。在此期间,教研室也举办了"Mini-symposium in Honor of Prof. Szwarc",由教研室教师和研究生作报告,介绍自己的成果,改变了仅仅"你讲我听"的状况,此举得到对方很高的评价。此后,每有重磅级来访者时,都会召开专题讨论会(Mini-symposium)。此举成为教研室的惯例,沿袭至今。

(七)国内外学术会议与学术交流

学术会议是学术交流的重要途径之一,在我国高分子科学发展历程中,学术会议的组织与召开无疑也有非常重要的作用。

1954年10月,中国科学院召开第一次全国高分子学术报告会,与会代表93人,交流论文32篇,昭示着我国高分子科学的起步。此后,全国高分子学术报告会成为中国高分子科学学术交流的主要舞台与阵地。复旦高分子学科也积极参与其中,1961年于同隐与何曼君参加了在长春召开的第三次全国高分子学术报告会。原计划1966年在上海举行第五次会议,复旦大学作为东道主接待来自全国各地的学术同道,不想"文革"开始,会议流产[①]。

改革开放以后,更多的复旦高分子学人开始有机会积极参与国内各种高分子科学学术会议。1978年于同隐等参加在合肥举办的全国高分子论文报告会,1983年于同隐和江明等参加

---

① 《中国化学五十年》编辑委员会. 中国化学五十年(1932—1982)[M]. 北京:科学出版社,1985:245;张藜. 新中国与新学科:高分子科学在现代科学的建立[M]. 济南:山东教育出版社,2005:127-128.

在杭州举行的全国高分子论文报告会。1987年10月13—17日,第10次全国高分子论文报告会在武汉举行,复旦高分子学科有10余人与会,江明还在这次会议上获得了首届"中国化学会高分子基础研究王葆仁奖"。

图1-23 1987年参加全国高分子论文报告会(武汉)的复旦师生

左起:王立惠、庞燕婉、黄骏廉、徐凌云、府寿宽、何曼君、江明、于同隐、胡家璁、刘剑洪、陈维孝、陈建华、金毅敏。

在我国高分子走向世界的进程中,参与和组织各类国际学术讨论会是重要的交流途径之一。中国高分子科学发展史的前30年,可以说基本没有什么国际交流。"乒乓外交"中美关系解冻后,1972年我国向美国派出了科学家代表团,钱人元是代表团成员,这使他有机会接触高分子学界重要人物,为后来中美双方在高分子领域的正式交流与合作奠定了相当的基础[①]。

"文革"结束后,以王葆仁、钱人元为学术领袖的中国科学院化学研究所成为中外高分子科学交流的中心,复旦大学高分子学科也很快加入这个学术交流圈。1979年10月5—10日在北京举行的第一次中美双边高分子化学和物理讨论会,无疑是中国高分子科学国际学术交流的标志性会议,具有里程碑意义。美方以 P. Flory 为团长,包括 C. Overberger、R. Stein、W. Stockmayer 等一行12人;中方代表包括王葆仁、钱人元、于同隐等。虽然当时中美学术水准悬殊,但这次会议开启了中美高分子学术交流的大幕,意义重大。

图1-24　第一次中美高分子会议合影
一排左起:于同隐、沈之荃;右起:钱人元、王葆仁。

[①] 刘晓霞,江明. 我国的高分子研究如何走向世界[J]. 高分子通报,2011(6):1-8.

同年11月,于同隐随同中国代表团参加在大阪召开的第一次中日自由基聚合物讨论会。本次会议中方以北京大学冯新德为团长,日方团长为大阪市立大学大津隆行教授,有40余位日本高分子界专家学者与会。这是复旦高分子人第一次出国参加国际会议。1982年7月,第28届世界高分子学术讨论会(IUPAC Macro)在美国麻省大学举行。在会议主席、华裔科学家钱庆文等人的努力下,于同隐和当时国内高分子学界的领袖人物王葆仁、钱人元、钱保功、何炳林、冯新德等一同应邀出席[①]。这标志着中国高分子科学在世界最高级别的高分子学术会议上开始发出了集体的声音,展示了"文革"后中国高分子科学奋起直追所取得的成就。

图1-25 于同隐在第一次中日自由基聚合讨论会上作学术报告

---

① 王葆仁.高分子发展趋势[C]//王葆仁先生百年诞辰纪念文集.杭州:浙江大学出版社,2009:11.

1982年5月11—13日,由北京大学和复旦大学共同主办的第二次中日自由基聚合讨论会在北京召开。与会日方代表11人,中方代表来自北大、复旦、中山、清华、南开等8所高校共30余人。于同隐带领复旦高分子学科的叶锦镛、江明等人在会议上进行了论文交流[①]。会后,日本专家来上海访问,受到了复旦高分子同仁的热情接待。

图1-26 1982年5月,于同隐等在中国科学院上海有机化学研究所与日本专家等合影

右二起于同隐、史观一、汪猷(时任中国科学院上海有机所所长)。

中日双边高分子合成及材料科学讨论会是规模较大的综合性学术交流会议,1984年10月21—24日在北京举行,与会

---

① 丘坤元.第二次中日自由基聚合讨论会在北京举行[J].化学通报,1982(11):61.

代表中方195人,日方112人,可谓盛况空前,这也成为中日高分子学术交流的里程碑。于同隐作为会议主席之一,带领复旦高分子学科多位教师全程参与了会议,并发表了论文[①]。

江明1981年回国后,在高分子相容性研究方面取得了重要成果。1986年夏,应邀访问美国两个月。他访问了包括MIT、斯坦福大学和杜邦公司在内的7所大学和公司,报告了他的最新研究成果。同年,他参加了在北京举行的中德双边高分子讨论会,并作学术报告。会议期间,德国马普高分子研究所所长G. Wegner教授邀请他访问德国。次年,江明首次出访德国,为期两个月,并在Wegner支持下成功获得大众基金10万马克的资助。1988年,江明参加在日本京都举行的IUPAC高分子世界大会。1989年应邀参加在布拉格举行的IUPAC Polymer Blends学术讨论会,作了大会邀请报告。江明的这些学术活动表明,复旦高分子学人的学术成就开始受到国际同行的瞩目,并一步步走向世界。

在参与国内、国际学术交流过程中,复旦大学高分子学人也积累了经验,积极或参与或主办国内学术会议,其中,主办国家教委科学技术委员会组织的"1991年材料化学讨论会"最为重要。会议于1991年11月12—15日在复旦大学举行,组委会由唐有祺、沈家骢、金声、林尚安、于同隐和杨玉良等6人组成,来自国家教委、国家自然科学基金委员会、北京大学、清华大学、吉林大学、中山大学、厦门大学、南京大学、浙江大学等单位

---

① 王治浩.中日双边高分子合成及材料科学讨论会在北京举行[J].化学通报,1985(3):63-64.

35名代表与会。除13个特邀报告和4个会议报告外,会议还组织了"当代材料化学的发展趋势""高校研究人员在我国材料化学研究中的地位和作用"两个专题讨论会。与会代表普遍认为,高分子材料化学的发展已进入分子工程水平,"在分子水平上,制备、加工-结构-性能之间的关系研究,以致实现合成制备-改性-成型三者一体化的智能型生产都已提到日程上来,并将引起高分子材料工业上革命性的工艺变革"[①]。会议期间,与会的院士、专家充分肯定了复旦高分子学科的成就,并直接向学校领导建议加大对高分子的支持。因此,会议不仅展示了复旦高分子研究领域的成就,更进一步提升了其在国内高分子界的地位,有力推动了复旦高分子科学独立建系的进程。

图1-27　1991年国家教委委托复旦大学主办的材料化学讨论会合影

---

① 国家教委科技委'91材料化学讨论会纪要[J].功能高分子学报,1991,4(4):319.

四、科研成就与学术传承

复旦高分子学科建立后,很快在高分子化学、高分子物理化学、高分子物理与高分子工艺等领域取得研究成果,特别是高分子物理方面取得了重大成就,形成了自身的优势方向。

(一)不等活性线型缩聚反应动力学

在高分子化学领域,复旦高分子学科主要从事不等活性线型缩聚反应动力学的研究和高分子光化学反应研究。官能团的反应活性相等是经典缩聚反应动力学研究的基本假定。随着高分子工业和科学的发展,出现了不少反应官能团直接和芳环、芳杂环相连接的缩聚体系,它们的缩聚反应动力学行为往往并不符合上述假定。高分子教研室以于同隐为核心的研究小组,从1980年开始在这一领域探索,先后发表论文近20篇,参与其间的研究人员,除于同隐外,还有杨玉良、府寿宽、戚念华、李善君、纪才圭、孙猛、姜传渔、徐瑞云等。

他们在聚苯醚砜的研制和生产实践中注意到上述现象,并进行了深入探索,证实了聚苯醚砜反应动力学的异常行为是由于单体和多聚体上官能团的活性及其相互间增强或减弱的影响,因电子离域传递途径在聚合过程中发生变化,而导致不等和不同所致。他们提出并推导了含3个或3个以上速率常数的缩聚反应动力学方程,并通过计算机计算或模拟,发现其结果与动力学实验数据能很好地吻合。在其他缩聚体系的进一步研究中,也发现上述单体和多聚体官能团的活性不等现象,说明有一定普遍性。同时,他们还首次用蒙特-卡洛(Monto-

Carlo)法模拟缩聚反应产物的分子量分布,进而推导出不等活性线型缩聚反应合成窄分子量分布缩聚物的步骤、方法,均得到满意结果。这一研究在理论上和方法上均有所创新和发展,获 1988 年国家教委科技进步奖二等奖,获奖人有于同隐、府寿宽、杨玉良、李善君、戚念华、纪才圭、孙猛。

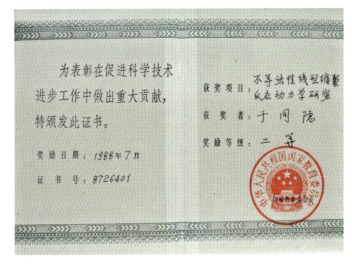

图 1-28 "不等活性线型缩聚反应动力学研究"获得国家教委科技进步奖二等奖

(二)光化学和电子工业用高分子材料

1982 年复旦大学材料科学研究所成立时,电子工业领域急需两种高分子材料——光刻胶和塑料封装材料。高分子研究室专门组织了两个科研小组,经过艰苦的研制工作,这两种材料都投入了生产。在研发过程中,课题组也注意理论研究的重要性,于同隐亲自指导学生开展有关光刻胶的高分子光化学反应研究,着重研究了双叠氮化合物的光谱、感光特性,对聚异戊二烯的光敏交联性能、机理和中间体等的表征,以及抑制剂的作用,等等。1985 年,于同隐与黄骏廉在《感光科学与光化学》上联合发表"双叠氮化合物光敏性能的研究",开启了光化学的探索之路。到 1991 年,先后发表"氢醌对 3,4-聚异戊二烯-2,6-双(4′-叠氮苄叉)环己酮体系的光交联反应的影响""联苯胺对 4.4-双叠氮联苯光解反应的抑制作用""光聚合中的吸光度效应-O-酰基-α-肟酮引发体系"等近 20 篇论文。除黄骏廉外,还有李樟、孙猛、童伟达、李善君、秦安慰、杨玉良等参与这一研究,成果也获得了国家教委科技进步奖二等奖。

1984 年,李善君开设"高分子光化学原理及应用"这一门研究生课,系统地介绍了高聚物的光化学和光物理过程,以及它们在研究高分子的结构与性能中的应用。经过几年的实践和不断完善,最终形成学术专著。1993 年,李善君、纪才圭等编著,于同隐审订的《高分子光化学原理及应用》由复旦大学出版社出版。于同隐在前言中说,有机物光化学的研究有着很长的历史,早已成为有机化学的重要部分。而高分子光化学的研究,与光物理有着密切的关系。当时,大多数高分子和材料科学工作者对这些领域还不是很熟悉。2003 年,该书出版了第二版。

(三)高分子材料黏弹性

早在创设复旦高分子学科时,于同隐就已认识到高分子物理、高分子物理化学和高分子工艺的重要性。1964—1965 年,他与鲍其鼐、杜璁先后在《高分子通讯》上发表"聚甲基丙烯酸甲酯的分子量对温度-形变性质的影响""聚二甲基硅氧烷甲苯溶液特性粘数的温度依赖性"等论文,开启了高分子材料黏弹性研究,因而也为后来复旦高分子学科在高分子物理与物理化学方面奠定了基础,并成为国内最具特色与最重要的研究基地。

黏弹性是高分子材料在应用上和理论上均极为重要的一项性能。复旦高分子团队十分重视这一领域的发展,在总结研究沈明琦演讲的基础上继续研究。于同隐、何曼君、卜海山、胡家骢、张炜编著《高聚物的粘弹性》一书,作为"高分子科技丛书"之一,1986年由上海科学技术出版社出版。该书从高聚物的分子结构出发,论述了黏弹性的经典理论和分子理论,并介绍了黏弹性对于玻璃化转变和高聚物断裂的关系,这是国内第一本关于高聚物黏弹性的学术专著。另外,1988年,于同隐与潘道成、鲍其鼐合作编著的《高聚物及其共混物的力学性能》作为"材料科学丛书"由上海科学技术出版社出版。该书重点论述了外界因素如温度、时间、压力、负荷,与内在结构因素如相对

图1-29 《高聚物的粘弹性》书影

适用于高分子专业研究生和大学高年级学生,共分9章,第一~三章内容为高聚物黏弹性的基本概念,第四、五章将这些概念应用于橡胶弹性的经典理论,第六、七章重点介绍高聚物的分子理论,第八、九两章介绍玻璃化转变和高聚物的断裂。

分子质量、分枝、交联、共聚、增塑、结晶度、形态、取向等与高聚物及其共混物力学性能的关系。

(四)高聚物的玻璃化转变和图论

复旦高分子团队也研究了高聚物的玻璃化转变和次级松弛,加入探针分子(一般是一个稳定的自由基),用顺磁共振研究处于高分子环境中的自由基运动,从而得到了高聚物的分子运动和玻璃化转变的信息。于同隐对玻璃化转变也提出了一些新看法,他认为高聚物中存在多重结构,非但各个分子链的分子量不一样,它们的结构、构型、构象也千差万别,每个分子链都有各自不同的玻璃化转变,宏观的改变是许多分子链各自转变的总结果。就高分子黏弹性的普遍行为而言,链的拓扑结构对其黏弹行为有着决定性的作用。于同隐与学生杨玉良等将不同的高分子链结构抽象成具有和链结构相同拓扑性质的链图,建立了高分子黏弹性和链图的关系,使图论这个古老的数学方法在高分子科学中得到了新的应用。例如,采用唐敖庆所发展的本征值谱的图论方法,通过简单的图操作获得高分子链的拓扑及黏弹性的关系。他们还证明了链图的本征多项式的各级系数与高分子黏弹性和链统计之间的关系。有了这些关系,在无法获得图本征值谱的条件下,也能得到诸如零切黏度、剪切回复柔量和均方回转半径分布及其各阶矩等关于高分子链的黏弹性和链统计方面的性质。在获得以上成果的基础上,利用对图的顶点加权的方法,将权重图和共聚链对应,从而将原有的方法拓展至研究共聚物高分子链的黏弹性和链统计行为,由此将高分子链统计的研究发展到了共聚物链统计的新阶段。这项研究引起了国际上同行们的关注,杨玉良的博士学位论文《高分子链的静态和动态行为的图形理论》也获得了中国化学会颁发的全国首届青年化学奖,成果"高分子链构象及其粘弹性的统计力学理论"获得 2001 年度高校科学技术自然科学奖一等奖。获奖人为杨玉良、丁建东、张红东和于同隐。

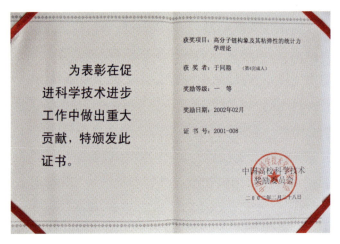

图 1-30 "高分子链构象及其粘弹性的统计力学理论"获奖证书

(五) 高分子结晶

在高分子结晶形态的研究方面,复旦高分子团队对聚对苯二甲酸乙二醇酯(PET)的结晶行为和形态进行了系统研究。尽管这方面的工作在文献上有不少报道,但试样却是商品 PET,包含催化剂、稳定剂、齐聚物和二甘醇等会对 PET 结晶行为和形态产生影响的成分。他们用固态聚合的方法合成了不含任何杂质的纯 PET,并研究了其结晶行为和形态。随后,在纯PET中逐个引入各类添加成分,研究了它们单独存在和共存时对PET结晶行为和形态的影响,澄清了前人成果的矛盾,圆满地解释了许多实验现象,加深了人们对PET体系的认识,并对反常球晶的结构及生长机理提出了看法。系统研究了PET的成核剂、成核促进剂和离子聚合物的成核效应等,初步阐明了化学成核的机理。此外,他们研究了聚氧乙烯的结晶形态。通过球晶内部结构的研究,发现了水溶性高分子的新蚀刻方法和宏观分凝与微观分凝现象;首次研究和报道了单分子单晶、双层片晶的制备和表征,为深入认识其结晶过程迈出了重要一步。在高分子单晶的研究方面,复旦的成果当时已居于国际前列。

(六) 高分子合金和相容性

20世纪70年代中期,复旦高分子学人已注意到国际上高分子合金(高分子共混物体系)领域迅速发展的趋势和它在理论发展和工业应用的重大意义,在复旦大学大力组织和发展了高分子合金的研究。首先在高抗冲聚苯乙烯(HIPS)、ABS等产品研制方面取得了成果,继而在高分子合金体系的相容性方面开展了深入研究。在相容性的基础研究方面取得了以下成就:

(1) 关于共聚物和其相应均聚物的相容性问题,文献报道存在明显分歧。日本京都大学对两嵌段共聚物与相应均聚物的研究表明,只要均聚物的分子量较相应嵌段的为小,两者互容;但英国利物浦大学的学者对ABCP类共聚物和均聚物的研究却得到了相反的结论。江明1979—1981年访学利物浦大学期间,敏锐地抓住了这一高分子学科发展前沿问题。回国后,他与同事们一起开展相关研究,合成了多种具有不同链构造

(molecular architecture)的共聚物,包括简单接枝共聚物、多支链接枝共聚物、ABCP型共聚物、二嵌段和三嵌段及四臂星形共聚物等;通过对这些共聚物和相应均聚物共混体系大量的微观形态观察,发现文献中的分歧实际上来自共聚物分子构造的影响,从而提出并证实了共聚物的分子构造效应(architectural effect),即共聚物链构造愈复杂,形成微区时的链构象限制愈大,它与相应均聚物的相容性愈小。这一结论使文献中各实验室的结果得到统一的理解。国外权威学者在有关评述中多次引用这一结果并以此解释了有关实验现象。

(2)关于共聚物与相应均聚物的统计力学理论,文献中理论预测的溶解度与实验存在数量级上的差别。于同隐等基于实验提出了相容区域内共聚物和均聚物的链密度梯度模型,应用此模型分布对共聚物呈层状结构和球状结构的体系,发展了相容性理论,得到了和实验基本一致的溶解度的理论预期值。

以上两方面的研究成果以"含共聚物的高分子共混物的相容性研究"获得1988年国家教委科技进步奖二等奖。获奖人包括江明、于同隐、曹宪一、谢涵坤、黄秀云。江明在1983—1989年间就共聚物的相容性问题在 *Polymer* 发表论文9篇,并在 *Progress in Polymer Science* 发表了研究综述,也因此获得首届"中国化学会高分子基础研究王葆仁奖"。

(七)聚丙烯硬弹性和人工肺

相比上述成果而言,复旦高分子团队对聚丙烯硬弹性材料的研究不仅取得了重要成果,而且由此衍生研制出膜式人工肺并产业化,获得了较好的社会与经济效益。李文俊是聚丙烯研究项目带头人,膜式人工肺的研制,由他与杜强国、平郑骅联合上海市第一结核病防治院(今上海市肺科医院)丁嘉安、上海市新华医院丁文祥等协作完成。

杜强国1978年考取复旦大学化学系研究生,跟随于同隐从事高分子科学的研究。在于同隐的指导下,杜强国选择聚丙烯的硬弹性研究作为自己的硕士论文。1970年代中期以后,国外相继报道了一些结晶高聚物,如聚乙烯、聚丙烯和聚氯乙烯等在特定加工条件下可形成高模量高回复率的所谓硬弹性材料。1977年,国外一家学术期刊上刊登了一篇关于聚丙烯硬弹性研究的综述文章,指出聚丙烯结晶在一定条件下做出来的产物可以像橡皮一样具有弹性,而且在 $-190℃$ 以下都有弹性。这一发现引起国外高分子学界的关注,称之为结晶聚合物的新状态。这篇文章经影印传到国内,虽然已过一两年了,但依然是国际最前沿的研究内容。聚合物的结晶理论本身就是高分子物理的一个研究方向,当时复旦高分子学科研究的都是静态的结晶,而硬弹性涉及动态的在应力场下的结晶,这个行为的研究价值很高。

在于同隐指导下,杜强国等开始进行硬弹性聚合物材料研究,并在国内首先制备了硬弹性聚丙烯纤维。在此基础上开展了结构表征和硬弹性材料形成机理的研究。当时,上海市第一结核病防治院胸外科专家丁嘉安[①]找到李文俊,希望能与复旦合作,一起研制人工肺。人工肺在手术时可以保证病人的呼吸

[①] 丁嘉安(1939—),上海人,1961年毕业于上海第二医科大学(今上海交通大学医学院),长期供职于上海市肺科医院,主任医师、教授,主编《肺移植》《肺外科学》等。

循环,当时在国内是个新鲜事物。丁嘉安也是在国外考察时看到的,并获悉这种人工肺是用聚丙烯制造的。于是他就来找复旦帮忙。李文俊早也注意到硬弹性聚丙烯的报道及后处理可形成微孔的性能,于是把这个信息反馈给于同隐。于同隐马上叫来杜强国等几个学生,对他们说:"那篇综述文章里面有一张电镜图。硬弹性的聚丙烯拉伸以后会形成微孔,微孔有透气性,这个跟人工肺是否有联系?"大家听了觉得很有道理。就这么一句话成了人工肺开发的关键性指导思想①。

经过查找专利,设计加工设备,首先做出硬弹性中空纤维,再拉伸定型形成微孔聚丙烯中空纤维,并对其结构性能进行表征,将微孔聚丙烯纤维组装成人工肺。在运行中,血液在中空纤维腔内流动,氧气在纤维外对流;血液中的二氧化碳通过纤维壁上的微孔与氧气实现交换,从而达到肺的功能。把原始人工肺拿到结核病医院做动物实验,将狗的肺置换为人工肺,让血液通过人工肺在体外循环,看狗是否能够存活。实验很成功。丁嘉安联系到新华医院②丁文祥院长,他是儿童心外科手术专家。此前,在做小儿科心外手术时,医院采用第一代鼓泡式人工肺。把血液放在一个塑料袋里,插入氧气管,通过鼓泡赶走二氧化碳,吸入氧气;血液从深红色变成了鲜红色,再回到心脏。成人心脏手术这样做可能没有问题,但儿童不行。因为在鼓泡的过程中血液破坏很厉害,会析出许多细小的颗粒。小孩血管非常细,往往造成肾脏堵塞,尿液无法排出,或者肺部感

---

① 杜强国口述,2014年2月19日,于上海。
② 上海市新华医院以小儿科著称。

染并发症,实际上都是由毛细血管堵塞所引起的。丁文祥在国外访问时发现国外儿童手术已采用膜式人工肺,因此就想在国内开发这种聚丙烯中空纤维制成的人工肺。于是,三方一拍即合,经过协商,复旦大学负责膜式人工肺材料及组装,肺科医院负责动物实验,新华医院负责临床实验,三家单位联合申报上海市科委的课题,开始了人工肺的研制。

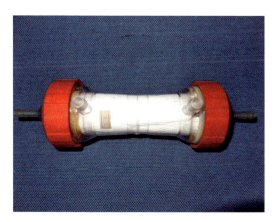

图1-31 当年生产的人工肺样品

复旦研制的微孔聚丙烯中空纤维人工肺,里面有上万根白色的纤维,相当于人的毛细血管。纤维的直径为0.2～0.3mm,在放大镜下可以看到每个断面中间都有一个小孔,在纤维壁上排列着许多微孔。人工肺的临床实验在新华医院进行,非常顺利。丁文祥指着那些手术后的孩子对课题组说:"你看到没有,这个病孩手术以前嘴唇都是紫的,现在嘴唇颜色都正常了,有的孩子已经在地上跑了。"该项目通过验收鉴定之后,复旦大学专门建了一家校办工厂生产人工肺。在工厂巅峰期，一年要制造、销售一两千台，挽救了无数病患儿童的生命。该项目以"微孔聚丙烯中空纤维人工肺"获得 1986 年国家教委优秀科技成果奖和上海市科技进步奖二等奖，获奖人为李文俊、杜强国、平郑骅、于同隐。当时，复旦高分子团队研发的人工肺已进入国际先进行列，而价格仅为同类进口产品的 1/20。复旦首先研发成功的微孔聚丙烯中空纤维膜还可用于静水处理、水中脱氧、膜生物反应器滤材等，并在国内多家单位推广。很可惜，后来由于种种原因人工肺工厂停产，退出了市场。不过，杜强国很骄傲地说："现在人工肺这个领域的发展更多的是研究其结构改进，组装结构是越来越先进了，而膜材料的水平跟我们那个时候差不多。"[1]

（八）丙烯本体聚合和高抗冲聚苯乙烯

复旦高分子学科创立伊始就积极参与生产实践，在高分子工艺方面也取得了一系列的成果。在"文革"期间，王立惠、李文俊、江明、陈士明、潭石诚、芦兴樑、郭时清、李海晟等与上海高桥化工厂等 6 家单位合作的研究成果"丙烯液相本体聚合新工艺"获得 1978 年全国科学大会奖。20 世纪 70 年代，聚丙烯生产采用浆液法，需要大量溶剂、催化剂，不仅效率低，而且与节能环保理念相悖。复旦化学系以高分子老师为主，组成聚丙烯组，联合高桥化工厂、上棉三十一厂等 6 家单位会战，开始"高效齐格勒-纳塔催化剂无溶剂液相丙烯本体聚合新工艺"研究。会战组分为李文俊负责的催化剂和小试组、芦兴樑主持的

---

[1] 杜强国口述，2014 年 2 月 19 日，于上海。

扩试组、郭时清负责的分析组。项目历时8年,经玻璃反应器—2L高压釜—130L高压釜—1.5M^{3}高压釜(辽宁瓦房店纺织厂)—3M^{3}高压釜(丹阳化肥厂)—30M^{3}高压釜(金山石化)实现产业化,在全国50余家工厂推广应用,建成60余套装置,年产40万吨,占全国聚丙烯产量的40%,年产值达到30亿元,是当时全国极少数自创化工生产工艺,也是复旦高分子学科从实验室到产业化的标志性项目。其中,与丹阳化肥厂协作研制成果是国内首先研究成功的无脱灰、无脱无规无溶剂回收的间歇式新工艺,具有流程短、投资少、成本低等优点;与金山石化等合作的研究成果获得1985年中国石油化工总公司科技奖。

高抗冲聚苯乙烯(HIPS)是一种改性聚苯乙烯,它克服了聚苯乙烯的脆性,是一种耐冲击的韧性塑料,广泛应用于电子、仪器仪表、包装材料等行业。叶锦镛、朱文炫、黄秀云和南京塑料厂合作的科研项目"高抗冲聚苯乙烯"获得1980年上海市重大科研成果奖二等奖。经过进一步研究,1983年以"FC型高抗冲聚苯乙烯"项目获得国家发明奖四等奖。改性的原料用国产顺丁橡胶,可和聚苯乙烯进行特殊的本体接枝预聚,然后进行悬浮聚合合成HIPS;采用了FC型搅拌器及与其相匹配的剪切速率,改进了聚合釜的黏壁现象。测试表明,改性材料缺口抗冲强度、静弯曲强度、断裂相对伸长率、-30℃低温缺口抗冲等主要技术指标均达到当时国内先进水平。当时在南京塑料厂投产,上海高桥化工厂也应用此成果扩试,取得了成功。

对ABS树脂的研究也获得了成果。朱文炫、叶锦镛、黄秀云和高桥化工厂合作的科研项目"乳液接枝共混法制ABS树脂生产技术的研究"获得1980年上海市重大科研成果奖二等奖；朱文炫、叶锦镛、黄秀云和高桥化工厂的科研成果"年产1000吨乳液接枝共混法制ABS树脂"还获得国家化学工业部（化工部）重大科研成果奖二等奖；叶锦镛、黄秀云、朱文炫和上海制笔化工厂ABS组合作的科研成果"本体悬浮法ABS塑料"获1986年上海市科学技术进步奖三等奖和国家教委优秀科技成果奖。当然，还有不少的高分子工艺成果获奖，表1-1是1993年前复旦高分子学科科研成果获得国家级和省部级奖励一览表。其中，国家级两项成果都是高分子工艺；24项省部级成果除上面具体介绍的几项成果外，基本上也属于与生产密切相关的高分子工艺方面。

表1-1 1993年前复旦高分子学科获得国家级、省部级奖励一览表

序号	奖励名称	获奖者	获奖成果	时间
国家级					
1	全国科学大会奖	王立惠、李文俊、江明、陈士明等	丙烯液相本体聚合新工艺	1978
2	国家发明奖四等奖	朱文炫、叶锦镛、黄秀云	FC型高抗冲聚苯乙烯	1983
省部级					
1	上海市重大科研成果奖二等奖	朱文炫、叶锦镛、黄秀云、高桥化工厂	乳液接枝共混法制ABS树脂生产技术的研究	1980
2	上海市重大科研成果奖二等奖	朱文炫、叶锦镛、黄秀云、南京塑料厂	高抗冲聚苯乙烯	1980
3	上海市重大科研成果奖三等奖	徐凌云、谢静薇、唐德宪、王荣海、凌天衢、上海合成橡胶厂、上海橡胶制品所	S-101热塑性弹性体（SBS）	1980

续　表

序号	奖励名称	获奖者	获奖成果	时间
4	化工部重大科研成果奖二等奖	朱文炫、叶锦镛、黄秀云、高桥化工厂	年产1000吨乳液接枝共混法制ABS树脂	1981
5	国防科委科技成果奖三等奖	孙猛、金瑚珍、杨玉良等	核反应堆模拟热工流道耐高温耐水绝缘材料	1981
6	中国石油化工总公司科技奖	李文俊等，金山石化总厂塑料厂、上海医药工业设计院	丙烯液相本体聚合	1985
7	上海市优秀新产品三等奖	府寿宽、纪才圭、李从武（包装技术所）	乳液型丙烯酸酯类压敏胶	1985
8	上海市科学技术进步奖三等奖	叶锦镛、黄秀云、朱文炫、上海制笔化工厂ABS组	本体悬浮法ABS塑料	1986
9	国家教委优秀科技成果奖	李文俊、杜强国、平郑骅、于同隐	微孔聚丙烯中空纤维人工肺	1986
10	国家教委优秀科技成果奖	叶锦镛、黄秀云、朱文炫	本体悬浮法ABS塑料	1986
11	上海市科学技术进步奖二等奖	李文俊、杜强国、平郑骅、于同隐	微孔聚丙烯中空纤维人工肺	1986
12	中国石油化工总公司标准化成果一等奖	董西侠、马瑞申、合作单位成员	①体积排斥色谱法测定聚苯乙烯标样的分子量分布；②小角激光光散射法测定聚苯乙烯标样的重均分子量	1987
13	国家教委科学技术进步奖二等奖	于同隐、府寿宽、杨玉良、李善君、戚念华、纪才圭、孙猛	不等活性线型缩聚反应动力学研究	1988
14	国家教委科学技术进步奖二等奖	江明、于同隐、曹宪一、谢涵坤、黄秀云	含共聚物的高分子共混物的相容性研究	1988
15	上海市科学技术进步奖二等奖	赵素珍、谢静薇、李善君	金属膜厚包封浆料（固化剂、稀释剂主剂）	1989

续 表

序号	奖励名称	获奖者	获奖成果	时间
16	上海市科学技术进步奖三等奖	府寿宽、骆德莘、宁波工业研究所、上无一厂	单包装快速固化标记油墨	1989
17	上海市科学技术进步奖三等奖	黄秀云	电镀级增韧塑料	1989
18	电子工业科技进步二等奖	孙猛、黄骏廉、苏州无线电元件一厂	FSH系列高抗蚀光刻胶及配套试剂的研制和生产	1989
19	中国石油化工总公司科学技术进步奖二等奖	谢静薇、秦安慰	JS-350聚脲多元醇及高回弹冷固化聚氨酯模塑泡沫	1990
20	上海市科学技术进步奖三等奖	李善君、鲍贤杰、陈林、周红卫、陈以功	引进线用陶瓷滤波器包封树脂A.B.F及其固化剂、固化促进剂	1990
21	卫生部科学技术进步三等奖	马瑞申、合作单位成员	医用塑料扩张球囊	1990
22	上海市科学技术进步奖二等奖	李善君、赵素珍、谢静薇、凌天衢、王自力、黄起军、郑开泰	集成电路塑封材料国产化研究	1991
23	上海市科学技术进步奖三等奖	张中权、谢静薇	高精度、高稳定性传感器用自补偿应变计基底胶和粘贴胶	1991
24	上海市优秀新产品三等奖	李善君、唐晓林、郑开泰	FC-301高压塑封材料	1991

随着复旦高分子学科的逐步发展,也开始承担国防军工相关的高分子材料研究,代表性项目为"F-1高分子复合材料的研制"。项目从1978年开始,由何曼君、薛培华、凌天衢、姚静芳等负责。在没有任何图纸、资料等条件下,经过多方分析、研究

与试验,终于研制成功,成为"轻型框架式陀螺仪表的优选材料,是陀螺结构材料上的一个突破",为一零九工程的成功做出了重要贡献,后也应用于鱼七鱼雷的研制。研究成果"一零九工程F-1复合材料"获得1997年国家教委科技进步奖三等奖,以此为基础的"高性能树脂复合材料及其器件"被列入新中国成立50周年上海市科技成就,"鱼七鱼雷航向陀螺"作为复旦大学参展项目在国防军工协作配套成果展示会上展示。

(九)开启生物大分子研究

20世纪80年代中期,于同隐敏锐地感觉到从高分子科学角度探索和研究生命科学具有极大的潜力与前景。他认为,蛋白质从化学结构的角度看就是一种高分子,高分子科学的研究者应该参与一些蛋白质结构的研究。但对高分子学科背景的人来说,蛋白质有生物活性,研究活性物质不是强项,这属于生命科学和生物化学领域。后来,他们选择了蚕丝这种没有生理活性却又是蛋白质的物质开展研究,充分发挥复旦高分子学科的长处。"因为蚕丝是一种蛋白纤维。由于蛋白质是氨基酸与氨基酸通过肽键连接起来形成的分子量巨大的生物大分子,符合化学科学中高分子的标准,属天然高分子。高分子科学与生命科学的交叉研究是一种趋势。蚕丝材料的获得非常容易,并且蚕丝业在中国又是一个重要的产业。"[①]1986年,于同隐招收了李光宪、刘剑洪两位博士研究生,在他的指导下继续从事这方面的研究。1989年,李光宪、刘剑洪分别以毕业论文《桑蚕吐

---

① 周顺.蚕丝的性能和生物材料学研究——专访高分子材料科学家邵正中教授[EB/OL].(2014-07-13)http://www.bioon.com/master/dialogue/531155.shtml.

丝过程中丝蛋白纤维化机理及其模拟聚合物聚 L-丙氨酸的合成和纺丝》《桑蚕丝素蛋白纤维的接枝聚合》获得博士学位。他们合作先后发表了"聚合条件对 N-羧基-L-丙氨酸-环内酸酐开环聚合产物分子量的影响""丝素蛋白纤维的接枝聚合：I. 用四价铈盐引发丝素蛋白纤维接枝烯类紫外稳定剂""丝蛋白纤维化机理：I. 中部丝腺内丝蛋白大分子的有序态"等 5 篇论文，获得了生物大分子领域的第一批研究成果。

此后，于同隐的学生邵正中等将这一研究方向承继下来。1991 年，邵正中以毕业论文《桑蚕丝蛋白及其模拟物的研究》获得博士学位，并与于同隐、李光宪等联合署名发表"桑蚕丝蛋白的结构，形态及其化学改性""L-丙氨酸与甘氨酸的 N-羧基-环内酸酐共聚合的研究""桑蚕丝素蛋白膜固定葡萄糖氧化酶传感器""L-丙氨酸与甘氨酸的 N-羧基-环内酸酐共聚合的研究"等论文。邵正中参加北京大学唐有祺主持的攀登计划"生命过程中的若干化学问题"，负责其中一个子课题，将生物大分子的研究继续深入下去。更值得注意的是，复旦高分子学科后来的发展，几乎所有的研究方向和领域都有与生物学、生命科学交叉的趋势，如江明开创的大分子组装迈向高分子与生命科学交叉的智能高分子研究。

作为复旦大学高分子学科奠基人，于同隐为高分子学科养成了一个极好的学风，即"学术自由"和"百花齐放"，有鼓励而无压制。这也成为后来复旦大学高分子科学系的系风。教师们在各自攻关的领域努力奋进的同时，慢慢克服相互间协作不够的"缺陷"，相互帮助、互通有无，致力于学术的精进与系的发展。

图 1-32　庆祝于同隐九十华诞时,于同隐与邵正中合影

图 1-33　高分子楼前于同隐塑像

第二章

砥砺前行 聚合奋起

高分子科学系的成立与发展（1993—2010）

1993年4月22日,复旦大学下发《关于成立高分子科学系和高分子科学研究所的通知》,批准成立复旦大学高分子科学系和高分子科学研究所。自1958年复旦大学高分子化学教研室和高分子化学研究所成立以来,经过35年的发展,复旦大学高分子学科终于获得独立发展空间,由此步入崭新的发展阶段,为中国高分子科学贡献了更大的力量,为国家社会、经济和文化建设做出了更多贡献。

一、抓住机遇建系与学科发展规划

1983年,复旦大学材料科学研究所立项成为上海市电子材料综合研究基地,主要任务是建设上海市电子材料剖析、试制和应用工艺综合研究基地,消化吸收引进关键材料及工艺。这样,材料科学研究所工作重心是发展电子材料,上面发下来的文件也有这么一句话:"以电子工业的材料为主。"[1]在当时科技体制改革而日渐形成的所谓"面向经济主战场"的大环境下,材料科学研究所成为了一个以工艺开发为中心的"技术基地"。1986年材料科学系成立后,进一步强化了复旦大学材料科学"工艺技术"基地倾向。当年9月,上海市电子材料综合研究基地项目通过验收。

材料科学研究所和材料科学系这样的发展方针,对以基础科学研究起家的高分子研究室(教研室)及高分子学科有所冲击。一些原先从事高分子研究的年轻教师也随势转向电子材

---

[1] 江明口述,2013年10月29日,于上海。

料。于同隐等高分子学科骨干们对此很是担忧,怕他们迷失方向从而丢失专业。高分子出身的谢静薇到材料系后,开始搞集成电路封装材料,于同隐就一直提醒她不要放弃专业:"你要坚持,不要放弃,因为这里面有很多东西,这不是一天两天能培养出来的,也不是一个月两个月可以培养出来的,你既然已经掌握了这个,就一定不要放弃。"于同隐认为,凡是高分子出身的教师,一旦有了机会还是应该从事原来的研究工作。英国留学回来的江明开始组建自己的研究团队,他的研究方向正好和谢静薇一致,于同隐就让谢静薇到江明团队从事科研工作,尽量把她在高分子合成方面的特长发挥出来①。

材料科学研究所成立时,高分子是唯一具有博士学位授予权的专业,并且从1984年开始招收本科生。1985年设立高分子化学与物理博士后流动站。因此,复旦高分子专业不仅教师队伍力量雄厚,而且有博士后流动站这种培养高水平科研人才平台,也具有博士、硕士研究生和本科生的培养阶梯。为了保持他们科学研究的优势,高分子教研室的师生们要求从材料科学系独立出来成立高分子科学系的呼声日渐变大,最终成为共同心声。而且,高分子学科"已远远不再是化学学科中的一个分支,而是包括高分子化学、高分子物理、高分子工程、高分子加工和高分子材料等方面的跨学科综合性的学科体系"②。高分子工业则包括塑料、纤维、橡胶、涂料、黏合剂及各种功能高分子材料等,若按体量,其生产规模已超过钢铁,成为国民经济

---

① 谢静薇口述,2013年10月29日,于上海。
② 关于建系事宜向复旦校领导的书面汇报。江明藏档。

中最重要的生产部门之一。高分子科学则是高分子工业的发展基础。当时,浙江大学将化学系、化工系、材料系中的3个高分子科学、工程、材料方面的研究所和3个教研室联合起来,组建了理工结合的高分子科学与工程系。复旦高分子学科的规模和建制已完全不能满足发展的需要,在与国内同行的竞争中处于不利的地位,独立创建高分子科学系已时不我待。

这个时候,师从于同隐、1984年获得博士学位的杨玉良从德国留学回来了,并于1990年担任材料科学研究所副所长。他看出了问题的症结:

> 材料系当时的问题在什么?因为高分子彻底并入了材料系,结果高分子学科自己的研究就没有人去做,这是一个致命的打击。当时我从国外回来,就注意到了这个问题,我觉得不对。因为各种历史原因,有各种矛盾,所以弄得大家都很不高兴。那时候我是领了头,坚持要把高分子独立出来,保证它的独立发展,我指的是在学科上。因为材料系主要以电子材料为主,做一些比如微电子的封装材料;高分子在电子材料上只是很小的一部分。如果把那么好的高分子专业全扑这上面去,对整个高分子学科发展不利,没什么前途。因为化学系里高分子没有了,不存在了,它不像无机只是把无机材料部分弄出来,无机化学还是留在化学系[①]。

---

① 杨玉良口述,2014年3月1日,于上海。资料存于采集工程资料库。

高分子科学在电子技术方面的应用只占很小部分,绝不能为了这一部分毁掉一个学科。"我们都觉得不能容忍这个事情,要想办法独立成系。"①

复旦建立独立的高分子科学系,具有得天独厚的优势。首先,具有较强的师资队伍。有教授7人、副教授14人、高级工程师2人,特别是有一支50岁左右力量很强的中年骨干力量,其中60%曾长期出国进修;更有学术水平较高的学术带头人,深得国内外同行认同。其次,具有较好的教学科研基础。建系前夕已培养本科生约600人,有全国首批硕士点、博士点和博士后流动站。而且,复旦高分子学科的科研基础较好,已形成高分子结构与性能、多组分聚合物、聚合反应和功能高分子3个大的研究方向,强调基础理论研究和应用研究两者并重,相辅相成。因此,复旦正处在创建独立的高分子科学系的最好时机。

高分子专业师生们的愿望终于实现了。1993年4月22日,学校下发成立高分子科学系和研究所的文件。5月14日,复旦大学高分子科学系和高分子科学研究所成立大会举行,宣布姜良斌任党总支书记,杨玉良担任系主任,府寿宽、黄骏廉担任副系主任,江明担任研究所所长,于同隐任名誉所长。杨玉良在成立大会上发言说:

> 回顾一下历史往往是有教益的。1958年,当高分子这

---

① 张中权口述,2013年10月29日,于上海。资料存于采集工程资料库。

图 2-1　由时任校长杨福家签署的批准成立高分子科学系和高分子科学研究所文件

门学科还相当年轻时,于同隐先生等老一辈同志已经明察了高分子学科的发展趋势,意识到高分子时代的到来,率先在复旦成立了高分子研究所。不幸的是,由于政治上的原因和其他种种人(众)所周知的不应成为原因的原因,该研究所恰恰在高分子科学和工业处于蓬勃发展的时刻夭折了。而当今世界上,化学工作者中有70%以上直接或间接地从事高分子科学和工业的工作。我们失去了一个极好的发展时机,我们也失去了一个在国家高分子工业刚刚起步时的关键时刻为其做出更大贡献的时机和权利。我想,我十分理解于同隐先生——复旦高分子创始人的痛苦心情。……终究,前辈的心血没有完全白费,于同隐先生为我们国家和复旦大学培养了大量的优秀人才,这为我们高分子科学系今后的发展奠定了最重要的基础。

……庆幸的是,国家的开放,小平同志的南方谈话,学校的改革乃至高分子科学这门学科更为旺盛的生机和令人兴奋的发展趋势,都给我们提供了又一次发展的大好时机。我们再也不能错失这次良机……①

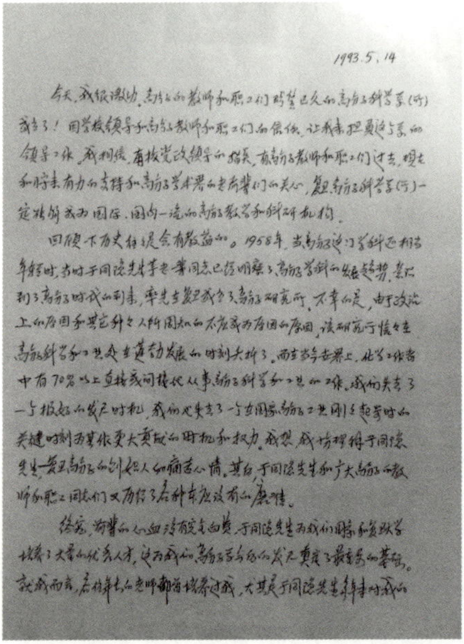

图 2-2 杨玉良在高分子系成立大会上发言稿第一页

---

① 杨玉良在复旦大学高分子科学系成立大会上的讲话(全文共 5 页)。复旦大学档案馆藏。

自1993年成立到2010年,除杨玉良外,府寿宽、武培怡先后担任系主任;除府寿宽、黄骏廉外,李文俊、平郑骅、潘宝荣、丁建东、姜良斌、邵正中、张炜、汪长春、邱枫、刘天西、杨武利等先后担任副主任;姜良斌之后,李尧鹏、张炜先后担任总支书记。

姜良斌"文革"期间毕业于复旦大学化学系,后留校任教,曾经担任化学系讲师、总支副书记,属于学术型领导干部,有着丰富的科研管理经验。2007年设立高分子科学系分党委,张炜担任党委书记。强有力的党政领导班子,在学校的大力支持和广大师生的共同努力下,带领着独立自主的复旦大学高分子学科向前迈进。

图2-3　1994年,召开高分子科学系首届教职工(代表)大会,系主任杨玉良在会议上讲话

正如杨玉良在高分子系成立大会上的发言所说:"高分子这门学科,是一门既有很强的基础性,又有很强的应用性的学

科。高分子材料及其工业的覆盖面也十分广阔,而且还在进一步地扩大。……高水平的科研与高技术产品的生产相结合,将会给我们高分子系带来新的生机,注入新的活力。"①高分子科学系成立后,最为迫切的任务是在"坚持基础研究和应用研究并重"的方针下,加强高分子合成化学和高分子工艺的研究;继续发展在相容性、液晶物理、高分子结晶等高分子凝聚态物理方面的研究成果,以及高分子合金、高分子液晶、高分子分离膜、高性能高分子与功能材料等方面的优势;进一步开拓生命科学中的高分子研究,实现从合成高分子向生命科学领域的扩展;进一步加强新型高分子材料的开发应用研究,促进成果的产业化进程,为发展国民经济服务。为此,高分子科学系确立了"高分子化学与高分子物理并重,加强高分子加工工艺,同时注重它们的结合;基础研究和应用研究并重,进一步与国家经济建设密切结合,以适应社会发展的需要"的学科建设指导思想,并以"高分子的结构和性能、多组分聚合物、聚合反应,以及功能高分子、生物活性大分子、高分子新材料的开发和利用"作为研究方向,走产学研结合的道路。

如何与国家发展相适应,争取有关方面的财政经费支持,成为高分子科学系成立后学科建设规划发展的重中之重。1993年2月13日,中共中央、国务院印发《中国教育改革和发展纲要》及国务院《关于〈中国教育改革和发展纲要〉的实施意见》,指出:为了迎接世界新技术革命的挑战,面向21世纪,要

---

① 杨玉良在复旦大学高分子科学系成立大会上的讲话。复旦大学档案馆藏。

集中中央和地方各方面的力量,分期分批地重点建设100所左右的高等学校和一批重点学科、专业,使其到2000年前后在教育质量、科学研究、管理水平及办学效益等方面有较大提高,在教育改革方面有明显进展,力争在21世纪初有一批高等学校和学科、专业接近或达到国际一流大学的水平。标志着影响中国大学发展的重要工程之一的"211工程"开始酝酿。1995年11月,经国务院批准,"211工程"正式启动,复旦大学被列入首批"211"重点建设高校名单,由此迎来新的发展机遇。

乘此良机,高分子科学系联合物理系、化学系向学校提交了《关于"211工程"建设项目——表面科学(高分子)学科"九五"建设规划书》。经国家计委批准,学校原则上同意了"计划书",1997年8月,学校下达批复文件。计划书提出,要把表面物理学科、表面和界面化学学科、应用表面物理国家重点实验室以及物理化学专业实验室建设成为表面物理和表面界面化学的国际研究中心;基础研究的质量达到国际先进水平,培养博士生的质量达到国外一流大学水平;表面科学(高分子)学科在"九五"期间将建设成为国内位于前列和具有国际水平的高分子研究与教学中心。高分子学科建设规划的主要内容是:

(1)购置高效凝胶色谱仪、动态热机械分析仪(DMTA-IV)、超小型高分子加工测试系统(Mini Max)、动态应力流变仪(SR200)等一批先进仪器设备。

(2)在高分子的多相体系、聚合物复杂流体的动力学行为、聚合物的分子构造设计和合成研究、大品种高分子材料的优化、生物及医用大分子研究、开发新型高分子材料等研究领域取得重大成果,并获得国家级成果奖励2项,部、委级成果奖励8项,"九五"期间每年在SCI刊物上发表论文35篇。

(3) 完成编写和出版《高分子工艺学》《高分子X-射线学》等教科书和专著。

(4) 完成"国家教委聚合物分子工程开放实验室"的建设,争取以优异成绩通过开放实验室评估[①]。

为此,"九五"期间上海市向复旦高分子学科建设总投资265万元。

2000年,根据复旦大学三年行动计划学科建设重点项目专家论证意见,经校长办公会议研究决定,高分子化学与物理学科被列为学校三年行动计划"重中之重"学科建设项目,编号为"复旦学科A-6"。项目总体目标为"巩固学科在国内一流的地位,力争全面达到国内领先并在高分子凝聚态物理方面达到国际先进水平",主攻研究方向是"高分子凝聚态物理及功能化高分子材料的研制与开发"。三年建设的重点规划内容是:

(1) 高分子凝聚态物理的基础研究全面达到国内一流水平;特色方向上,巩固在国内领先地位,并在其中一两个方面初步形成在国际上有一定影响的学派。至2002年,每年

---

① 关于"211工程"建设项目——表面科学(高分子)学科"九五"建设规划书的批复,复旦大学文件,校发(97)第10号总第418号。复旦大学档案馆藏。

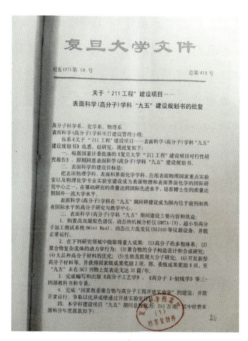

图 2-4 "211 工程"批复文件首页

发表学术论文数达到 120 篇,其中 2/3 在 SCI 刊物上发表。

(2) 在聚合物分子工程教育部重点实验室和上海市重点学科的评估或总结中取得"优秀",争取成为教育部重点学科,同时以出色的成绩通过"973 项目"中期评估。

(3) 通过三年的建设,应用研究中有 12 个左右的项目通过各级鉴定,申请 10 个左右和被批准 10 个左右专利,2~3 种新型高附加值的高分子材料被规模化生产,取得良好的经济和社会效益。

(4) 在现有教师四五十人规模基本不变的情况下,争取有博士学位者达 25 人左右,并不断提高 50 岁以下的博士生导师、40 岁以下的教授和 35 岁以下的副教授的比例。

（5）建设期内实现现有的高分子化学、物理和工艺教学实验室统一规划并改扩建，争取有若干个具有高分子学科特色的成熟实验向全校理科学生开放；出版 2～3 本高水平的教材，创出 1～2 门名牌课程，建成 1～2 个具有较为现代化设备的教室（报告厅）。

（6）争取在 3 年内举办 1～2 次国内和国际学术会议[①]。

为此，学校分两批投入 600 万元建设经费，并要求高分子系 1∶1 自筹配套经费。

2003 年，国家启动"211"工程"十五"重点建设项目，复旦高分子系根据学科领域的前沿发展与未来趋势，并结合本学科的优势和特色，再次向学校提交《聚合物分子工程学》项目建设计划。该计划的建设目标是在"高分子凝聚态多相结构层次的理论和实验"和"大分子组装"两个主要突破方向取得具有国际先进水平的原创性成果，提高按需设计和制造的创新能力，推动高分子工业生产技术与产品的提升，并将本学科建成国内一流水平的高分子科学研究与人才培养中心，为在总体上达到国际先进水平奠定基础。建设计划的主要内容是：

（1）以多相多组分高分子复杂流体为研究对象，以"973 项目"和国防军工项目为抓手，解决高分子链结构及

---

① 关于三年行动计划"重中之重"学科建设项目——高分子化学与物理学科立项书的批复，复旦大学文件，校发[2000]22 号总 522 号。复旦大学档案馆藏。

其流变学行为与材料的加工及最终性能的关系、加工成型条件与产品质量的关系、高分子聚集态结构与形态对摩擦性能的影响、动态条件下摩擦与高分子微观结构变化之间的关系等具有普适性的基本问题,为我国大品种高分子材料的提升和国家安全急需的尖端高分子材料的开发做出重要贡献,保持高分子凝聚态理论研究的国内领先地位,并达到世界先进水平。

(2)开展分子以上层次的深入研究,以大分子的分子组装为中心内容,与生命体的超分子化学相结合,为发展特殊结构与功能的材料以及认识生命过程的本质开拓新途径。完善由均聚物制备非共价键合聚合物胶束的技术、实现对聚合物胶束结构和形态的有效控制、探索嵌段共聚物和稳定胶束同时形成的新机制、实现聚合物胶束在高效药物体系和高性能光电材料及新一代催化剂等多方面的应用,使我国在此领域的研究达到国际水平,确立应用领域中的优势。每年有2~3个基本问题研究取得重要进展,SCI论文发表超过各"211"工程重点学科建设项目的平均增长率。同时,在国际权威杂志上发表更多高质量论文,争取在Nature和Science等顶级杂志上再发文章[1]。

此外,在人才引进与培养、仪器设备的购置与维修、国际合作与学术交流等方面也有具体的规划。项目建设计划总经费

---

[1] 关于"十五""211工程"重点学科建设项目《聚合物分子工程学》建设计划的批复,复旦大学校长办公室,校批字[2003]249号。复旦大学档案馆藏。

900万元,由国家发展和改革委员会(国家发改委)、财政部、上海市政府和复旦大学按比例筹付。

随着社会经济发展与国家教育科技政策的变化、高分子科学的进展,系里还有不少其他发展规划如"985工程""重中之重"规划等。通过这一系列的学科规划,高分子科学系在争取到国家财政支持的同时,也进一步明确了学科与教学的发展方向,在努力实现这些规划[①]的同时也获得了新的发展空间,拓展新的学术发展方向与领域。

二、师资队伍建设与人才培养

在高分子科学系成立大会上,杨玉良在讲话中展望了高分子学科的发展前景,认为复旦高分子科学应该是一流的。要达到这一目标,首先要有"一流的精神,一种坚忍不拔、勇往直前、艰苦创业的精神",而复旦高分子科学"一向就有这种精神":

> 今天,我们借物理楼的会议室来召开这个系的成立大会,我感到很惭愧。因为,我们连容纳50人的会议室都没有。但我也感到骄傲,我们在可称复旦大学条件最差、拥挤的跃进楼实验室里,干着一流的科学研究,培养了一批又一批国际、国内公认的人才[②]。

[①] 当然,因为各种各样原因,并不是所有的规划都能很好地实施与完成,如"211工程"的"表面科学(高分子)学科'九五'规划"就未能很好实行。

[②] 杨玉良在复旦大学高分子科学系成立大会上的讲话。复旦大学档案馆藏。

一流的高分子科学必须有一流的人才,培养一流的人才需要有一流的科研和教学。高分子科学系成立后不久,即聘请中国科学院化学研究所钱人元院士和吉林大学沈家骢院士担任兼职教授,由校长杨福家亲自向两位中国高分子学科的奠基人与元老颁发聘书。

图2-5　1993年10月18日,聘请钱人元、沈家骢院士为兼职教授仪式在学校科学楼二楼会议室举行,杨福家向钱人元、沈家骢颁发证书

高分子科学系首任系主任杨玉良,是于同隐最早招收的两名博士生之一。1986年10月,前往德国马普高分子研究所从事核磁共振技术研究,1988年9月回国。他研究领域广泛,涉及高分子固体核磁共振、液晶分子场理论和聚合物分散液晶材料、活性自由基聚合反应、高分子复杂流体等;承担并完成国家和上海市科研项目数十项,出版专著《高分子科学中的Monte Carlo方法》等,在国际著名刊物上发表SCI论文200余篇;先

后获得国家科技进步奖二等奖、教育部科技进步奖一等奖、何梁何利基金科学技术奖进步奖等;是国家攀登计划"高分子凝聚态物理基本问题"主要负责人,国家重点基础研究发展计划(973计划)项目"通用高分子材料高性能化的基础研究""聚烯烃的多重结构及其高性能化的基础研究"首席教授,长江学者奖励计划第一批特聘教授。2003年荣膺中国科学院院士。

图2-6　1980年代初期,杨玉良与于同隐一起讨论问题

高分子研究所首任所长江明,自1981年从英国利物浦大学学成回国后便开始自主选题,享受到了宽松自由的研究环境,相继就均聚物与共聚物的相容性在权威刊物 *Polymer* 上发表了多篇论文。此后,他密切关注国际高分子学科的发展,结合自身的研究特色,在高分子相容性、高分子间的络合作用直到大分子自组装等几个领域倾心研究,取得了重要成果。2005年荣膺中国科学院院士,2009年当选为英国皇家化学会会士。

图 2-7　1980 年代,江明与于同隐一起讨论问题

　　高分子科学系首任副系主任府寿宽"文革"前即跟随于同隐攻读高分子化学与物理专业研究生。1983 年 5 月赴美国进修,从事紫外吸收剂的大分子化研究。1985 年 8 月回国后转向乳液聚合的研究。1988 年参与的课题"不等活性线型缩聚反应动力学研究"获国家教委科技进步奖二等奖,主持项目"单包装快速固化标记油墨"获上海市科技进步奖三等奖。1989 年主持项目"彩色显像管用有机膜溶液"获上海市科技振兴奖三等奖,并被评为上海市重大项目攻关先进工作者。1993 年再次赴美,作为访问学者(visiting scientist)在东密歇根大学(Eastern Michigan University)涂料研究所(Coatings Research Institute)

从事访问研究,其间作为第二完成人获得两项美国专利。1995年11月,府寿宽被任命为高分子科学系第二任系主任。

图 2-8　1998 年,府寿宽与美国著名高分子科学家奥托·沃格尔(Otto Vogl,1927—2013)合作在 Polymer News 撰文"Personalities in Polymer Science Honoring Professor Yu Tongyin on his 80th Birthday"(高分子科学界人物——纪念于同隐教授 80 岁生日),向于同隐先生致敬

高分子科学系成立后不久,府寿宽赴美,李文俊接任副主任,直到 1997 年。1961 年毕业于复旦化学系的李文俊,1985 年、1992 年曾两度赴美国纽约州立大学环境科学与森林学院做访问学者、访问教授,承担美国能源部"高效能混合液体渗透汽

化膜分离"项目。主要从事高效 Ziegler-Natta 催化剂及丙烯液相本体聚合新工艺、高分子分离膜、甲壳素化学等研究,承担国家高技术研究发展计划(863 计划)项目"聚合致相分离制备聚合物微孔材料"等,主持项目"微孔聚丙烯中空纤维人工肺"应用于临床,获国家教委和上海市科技进步奖二等奖,"D-氨基葡萄糖盐酸盐""酶法制壳寡糖"项目实现产业化。

除系、所领导外,新成立的复旦高分子科学系还有老一辈的叶锦镛、黄秀云、孙猛、胡家璁、李善君、张中权等"文革"前跟随于同隐从事高分子研究的学者,更是集中了一批中年骨干教师(包括引进)。叶锦镛长期从事高分子化学的科研教学,成果曾获国家发明奖、上海市重大科研成果奖等;孙猛专长有机高分子化学合成等有关的教学及科研,成果曾获得部级二等奖 3 项等;胡家璁专长高分子凝聚态结构与物性研究;杜强国专长高分子材料和加工、医用高分子材料的制备、膜分离技术等;李善君从事"热固性树脂结构性能及改性""电子化工产品"等研究;平郑骅专长膜分离过程的理论和应用研究;2000 年作为"杰出人才"引进的李同生专长聚合物的结构与摩擦学性能关系;等等。

与此同时,一大批青年骨干脱颖而出,逐渐成为复旦高分子学科的有生力量。邵正中师从于同隐从事生物大分子的研究,1991 年获高分子化学与物理博士学位。1996 年前往丹麦奥胡斯大学生物研究所与 Fritz Vollrath 教授一同从事蜘蛛丝与蚕丝比较研究,收获颇丰。1998 年回国,次年晋升教授,研究涉及天然高分子及仿生材料的结构与性能关系,动物丝和丝蛋

图 2-9 1995 年,参加全国高分子论文报告会(中山大学)的复旦高分子老师合影

白的结构、力学性能以及纺丝等,成果先后获得教育部自然科学奖一等奖(第一完成人)、上海市自然科学奖一等奖等;2005年度国家杰出青年科学基金获得者;2006 年被聘为长江学者奖励计划特聘教授,第六届上海市自然科学奖牡丹奖,政府特殊津贴专家;2007 年获选"新世纪百千万人才工程国家级人选"。

1982 年毕业于复旦大学的史安昌,1983 年经中美联合培养物理类研究生计划(CUSPEA)赴美国伊利诺大学学习,1988年获博士学位。1988—1990 年在加拿大麦克马斯特大学做博士后,1991—1992 年任助理研究员(research associate),1999获评副教授,2004 年晋升教授。2005 年,受聘担任复旦大学高分子化学与物理学科讲座教授,并被聘为教育部 2006 年度长江学者讲座教授。他主要运用统计物理方法研究高分子凝聚态,在高分子体系相转变理论方面取得重要成果。

丁建东,1988年本科毕业于复旦大学生命科学院生物物理专业,1991年获材料科学系高分子化学与物理专业硕士学位,1995年获高分子化学与物理博士学位,1998—1999年在英国剑桥大学材料系从事博士后研究,2004年担任聚合物分子工程教育部重点实验室主任。专长生物医用高分子材料等研究。中国青年科技奖和高校青年教师奖获得者,1998年度国家杰出青年科学基金获得者,入选"百千万人才工程"。

汪长春,1990年获复旦大学化学系硕士学位,1996年获高分子化学与物理博士学位。1996—1998年在美国东密歇根大学访问研究,2001年法国科学院生物大分子研究所访问研究。专长功能高分子材料等研究。曾获上海市科技进步奖二等奖,合著《高分子世界》《丙烯酸酯涂料》、*Colloidal Polymer* 等。2005年度国家杰出青年科学基金获得者。

邱枫,1992年获复旦大学化学系学士学位,1995年获中国科学院冶金研究所硕士学位。后师从杨玉良,1998年获复旦大学高分子化学与物理博士学位,其毕业论文被评为2000年全国优秀博士学位论文。1998—2001年在美国匹兹堡大学石油与化学工程系做博士后研究,2002年回国任教。专长高分子凝聚态物理等研究,曾获中国石油化工集团公司科技进步奖一等奖,2006年度国家杰出青年科学基金获得者。

张红东,1989年本科毕业于高分子专业,1995年随杨玉良攻读博士学位,其毕业论文被评为2001年全国优秀博士论文。从事高分子化学与物理中的理论和模拟、多相高分子复杂流体分相动力学与力学性能的理论研究等，潜心于本科教学，负责修订第三版《高分子物理》。

何军坡，1999年获复旦大学高分子科学系博士学位，毕业论文获2003年全国优秀博士论文。2001年到德国BASF公司聚合物研究中心做博士后研究，2003年回系任教。从事可控活性聚合机理和动力学研究，获中国化学会青年化学家奖(2001年度)等。

高分子科学系汇聚了这样一批老中青三代结合的高分子学科教师队伍，全心全力投入高分子科学教学和科研中。

高分子科学系成立后，经国家教委批准，本科专业名称调整为高分子材料与工程，并从1994年起正式招生。军训归来的1990级(1995届)学生成为高分子科学系第一届本科生。本科培养目标为"具备必要的数学、物理基础，有扎实的化学基本理论、基本知识和基本实验技能，以及较为深入的高分子科学的专门知识和专门技能，既能从事科学研究，又能从事技术开发和管理的专门人才"；在专业方面，要求学生"系统地掌握与高分子学科相关的分析化学、无机化学、有机化学及物理化学等化学学科，物理学科和数学学科的基础知识和实验技能"，"较全面地掌握高分子化学、物理和高分子工艺等专业理论及实验技能"，鼓励学生"利用选修、辅修等方式向生命科学、材料科学、环境科学和医学等交叉领域发展"。教学上"注重加强学科间的渗透、交叉、组合，将综合教育、文理基础教育和专业教育三个方面的教学内容有机地结合起来"。

表2-1是1993—2010年间，高分子科学系(包括化学系开设、高分子系教师参与辅导)为本科生开设的专业基础课和专

业选修课一览表。可见,除无机化学、有机化学、物理化学、结构化学、分析化学、合成化学、生物化学、化工原理及其实验等专业基础课外,也相继开设有高分子概论、高分子化学、高分子化学B、高分子物理、高分子工艺、高分子实验、材料科学通论、现代高分子科学专题、高分子加工和高分子合成工艺等专业课和专业选修课,专业课和专业选修课基本上都由教授如杜强国、胡家璁、邵正中、武培怡等开设。

表 2-1 1993—2010 年间高分子科学系本科专业基础课与专业选修课一览表

课程名称	任课老师	课程名称	任课老师
无机化学	朱世三,施晓晖辅导	有机化学	高翔、黄永鸣等
普化及无机实验	吕文琦、施晓晖	有机实验	姜筱燕、潘波等
化工原理	张冠生	化工原理实验	倪秀元
物理化学	李宏珉等	物化实验	胡建华、潘懿等
结构化学	范康年、潘石麟等	分析化学A	罗小雯辅导
仪器分析	朱万森、张红东	分析化学实验A	罗小雯、钟伟
生物化学	陆仁、杜鸿超	合成化学实验	唐晓林、李妙葵等
仪器分析实验	胡七一、罗小雯等	化工制图	沈育毅
电子学方法实验	徐德勤等	谱学导论	方毅、陈民勤
高分子概论	张中权	高分子化学	邵正中、吕文琦等
高分子化学B	吕文琦、杨武利、平郑骅	高分子物理	李文俊、胡家璁、张红东等
高分子工艺	杜强国	高分子实验	马瑞申、潘宝荣等
材料科学通论	薛培华、施晓晖	生产实习(高分子)	倪秀元
现代高分子科学专题	邵正中、武培怡	高分子加工和高分子合成工艺	杜强国

在完善课程与教学过程中,教学成果也层出不穷。1995年,"高分子物理实验教学"获1993—1994年复旦大学优秀教学成果奖一等奖;1998年10月,"高分子专业论文教学"获复旦大学1995—1997年度教学成果奖二等奖;1996年7月,继《高分子物理》(1990年修订版)之后,由高分子科学系部分教师编著的《高分子化学》一书由复旦大学出版社出版;1996年修订版《高分子实验技术》1997年获华东地区大学出版社第三届优秀教材奖学术专著一等奖,1998年获上海市高校优秀教材奖三等奖;2001年5月,由平郑骅、汪长春编著的上海普通高校"九五"重点教材《高分子世界》由复旦大学出版社出版。

研究生教育设置高分子化学与物理专业,硕士要求"在化学学科及高分子化学与物理专业上掌握扎实的基础理论、系统的专业知识和熟练的实验技能,具有胜任本专业领域的教学和科研工作能力以及独立担负专门技术工作的能力";博士要求"在化学学科及高分子化学与物理专业上掌握扎实且宽厚的基础理论、系统深入的专业知识和熟练的实验操作技能,胜任本专业领域的教学和科研工作,并能独立主持专门技术工作,开展具有创新性的研究工作"。2004年,又增设化学工程硕士学位授予点。硕士生须修学位基础课2门6学分、学位专业课2门5学分、专业选修课4门8学分、跨一级学科课程1门2学分。博士生需修学位专业课2门4学分、专业选修课1门2学分、跨一级学科课程1门2学分。

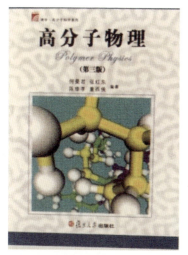

图 2-10 高分子科学系编撰的高分子系列教材

表 2-2 和表 2-3 是硕士和博士研究生各类课程及授课教师。硕士生仅须修两门的专业课有 6 门之多可选,仅修一门的专业选修课也有 5 门之多可选,可见学生们选择余地之大。相

较而言,博士生专业课有 17 门之多,而选修课仅两门,可见博士生对专业研究之严格。课程开设之多,从另一个角度展示了老师专业研究的宽广,每门课的授课教师都是系里名教授,在自己的研究方向与领域都卓有成就。

表 2-2 硕士研究生各类课程及授课老师

类别	课程名称	授课教师	适用专业	学分
基础课	高等高分子化学	黄骏廉等	化学各专业	3
	高分子凝聚态物理	丁建东	化学各专业	3
专业课	多组分聚合物的物理化学	陈道勇	高分子化学与物理	3
	功能高分子	杨武利	高分子化学与物理	2
	生物大分子	邵正中	高分子化学与物理、化学生物学	3
	软物质物理	邱枫	高分子化学与物理、化学生物学	2
	高分子研究方法 I	武培怡等	高分子化学与物理、化学生物学	2
	高分子研究方法 II	周平等	高分子化学与物理、化学生物学	2
专业选修课	高分子光化学	唐晓林	高分子化学与物理	2
	生物降解性高分子	钟伟	高分子化学与物理	2
	涂料化学	汪长春	高分子化学与物理	2
	生物医用高分子材料	丁建东	高分子化学与物理、化学生物学	3
	摩擦学材料研究方法	李同生等	高分子化学与物理	3

表 2-3 博士研究生各类课程及授课老师

类别	课程名称	授课教师	适用专业	学分
专业课	多组分聚合物	江明	高分子化学与物理	3
	高分子物理化学进展	江明	高分子化学与物理	3
	高分子凝聚态物理进展	杨玉良	高分子化学与物理	3
	高分子反应统计理论	杨玉良	高分子化学与物理	3
	功能高分子的结构与性能	府寿宽	高分子化学与物理	3
	生物大分子进展	邵正中	高分子化学与物理	3
	蛋白质结构与功能	邵正中	高分子化学与物理、化学生物学	3
	生物医用高分子材料进展	丁建东	高分子化学与物理、化学生物学	3
	高分子合成化学进展	黄骏廉	高分子化学与物理	3
	高分子药物	黄骏廉	高分子化学与物理	3
	高分子摩擦学	李同生	高分子化学与物理	3
	用于药物的高分子载体材料	黄骏廉	高分子化学与物理	3
	人工脏器材料	杜强国	高分子化学与物理	3
	蛋白质空间结构与功能进展	丁建东	高分子化学与物理	3
	聚合物波谱学进展	武培怡	高分子化学与物理	3
	有特殊结构聚合物的分子设计和合成	黄骏廉	高分子化学与物理	3
	功能性聚合物微球研究进展	汪长春	高分子化学与物理	3
选修课	生物降解性高分子	钟伟	高分子化学与物理	2
	涂料化学	汪长春	高分子化学与物理	2

随着教学成果与成就影响的日益扩展,高分子科学系主

持召开了一些具有国际影响的教学培训。1999年8月1—13日,举办高分子物理国际高级研讨班,共有国内21所大学和研究所的65名学员参加;1999年8月29日—9月2日,由联合国工业发展组织(UNIDO)科学与高技术国际中心出资,高分子科学系承办了环境可降解塑料——基于天然资源的材料国际讲学班,14名国际代表、43名国内代表参加;2002年9月1—7日,高分子科学系受教育部委托在复旦举办高分子物理课程骨干教师培训班,来自全国47所高校的70余人参加培训。

图2-11 环境可降解塑料——基于天然资源的材料国际讲学班会场

1993—2007年15年里,高分子科学系共培养本科生、研究生和博士后1140余人[①]。2008—2010年间,又招收本科生132人、硕士生99人、博士生73人、工程硕士生46人。1998—2003年间,每年招收本科生30人左右(29—32人之间)。2004年开始扩招,当年招收本科生41人,到2007年招收本科生50人,达到历届最高(包括以后各届)。硕士研究生1993年仅招收3人,次年陡增到8人,到2005年增加到39人,扩增10余倍。博士研究生1994年仅招收2名,次年增加到8名,2004年扩增到37名。工程硕士最初仅招收3名,以后逐年增加,2006年13名,2009年和2010年各17名。可见,高分子科学系建立了从本科到研究生和博士后训练这样比较完善的教育体系,研究生及其后续人才培养(包括硕士、博士和博士后)比本科生相较多一些,已经成为培养高级研究型人才基地,与复旦大学作为研究型综合性大学的定位相匹配。

表2-4 1993—2007年复旦大学高分子科学系招生人数与授予学位人数一览表

招收本科生	546名	授予学士学位	438名
招收硕士生	315名	授予硕士学位	162名
招收博士生	219名	授予博士学位	112名
博士后进站	24名	博士后出站	18名
工程硕士生	43名	授予硕士学位	3名

[①]《励精图治 春华秋实——回眸复旦大学高分子学科创建50周年暨高分子科学系成立15周年》,2008年内部印行,第11页.

图 2-12　高分子科学系 1995 届本科毕业师生合影

图 2-13　高分子科学系 2010 届本科毕业师生合影

图 2-14　高分子科学系 1997 届研究生毕业师生合影

图 2-15　高分子科学系 2007 届博士研究生毕业师生合影

高分子科学系各类学生不少人在校期间就表现突出。杨玉良指导的 3 名博士生论文,即邱枫《剪切流场中聚合物共混物的相分离》、张红东《高分子分相动力学理论和模拟》以及何军坡《活性自由基聚合的 Monte Carlo 模拟及动力学改进》先后获全国优秀百篇博士学位论文。林志群、许国强、彭慧胜、刘毅 4 人的毕业论文获评上海市优秀硕士学位论文,贾中凡的毕业论文获得上海市优秀博士论文。1994 年,张剑文科研项目"SA-1 表面组装贴片胶"获第二届中国大学生应用科技发明大奖赛三等奖。1998 年 12 月,戈进杰在博士后工作站从事可生物降解聚氨酯泡沫塑料研制,获"上海市首批在站优秀回国留学博士"称号。2001 年,徐鹏的"绿色环保型纸餐具等纸制品防水剂"项目获第七届"挑战杯"全国大学生课外学术科技作品竞赛三等奖。2002 年,徐鹏等人的纳米级绿色环保型制品防水剂创业团队获第三届"挑战杯"天堂硅谷中国大学生创业计划竞赛银奖。2004 级本科生"高分子材料的循环利用"被评为上海市优秀暑期实践活动项目。2007 年,博士生王竞获得复旦大学第四届校长奖优秀学生奖,余振、殷冠南的"UV 辐照接枝制备亲水性荷电纳滤膜"项目获第十届"挑战杯"飞利浦全国大学生课外学术科技作品竞赛三等奖,其论文还在《化学学报》上刊登,并被评为"窘政学者"优秀论文作品。

在 2009 年的国际评估中,在教学方面,认为高分子科学系本科教育"积累丰富,所编著高分子科学教材被长期广泛采用,学生培养已逐步国际化";研究生教育方面"已培养出一批优秀人才,毕业生中获得全国百篇优秀博士论文三篇,有多人在国

图 2-16 杨玉良与获得全国百篇优秀博士论文弟子合影及获奖证书

内外著名高校任教,多位获得国家杰出青年科学基金,众多校友活跃在高科技企业"。建议"高分子学科教师更进一步激发学生对科学研究的兴趣和热情","对高分子特色课程与训练还需进一步加强"①。

三、从教育部聚合物分子工程开放实验室到重点实验室

高分子科学系成立后,在摸索探寻科研突破口与学术发展平台过程中,争取建设教育部重点实验室首先成为系和学校的共同目标。当教育部重点实验室建设取得优秀成绩后,21 世纪

---

① 2009 年 12 月 28—29 日,由美国工程院院士、阿克隆大学高分子科学与工程学院院长程正迪教授,Polymer 主编、美国国家标准技术研究院(NIST)韩志超教授,中国科学院院士、香港科技大学唐本忠教授和美国加州大学(UCLA)卢云峰教授组成的国际评估专家组,在上海听取了高分子科学系高分子化学与物理学科总体报告(武培怡报告)、3 位教授的学科主要研究领域报告(张红东报告聚合物凝聚态物理,陈道勇报告聚合物有序结构,邵正中报告生物大分子)和 11 位教授的研究小组报告、提问与讨论,经过充分酝酿,最终对学科现状和学科发展规划两大方面提出了评估意见。此为相关教学部分。

初,创建国家重点实验室又成为系和学校的共同目标。国家重点实验室是依托一级法人单位建设、具有相对独立的人事权和财务权的科研实体,作为国家科技创新体系的重要组成部分,是国家组织高水平基础研究和应用基础研究、聚集和培养优秀科学家、开展高层次学术交流的重要基地,实行"开放、流动、联合、竞争"的运行机制。1984年,围绕国家发展战略目标,面向国际竞争,原国家计划委员会(国家计委)启动了国家重点实验室建设计划,到1997年已相继建成155个,是为国家重点实验室起步阶段。自1998年始,开始规范和改进国家重点实验室的管理,探索新的实验室建设类型。2008年3月,科技部和财政部联合宣布设立国家重点实验室专项经费,从开放运行、自主选题研究和科研仪器设备更新三个方面,加大国家重点实验室稳定支持力度,国家重点实验室建设由此进入提高发展新阶段。

  1994年2月,依托复旦大学高分子科学系,经国家教委批准建立聚合物分子工程开放实验室。建系之初,系主任杨玉良有三个愿望,其中之一就是把附属于国家教委的"开放实验室"升格为国家级"开放实验室",对此他也满怀着信心[①]。

  1995年5月29日,国家教委聚合物分子工程开放实验室揭牌仪式暨学术报告会在复旦大学逸夫楼报告厅举行,党委书记钱冬生和国家教委科技委化学组副组长沈家骢院士为实验室揭牌。揭牌仪式后举办了三场学术报告会,其中实验室学术

[①] 抓住人才这个根本——访高分子系系主任杨玉良教授[N].复旦,1994-03-31,第1版.

委员沈家骢和卓仁禧分别作报告《一种两亲性聚合物的自组装膜》《聚磷酸酯类生物材料的研究》,薛奇、吴美琰、景遐斌、徐种德和江明分别作报告《激光拉曼研究分子在金属表面吸附取向及应用》《原位聚合制备刚性棒状高分子微相复合物》《二阶非线性光学高分子及其取向稳定性》《高分子链的氘化对分子链尺寸的影响》《高分子的缔合和络合研究》,复旦大学高分子科学系年轻学者丁建东和周红卫分别作报告《液晶/高分子复合材料和高分子液晶非线性动力学研究》《环氧树脂在高压和重型电力工业中的应用》。

图 2-17　1995 年国家教委聚合物分子工程开放实验室揭牌仪式暨学术报告会合影

前排左起:徐种德、薛奇、卓仁禧、于同隐、方林虎、沈家骢、钱冬生、吴美琰、高滋、景遐斌。

第二天,第一届学术委员会举行第一次会议,出席会议的有实验室主任、学术委员杨玉良,学术委员会主任江明,学术委员沈家骢院士、薛奇教授、卓仁禧教授、封麟先教授、徐种德教授、景遐斌研究员、吴美琰研究员、府寿宽教授、李文俊教授和黄骏廉教授,因故请假的3位委员程镕时院士、林尚安院士和周其凤教授来函来电祝贺。会议汇报了实验室的筹备过程和工作条件,以及首批获得资助的5个开放课题进展情况,强调实验室的主要目的、任务是向国内外开放,加强高层次人才培养和增进学术交流。开放课题以高分子基础研究和高技术发展为主要方向,把高分子合成-不同层次上的结构-性能联系起来研究,贯穿聚合物分子工程学的思想,并致力于设计和开发新型的高分子材料。

经学术委员会讨论并通过了实验室"章程""课题指南"与"课题基金申请办法"。"章程"指出,实验室基本任务是"创造良好的科学研究条件和学术环境,吸引国内外优秀学者及研究生,开展聚合物分子工程学深入研究,促进新兴、交叉学科的形成和发展,培养造就高层次科学技术人才"。"指南"指出,实验室研究的重心是聚合物分子工程,包括高分子结构和性能、多组分聚合物体系、功能和生物大分子三个主要研究方向:

(1) 高分子结构和性能:重点在分子水平上的聚集态结构,并阐明其与高分子材料各宏观性能的关系;高分子凝聚态物理的现代理论;高分子构象统计和黏弹性的分子理论;液晶/高分子复合体系的结构-性能关系;取向高分子的结构、有序及和分子运动的相关性;高分子的结晶行为和高分子单晶。

（2）多组分聚合物：多组分聚合物的相容性；多组分聚合物中的特殊相互作用；多组分体系的自组装和凝聚态形态；高分子间的缔合和络合作用；高分子间的相分离及形态控制；多高性能高分子共混材料。

（3）功能和生物大分子：功能高分子的分子设计；带不同功能基团的大分子的设计和合成；高分子靶向药物的分子设计和合成；乳液聚合物的基础和应用研究；高分子液-液分离膜的制备、功能和结构研究；光电功能高分子材料；生物大分子的构象；纤维蛋白大分子的研究，特别是蚕丝的成纤过程、蚕丝的结构等①。

从1994年10月到1995年10月，复旦大学先后拨款3次共15万元，作为实验室启动资金。通过申请和评审，实验室首批资助了5个开放课题，分别是四川联合大学（今四川大学）李光宪教授的"新型高分子增容剂的分子设计理论和应用研究"，上海医药工业研究院唐颖助理研究员与复旦大学李文俊教授联合申请的"环境敏感性功能高分子及其在医学领域中的应用研究"，中国纺织大学（今东华大学）唐志廉教授的"合成纤维共混体系中嵌段长度的研究和链交换反应对它的影响"，华东理工大学徐世爱博士和复旦大学陈文杰副教授联合申请的"SESB在PS/PE共混体系中增容作用的TEM研究"，江苏石油化工学院（今常州大学）林明德副教授和复旦大学杜强国副教授联

---

① 国家教委聚合物分子工程开放实验室工作报告(1)[R],1995.

合申请的"新型高分子共混用相容剂的开发"。学术委员会经过充分讨论,认为实验室前期建设成绩较为显著,尤其是已经批准资助了5个项目并已大多实施。委员们也认为实验室课题遴选"必须首先考虑到对实验室的发展有利,对培养人才有利",这样才能使实验室"成为上海和华东地区乃至全国高分子科学和工程方面的研究基地和人才培养基地"。

1995年底,国家教委向实验室下达了当年科学事业费10万元。1996—1997年度,实验室资助了10个开放课题,分别为:

(1) 上海交通大学周持兴、复旦大学陈文杰的"时间分辨光散射法研究酚醛树脂/工程塑料相分离动力学及形态控制";

(2) 中国科学院院化学研究所莫华的"具有分子间强相互作用分子体系的内聚能";

(3) 上海市合成树脂研究所赵军、复旦大学府寿宽的"微乳液聚合的基础研究";

(4) 青岛大学陈重酉、复旦大学马瑞申的"用PC/PET共混体仿制高强高模工业用长丝可行性的探讨";

(5) 上海宝钢集团李娟、复旦大学胡建华的"含磷共聚物阻垢性能与结构关系";

(6) 桂林工学院韦村、复旦大学杜强国的"二烯烃聚合物的乳液加氢研究";

(7) 江苏石油化工学院林明德、复旦大学杜强国的"含

双键的过氧化物在 PS/EPR 共混体系中的接枝增容研究";

（8）华东理工大学莫秀梅的"PEG 接枝甲壳胺的合成表征及医用性能研究";

（9）中国纺织大学马敬红、复旦大学钟伟的"新型聚乳酸生物医用材料研究";

（10）复旦大学分析测试中心戴林森、高分子科学系庞燕婉的"高分子松弛运动的 NMR 研究"①。

1998—1999 年度，实验室又资助了屠德民、李民乾、胡春圃、张俐娜、黄君霆、李新贵、陈重西、孙尧俊、陈士明、戴林森、谢续明、林嘉平、孔继烈、邱江等人主持的 14 个开放课题。体现实验室"开放性"精神的开放课题涉及部委属高校、地方高校、中国科学院、地方研究机构和工业界。实验室挂牌一年之后成为上海市新材料研究中心的重要依托单位。除个别项目因为课题负责人单位原因未能如期完成外，大部分开放课题都按期完成，取得了重要成果，在国际国内重要刊物发表论文多篇，初步显现了实验室的作用。

1998 年 5 月，教育部对高等学校世行贷款重点实验室和开放研究实验室进行统一评估，专家组对实验室的评审意见如下：

> 教育部聚合物分子工程开放实验室以聚合物结构设计为出发点，选定高分子结构与性能、多组分聚合物

---

① 国家教委聚合物分子工程开放实验室工作报告(2)[R],1996.

体系、聚合反应及功能与生物大分子为主要研究方向，不仅具有一定的工作基础，而且符合高分子科学的发展潮流。

自1995年以来，该实验室承担了32项国家级科研项目，在多组分高分子体系生成动力学、高分子链行为的图形理论、多组分聚合物体系中的特殊相互作用与相容性等方面做出了突出的成果，共发表学术论文和学术会议报告267篇，在高分子科学领域国际一级刊物上也发表了系列论文多篇，在国际上产生了重要影响，为我国高分子物理和高分子理论的发展做出了贡献，形成了自己的科研特色。

该实验室在人才培养与学术队伍建设方面，不仅老一辈学者仍在发挥学术领队的作用，而且有杰出的中年人才活跃在科研的第一线，更有一批青年人才逐渐成长起来，初步形成了老中青结合的学术队伍。此外，实验室建立以来，广泛开展了国内外合作与交流，发挥了部门开放实验室应有的作用。

希望实验室坚持自己已经形成的科研特色，集中力量，深入研究，以取得更大的突破。同时，注意要进一步发挥学术委员会的作用，定期召开学术委员会会议，研究实验室今后的发展和目标。进一步扩大开放和对开放课题的经费投入①。

---

① 国家教委聚合物分子工程开放实验室工作报告(4)[R],1998.

最终,经评估实验室在化学与生物组排名第一,并推荐参加1999年度国家重点实验室评估。

1999年5月9日,实验室第二届学术委员会成立并举行第一次会议。第二届学术委员会由主任江明教授,委员沈家骢院士、陈永烈教授、周其凤教授、薛奇教授、封麟先教授、卓仁禧院士、韩哲文教授、景遐斌研究员、赵得禄研究员、杨玉良教授、府寿宽教授、李善君教授、杜强国教授、童真教授、罗宁教授等16人组成。会议对参加1999年国家重点实验室评估的报告进行了广泛讨论并提出建设性意见。其后,中华人民共和国科学技术部(科技部)委托国家自然科学基金委组织15人专家组,对实验室进行化学学科1999年国家重点实验室和部门开放实验室的评估。专家组于7月18—19日来到复旦,听取了工作报告、学术报告、提问质疑答辩,考察了实验现场,对申报材料认真核实形成了初步评估意见:

> 聚合物分子工程开放研究实验室具有良好的研究工作基础,是一个有特色、学风优良、有发展前景的实验室。希望该实验室能进一步加强各研究方向之间的内在联系,在基础理论研究方面,争取做出具有国际先进水平的研究成果。

成立几年间虽取得了重要科研成就,但实验室条件甚差,参与评估的一位专家曾私下评论"惨不忍睹!"。因此,对实验室硬件建设与优秀成果之间极不相称的状况,委员们反映强烈,故在评估报告中特别强调:"建议主管部门及依托单位给予实验室重点支持,使实验室有更快、更大的发展与进步。"①

1999年9月9—13日在北京进行复评和投票,被评为良好类实验室。9月28日教育部批准更名为聚合物分子工程教育部重点实验室,成为首批38个教育部重点实验室之一。10月22日,科技部资助实验室运行补助经费40万元,此后按规定拨发经费,极大地改善了实验室的经济状况。

图2-18　1999年5月,教育部聚合物分子工程开放实验室第二届学术委员会议合影

---

① 聚合物分子工程教育部重点实验室(原教育部聚合物分子工程开放实验室)1999年度报告[R].

图 2-19 首批教育部重点实验室建设批文

成为教育部重点实验室后,面对高分子科学的新发展,吸收学术委员会意见与实验室的具体情形等,对研究方向与领域有所调整:

(1) 高分子结构与性能:在分子水平上,对高分子物理学的当今前沿领域如高分子统计理论、黏弹性的分子理论、高分子体系的临界动力学行为、高分子/液晶复合体系的结构性能关系、高分子结晶等开展深入研究。

(2) 多组分聚合物体系:着重于在分子水平上理解和建立高分子间的相互作用和高分子的相容性、共混物的物理状态以及物性之间的关系,对分子间的络合和缔合作用以及大分子的自组装行为等方面开展深入研究。

(3) 聚合反应及功能与生物大分子:主要针对新型聚合反应如活性自由基聚合、种子乳液聚合等机理,高分子反应和功能化,生物大分子行为等重要前沿问题,开展创新性的基础理论和实验方法研究。

成为教育部重点实验室后,作为实验室标志之一,开放课题项目科研经费有所提升,申请人也开始由国内向国际扩散。如2002年资助的7个项目(每项4万元)首次出现了美国纽约州立大学学者。表2-5是2002—2010年实验室开放课题负责人及其单位情况。9年间共有60人次获得资助。其中,同济大学黄美荣、天津大学陈宇获得两次资助,他们两人2008年还获得滚动资助。这些学者除3人来自中国科学院系统、1人来自上海高分子材料研究中心外,其他人来自29所国内高校和两所国外大学。其来源地既有清华大学、上海交通大学、南京大学、吉林大学、四川大学、哈尔滨工业大学、中南大学、天津大学等国内著名高校,也有青岛科技大学、江苏工业学院、西南科技大学、宁波大学等地方性高校。同济大学有7人次获得资助,人数最多,南京大学以4人名列第二,上海交通大学、华东理工大学、苏州大学和青岛科技大学各有3人。虽然有两位受资助者来自美国高校,但无论是周耀旗(1984年中国科技大学学士)还是林志群(1998年复旦高分子科学系硕士)都是国内大学毕业后留美。这个受实验室资助的55人群体,不仅在课题期间取得成果、发表高质量的论文,大多数人也成为高分子科学发展的生力军,如清华大学教授石高全(1963—2018)是石墨烯研究专家,曾任清华大学化学系高分子所所长,惜乎英年早逝;同济大学李新贵,2002年11月当选为实验室学术委员;林志群曾任美国佐治亚理工学院教授,2022年加盟新加坡国立大学,2023年获选材料研究会会士。

表2-5 聚合物分子工程教育部重点实验室
2002—2010年开放课题负责人及其单位

年度	开放课题负责人及其单位	经费(万元)
2002	清华大学石高全、同济大学李新贵、哈尔滨工业大学王铀、上海交通大学高超、同济大学黄美荣、南京大学王昭群、美国纽约州立大学周耀旗	28
2003	华东理工大学田晓慧、中国科学院上海原子核研究所吴国忠、中国科学院力学研究所国家微重力实验室霍波、上海高分子材料研究开发中心杨虎、清华大学袁金颖、苏州大学倪沛红、上海交通大学胡钧	20.5
2004	南京大学汪蓉、上海工程技术大学甘文君	8

续 表

年度	开放课题负责人及其单位	经费(万元)
2005	南京大学侯文华、北京化工大学王海侨、四川大学杨其、华南理工大学朱旭辉	8
2006	江南大学刘晓亚、南京大学陆云、华侨大学李明春、吉林大学吴玉清、江苏工业学院翟光群、上海交通大学朱申敏、暨南大学谢德明、华东理工大学张琰	16
2007	同济大学黄美荣、湖北大学黄鹤、苏州大学严锋、中国科学院广州化学所吕满庚、美国爱荷华州立大学(Iowa State University)林志群、天津大学陈宇、青岛科技大学吴宁晶、青岛科技大学魏燕彦、苏州大学范丽娟、深圳大学陈彦涛	20
2008	同济大学黄美荣、苏州大学严锋、天津大学陈宇(以上3人滚动资助)、华东理工大学郎美东、同济大学万德成、西南科技大学张亚萍、郑州大学刘蒲	14
2009	南京邮电大学姜鸿基、河北工业大学刘宾元、同济大学袁俊杰、中南大学李娟、江苏工业学院翟光群	10
2010	同济大学杜建忠、宁波大学童朝晖、同济大学林超、上海大学李春举、天津大学陈宇、西南大学李翀、青岛科技大学赵健、中南大学邹应萍、上海大学王洪宇、河南大学张磊	20

在开放实验室成为教育部重点实验室之际,教育部开始在高校国家重点实验室和教育部重点实验室施行访问学者制度。经教育部批准,1999年有4位学者成为实验室访问学者,2000年有6位,具体情况见表2-6。从一开始,访问学者计划经费资助就远高于开放课题,而且学者来源也更具有国际性,两年间,10人中国外学者有5人之多。

表2-6 聚合物分子工程教育部重点实验室1999—2000年访问学者情况一览表

姓名	所在单位	访问起止时间	资助金额（万元）
A. Elaissari	Unite Mixté CNRS-Bioméricux	1999.11—2000.10	9.5
王振纲	美国加州理工学院	1999.11—2000.10	8.5
李新贵	同济大学高分子材料系	1999.10—2000.9	5
王利群	浙江大学高分子科学与工程系	1999.10—2001.10	5
姚明龙	美国流变科学仪器公司（Rheometric Scientific Inc.）	2000.10—2001.9	9
邱星屏	厦门大学材料科学系	2000.10—2001.9	5
Q. T. Nguyen	法国卢昂大学	2000.10—2001.9	9
张敏	日本农林水产省蚕丝昆虫研究所	2000.10—2001.9	5
梁国明	中国科学院上海原子核所膜分离技术研发中心	2001.1—2001.12	3.8
涂克华	浙江大学高分子科学与工程系	2000.9—2001.12	4

通过两年的实践，教育部向各个重点实验室征求访问学者计划经验。实验室报告称，实施访问学者制度2年左右，与开放课题制度相比有不少的优势：

第一，给实验室带来了真正的开放活力。实验室成为重点实验室前，共批准28项开放课题，资助总金额为16.6万元，平均每项仅6千元，"势必难以吸引高水平的客座研究人员，开放课题也难以取得高质量的成果"。实施访问学者计划以来，10位访问学者，教育部资助总金额为63.8万元，学校配套59万元，每项资助达10万元以上，"从根本上扭转了实验室开放课题难以维系的困境,为吸引海内外的优秀人才、提高开放水平层次和增进国际合作交流,奠定了较好的条件保证"。访问学者制度吸引了一批真正的高水平海外科学家,如法国科学院生物大分子研究所研究员 A. Elaissari、法国卢昂大学教授 Q. T. Nguyen、美国加州理工学院化学工程系副教授王振纲等。

第二,促进了实验室学科新生长点的培育。访问学者制度吸引了国际和国内的优秀中青年学者前来实验室合作,开展前沿课题研究,提高了实验室的学术研究水平和教学水平,促进了高水平的学科建设和高层次的创新人才培养。如王振纲系统讲授嵌段共聚物理论和高分子复杂流体课程,指导实验室开展自洽场方法研究高分子复杂流体动力学,申请并获得国家自然科学基金会杰出人才基金 B 类项目;同济大学李新贵(教育部长江学者奖励计划特聘教授)访问研究期间,完成了 7 种全新的二元和三元共聚物合成、结构表征和性能考验,在国外 7 种 SCI 刊物上发表论文达 14 篇之多。

第三,增强了实验室的示范作用。充分利用海外科学家来实验室从事访问研究的宝贵时机,安排他们与国内同行进行广泛的学术交流,有利于国内同行及时了解学科前沿的最新动态和发展趋势。

当然,也存在工作时间、成果发表署名等方面的一些问题,同时希望共享国家重点实验室"访问学者基金总经费的 30% 用于改善重点实验室的工作条件以吸引访问学者"的待遇[1]。

---

[1] 聚合物分子工程教育部重点实验室 2001 年度报告[R],2001.

表2-7是2003—2010年实验室访问学者姓名及任职单位情况。8年间共有38位学者来访,其中加州大学圣克鲁斯分校张金中来访两次。38人中来自国内9人,清华大学、北京大学各2人,山东大学、南开大学各1人,中国科学院系统3人;来自美国高校和研究机构12人,德国高校4人,日本、英国、法国各3人,加拿大2人,荷兰、波兰各1人。来自国外的学者有不少华人,也有国内大学毕业者,如明伟华1998年在复旦高分子系获得博士学位、张金中1983年获复旦化学系硕士、陈征宇1982年复旦大学本科毕业。正如李新贵作为访问学者后申请到开放课题,石高全作为开放课题完成人也成为访问学者。与开放课题负责人群体一样,这个访问学者群体,也同样在实验室取得重要成果,大多是高分子学界重要人物,在国内外高分子科学界展现他们的才华。例如,李亚栋担任清华大学化学系学术委员会主任、无机化学所所长,2011年当选中国科学院院士;陈征宇任滑铁卢大学物理天文系主任;宛新华任北京大学高分子化学与物理教育部重点实验室主任;邓风任中国科学院波谱与原子分子物理国家重点实验室主任;张金中为加州大学圣克鲁斯分校化学与生物化学系杰出教授。当然,其中一些人还与复旦高分子科学系建立了更为密切的联系。例如,丛培红2005年回国任教高分子科学系,现任实验室副主任;江东林与汪长春、祝磊与陈道勇合作申请到国家自然科学基金海外青年学者合作研究项目。

表2-7 聚合物分子工程教育部重点实验室2003—2010年访问学者名单

年度	访问学者姓名及其单位	经费(万元)
2003	清华大学李亚栋、德国埃森大学 H. W. Siesler、荷兰埃因霍温技术大学明伟华、山东大学鲁在君、加拿大滑铁卢大学陈征宇、牛津大学 A. E. Terry	31
2004	德国海德堡大学 J. Spatz、日本关西学院大学尾崎幸洋(Y. Ozaki)、联合利华美国实验室胡运涛、日本国立岩手大学丛培红、英国牛津大学 C. Dicko、清华大学石高全	28.5
2005	法国巴黎第十一大学 Laurent Ruhlmann、美国宝洁公司 Isao Noda、美国加州大学圣克鲁斯分校张金中、日本自然科学研究所分子科学学院江东林	20
2006	美国加州大学尔湾(Ivrine)分校 Balashov、法国卢昂大学 Nguyen Quangtrong、波兰弗罗茨瓦夫(Wroclaw)大学 Miroslaw Czarnecki、中国科学院武汉物理所邓风、美国宾夕法尼亚大学(University of Pennsylvania)杨澍、中国科学院化学所闫寿科	28.5
2007	加拿大 Steacie 分子科学(SIMS)研究所余睽、英国帝国理工大学 Joao T. Cabral、德国杜伊斯堡-埃森(Duisburg-Essen)大学 H. W. Siesler、中国科学院上海有机化学所黄晓宇、北京大学宛新华、亚琛工业大学德国羊毛研究所朱晓敏	26
2008	法国巴黎居里大学李敏慧、美国科罗拉多州立大学(Colorado State University)Qiang Wang、美国加州大学默塞德分校(University of California at Merced)Jennifer Lu	15
2009	美国加州大学(University of California)李轶、南开大学孙平川、美国加州大学圣克鲁斯(Santa Cruz)分校张金中、美国康涅狄格大学(University of Connecticut)斯托斯校区(Storrs)林遥	18
2010	美国加州大学圣克鲁斯分校张金中、美国康涅狄格大学斯托斯校区林遥、美国凯斯西储大学(Case Western Reserve University)祝磊、美国阿拉巴马大学(The University of Alabama)暴玉萍、美国新墨西哥州立大学(New Mexico State University)罗红梅、北京大学陈尔强	28

注:张金中与林遥2009年12月来访,实验室2009年和2010年年报中都有,无论如何只能算一次。

相比这些流动的客座研究人员,固定人员才是实验室的主力与核心,实验室科学研究与学术发展的主力军。因退休与调离或辞职,实验室固定人员变动不居,这里仅考察每年新增固定人员,表2-8是1999年实验室固定人员及此后到2009年的新增人员名单。1999年实验室共有固定人员23人,其中教授10人、副教授6人、讲师1人,高级工程师2人,负责技术的实验师3人、助理实验师1人。这个群体集中了复旦高分子学科各个时代学术代表,有领军人物江明、杨玉良,也有杜强国、府寿宽、李善君、黄骏廉、平郑骅、谢静薇等"文革"前大学毕业的中坚,更有邵正中、丁建东、汪长春、周红卫、张红东等青年才俊。2000年新增5人,出生时代跨越20世纪50年代到70年代;2001年新增的李同生、何军坡和武培怡都是高分子科学系的生力军;2002年、2003年新增的邱枫、陈道勇都是曾获得国家杰出青年科学基金的"杰青";2004年新增的许元泽2001年从美国回国任教高分子科学系;卢红斌在复旦博士后期间参加"973计划",作为主要完成人之一获得2003年度中国石油化工集团公司科技进步奖一等奖;杨武利现任高分子系副主任;2005年加入实验室的赵东元专长介孔材料研究,2007年当选中国科学院院士,后当选实验室学术委员;刘天西2004年从新加坡材料研究院回国任职复旦先进材料实验室,获教育部新世纪优秀人才支持计划资助,后曾任高分子系副主任;2006年新聘的金国新1999年获"杰青",2001年任教复旦大学,为教育部长江学者奖励计划特聘教授;2009年新聘武利民教授,任教育部先进涂料工程研究中心主任、复旦大学材料系主任;刘宝红任复旦化学系教授、分析化学研究所副所长;彭慧胜研究员2008年回国任职复旦先进材料实验室,现任高分科学系主任。

表 2-8 聚合物分子工程教育部重点实验室固定人员名单(1999—2009)

1999 年 11 月 25 日						
序号	姓名	性别	出生年月	职称	研究方向	学位
1	杨玉良	男	1952.11	教授	高分子物理	博士
2	杜强国	男	1944.03	教授	高分子材料与工艺	硕士
3	张炜	男	1950.05	高工	高分子物理	
4	江明	男	1938.08	教授	高分子物化	
5	府寿宽	男	1940.07	教授	高分子化学	
6	李善君	男	1942.09	教授	高分子化学	
7	吴柏铭	男	1946.08	高工	物理化学	
8	黄骏廉	男	1946.10	教授	高分子化学	博士
9	平郑骅	男	1942.12	教授	高分子物化	博士
10	谢静薇	女	1940.05	教授	高分子材料与工艺	
11	邵正中	男	1964.08	教授	高分子化学	博士
12	丁建东	男	1965.02	教授	生物物理	博士
13	薛碚华	女	1943.12	副教授	光学	
14	戈进杰	男	1960.09	副教授	木材化学	博士
15	胡建华	男	1960.11	副教授	物理化学	
16	汪长春	男	1965.02	副教授	物理化学	博士
17	周红卫	男	1966.08	副教授	高分子材料与工艺	
18	张红东	男	1967.12	副教授	高分子物理	博士
19	崔峻	男	1967.11	讲师	物理化学	博士

续 表

序号	姓名	性别	出生年月	职称	研究方向	学位
20	丁雅娣	女	1954.02	实验师	技术	
21	黄起军	男	1958.07	助理实验师	技术	
22	操云芬	女	1955.05	实验师	技术	
23	葛昌杰	男	1955.08	实验师	技术	
			2000 年新增			
24	姚萍	女	1956.09	副教授	生物大分子	博士
25	周平	女	1961.10	副教授	高分子物化	博士
26	倪秀元	男	1964.06	副教授	高分子材料与工艺	博士
27	陈新	男	1968.06	副教授	高分子物理	博士
28	李兴林	女	1970.10	讲师	技术	
			2001 年新增			
29	李同生	男	1953.06	教授	高分子摩擦学	
30	何军坡	男	1967.11	副教授	高分子化学	博士
31	武培怡	男	1968.02	副教授	高分子物理	博士
32	钟伟	男	1968.06	副教授	高分子材料	博士
			2002 年新增			
33	邱枫	男	1970.10	副教授	高分子物理	博士
			2003 年新增			
34	陈道勇	男	1963.03	副教授	高分子物化	博士
35	吕文琦	女	1966.06	讲师	技术	硕士
			2004 年新增			
36	许元泽	男	1941.10	教授	流变学	博士
37	唐晓林	男	1967.05	副教授	高分子物理化学	硕士

续 表

序号	姓名	性别	出生年月	职称	研究方向	学位
38	卢红斌	男	1967.12	副教授	聚合物纳米复合材料	博士
39	唐萍	女	1968.02	讲师	高分子物理	博士
40	刘旭军	男	1970.01	副教授	材料摩擦学	博士
41	杨武利	男	1972.07	副教授	胶体与聚合物科学	博士
42	周广荣	女	1978.03	助理实验师	技术	硕士
2005 年新增						
43	赵东元	男	1963.06	教授	介孔材料研究	博士
44	叶明新	男	1964.04	教授	材料物理与化学	博士
45	刘天西	男	1969.12	教授	高分子纳米复合材料	博士
46	丛培红	女	1969.04	副教授	摩擦学	博士
47	孙畅	女	1980.08	助理实验师	技术	本科
2006 年新增						
48	金国新	男	1959.04	教授	无机化学	博士
49	冯嘉春	男	1967.11	副教授	高分子结构与性能	博士
50	余英丰	男	1972.11	副教授	高分子结构与性能	博士
51	王海涛	男	1977.04	讲师	高分子结构与性能	博士
52	汪伟志	男	1974.04	讲师	高分子结构与性能	博士
53	徐鹏	男	1978.07	讲师	高分子结构与性能	博士
2007 年新增						
54	潘宝荣	男	1951.10	副教授	高分子材料与工艺	
55	李卫华	男	1978.10	副教授	高分子物理	博士
56	黄蕾	女	1974.08	讲师	高分子物理	博士
57	卜娟	女	1981.08	助理实验师	技术	硕士

续 表

序号	姓名	性别	出生年月	职称	研究方向	学位
2009 年新增						
58	武利民	男	1963.02	教授	材料化学	博士
59	刘宝红	女	1969.05	教授	分析化学	博士
60	彭慧胜	男	1976.07	研究员	碳纳米管复合纤维、纳米仿生和纳米医学	博士
61	彭娟	女	1979.11	副教授	高分子物理化学	博士

自 1999 年以来,实验室新增研究和技术人员共 38 人,有些人退休,有些人离开。2010 年新增王海涛副教授、汪伟志副教授(两人 2006 年担任讲师时曾被聘用)、黄红香高级工程师、崔彦实验师,实验室共有固定人员 43 名,其中正高 26 名、副高 11 名、中级及以下人员 6 名,研究人员 34 名、管理人员 2 名、技术人员 7 名。

从开放实验室到教育部重点实验室,再向国家重点实验室进发,除上述流动客座人员、固定人员的努力奋进之外,实验室主任、副主任和学术委员会群体是实验室发展的关键性力量。主任、副主任负责实验室的日常运行,学术委员会指引学术前行与发展的方向。杨玉良、丁建东先后担任主任,副主任先后有马瑞申、杜强国、张炜、武培怡、汪长春、邱枫。

表 2-9 是实验室第一届学术委员会组成及以后新增委员情况。成立时 15 人中仅有沈家骢、程镕时、林尚安 3 位院士,后来卓仁禧(1995)、周其凤(1999)、杨玉良(2003)、江明(2005)当选院士,共有 7 位高分子学科院士,其学术权威性可以想见,他

们的学术见解对实验室的学术引导作用不可轻忽。从年龄看，1927年出生的程镕时最大，1952年出生的杨玉良最年轻，集中了中国高分子科学三代代表人物，但主要由出生于20世纪三四十年代学者组成。从单位看，复旦大学5人，南京大学2人，中国科学院系统2人。

表2-9 实验室第一届学术委员会组成及其以后新增委员

姓名	职位	生年	职称	专业	工作单位
江明	主任	1938	教授	高分子物理、相容性、合金	复旦大学
徐种德	副主任	1937	教授	高分子物理、合金、溶液	华东理工大学
李文俊	副主任	1937	教授	高分子物理、分离膜	复旦大学
沈家骢	委员	1931	院士	高分子物理、合成、功能高分子	吉林大学
程镕时	委员	1927	院士	高分子物理、溶液	南京大学
林尚安	委员	1924	院士	高分子化学、合成，等规聚合	中山大学
周其凤	委员	1947	教授	高分子化学、合成、液晶高分子	北京大学
薛奇	委员	1945	教授	高分子物理、光谱	南京大学
封麟先	委员	1941	教授	高分子化学、合成	浙江大学
卓仁禧	委员	1931	教授	高分子化学、生物、导电高分子	武汉大学
景遐斌	委员	1938	教授	高分子物理、光电功能高分子	中国科学院长春应化所
吴美琰	委员	1935	教授	高分子化学、合成与材料	中国科学院化学所

续表

姓名	职位	生年	职称	专业	工作单位
杨玉良	委员	1952	教授	高分子物理、理论,功能高分子	复旦大学
府寿宽	委员	1940	教授	高分子化学、合成,功能高分子	复旦大学
黄骏廉	委员	1946	教授	高分子化学、光化学,功能高分子	复旦大学
1998年第二届新增					
陈用烈	委员	1941	教授	功能高分子	中山大学
韩哲文	委员	1943	教授	高分子化学	华东理工大学
赵德禄	委员	1943	教授	高分子化学	北京化学所
李善君	委员	1942	教授	高分子化学	复旦大学
杜强国	委员	1944	教授	高分子材料	复旦大学
童真	委员	1956	教授	高分子物理	华南理工大学
罗宁	委员	1963	教授	高分子材料	华东理工大学
2002年补选新增					
李新贵	委员	1963	研究员	高分子材料	同济大学
郑强	委员	1960	教授	高分子材料	浙江大学
2004年第三届新增					
吴奇	委员	1955	院士	高分子科学	香港中文大学
李同生	委员	1953	教授	高分子物理	复旦大学
伍青	委员	1954	教授	高分子化学与物理	中山大学
邵正中	委员	1964	教授	高分子化学与物理	复旦大学
安立佳	委员	1964	研究员	高分子物理与化学	中国科学院长春应化所

续表

姓名	职位	生年	职称	专业	工作单位
林嘉平	委员	1964	教授	高分子材料	华东理工大学
丁建东	委员	1965	教授	高分子化学与物理	复旦大学
李子臣	委员	1968	教授	高分子化学与物理	北京大学
杨振忠	委员	1968	研究员	高分子化学与物理	中国科学院北京化学所

1998年,学术委员会换届,年底新的学术委员会组成。委员由15人增加到16人,首届15人中留下江明、沈家骢、周其凤、薛奇、封麟先、卓仁禧、景遐斌、杨玉良、府寿宽等9人,新增陈用烈、韩哲文、赵德禄、李善君、杜强国、童真、罗宁等7人,华东理工大学的罗宁1963年出生,年仅35岁。学术委员会人员组成的年轻化显而易见。2002年,因封麟先去世、罗宁辞职,新增李新贵和郑强两人,他们都出生于20世纪60年代,学术委员会进一步年轻化。2004年学术委员会换届,人数回归15人,原委员会仅保留江明、杨玉良、薛奇、童真、李新贵、郑强等6人,新增吴奇、李同生、伍青、邵正中、安立佳、林嘉平、丁建东、李子臣、杨振忠等9人,都是20世纪五六十年代生人,标志着学术委员会更新换代完成。

正是在实验室领导层、学术委员会、固定工作人员、流动客座人员及多方面的共同努力下,实验室在2003年度化学领域教育部重点实验室评估中,被认为"已成为我国高分子科学研究、高层次人才培养、对外开放和交流合作的重要基地之一",教育部推荐参加科技部2004年度化学科学领域国家和部门重点实验室评估,被评为良好类实验室。在2008年的教育部重点实验室评估中也名列"优秀",2009年科技部和国家自然科学基金委员会组织的化学领域国家重点实验室现场评估中获得"良好",专家组一致认为这是一个有国际竞争力、有活力和发展潜力的实验室[①]。在专家和同行的鼓励下,实验室决意申请国家重点实验室。2010年7月,实验室第四届学术委员会成立,人员与第三届一样,完全没有变化。11月15日,复旦大学正式向科技部呈报《聚合物分子工程国家重点实验室建设申请报告》,并直接进入复评。12月4日,第四届学术委员会举行第一次会议,"围绕如何加强国家重点实验室培育建设的关键问题进行了热烈的讨论和交流",对申报国家重点实验室"提出具体的意见和改进建议","还就实验室发展总体方向、人才队伍建设、实验室建设预期目标等问题详细讨论"。

在2009年的国际评估中,专家们认为复旦高分子学科发展的"最大瓶颈"是"实验室面积太小,尚不足国内外同类机构实验室的1/3,重大基础实验仪器与设施尚需进一步充实完善"。因此,建议"学校尽快扩大该学科实验室面积,特别建议学校积极推动本学科'聚合物分子工程'教育部重点实验室申报国家重点实验室"。

国家重点实验室呼之欲出!

四、研究方向的确立与扩展

高分子科学系成立后,学科建设和科学研究进入了快速发

---

① 聚合物分子工程教育部重点实验室通过现场评估[N]. 复旦,2009-03-25,第2版.

展时期。1996年,高分子化学与物理学科被批准为上海市重点学科;1997年,被列为复旦大学"211工程"重点学科建设项目;1999年起,经中华人民共和国教育部批准设立长江学者奖励计划特聘教授岗位;2000年4月,被列为复旦大学"985工程"重点学科建设项目,即"复旦大学三年行动计划"9个"重中之重"建设的学科之一;2002年2月,被教育部批准为高等学校重点学科;2003年,被列为复旦大学"211工程"(二期)重点学科建设项目;2007年,通过教育部考核评估,批准为新一轮国家重点学科。对此,高分子科学系创系主任、聚合物分子工程教育部重点实验室主任、复旦大学校长的杨玉良非常自豪,他说:"全国当时重点学科评估,复旦高分子在高校基本上是第一。"[1]

ESI(Essential Science Indicators)即基本科学指标数据库,是由世界上著名的学术信息出版机构美国科技信息所(ISI)于2001年推出的一项文献评价分析工具,是当今世界范围内普遍用以评价学术机构和大学国际学术水平及影响的重要指标,涵盖农业科学、生物学和生物化学、化学、材料科学、综合交叉学科等22个专业领域。目前,国际上普遍以ESI排名作为高校学科水平的标志,进入ESI前1‰的为国际顶尖水平学科,进入ESI前5‰为具备冲击顶尖水平学科,进入ESI前1%的为国际领先水平学科。ESI的22个专业领域中没有单列高分子科学,只有与其相关的领域如化学和材料科学等。根据ESI数据显示(数据采集时间为2013年3月7日),复旦大学化学和材料科

---

[1] 杨玉良口述,2014年3月1日,于上海。

学两个学科进入 ESI 前 1‰,达到国际顶尖水平,高分子化学与物理学科作为对这两个学科的主要贡献单位都位列第三。

建系之初,高分子科学系科研经费极为匮乏。随着国家社会经济的蓬勃发展,各种经费开始慢慢增长,图 2-20 是 1995—2010 年间纵向和横向课题经费的历年变化图。1995 年横向经费 23 万元、纵向经费 125 万元,共 148 万元;到 2009 年达到顶峰,横向 206 万元,纵向 2 608 万元,共 2 814 万元,横向增加了近 8 倍,纵向增加了近 20 倍。总体而言,纵向经费增长速度更快,横向经费多年间基本上没有多少变化,直到 2001 年才到 100 万元。后文以纵向经费中国家层面课题经费作具体分析,看看发展变化。

图 2-20 高分子科学系 1995—2010 年纵向与横向课题经费变化

建系以后,高分子学科承担完成了"973 计划""863 计划"、国家攻关项目、攀登计划、国家杰出青年科学基金、国家自然科学基金重大/重点/面上课题、部委/上海市重点课题、国际合作、国内协作等一大批科学研究与科技开发项目。表2-10是1999—2010年间高分子科学系每年承担自然科学基金委、"973计划"和"863计划"重要项目数与金额历年变化表。可见,每年承担项目数变动不居,2001年、2007年最少,分别仅有一项,而2009年一年就获得29项。2009年经费也最多,超过1亿元,2005年、1999年也不少。平均每年承担项目6项,经费约1768万元。

表2-10 1999—2010年高分子科学系承担重要纵向课题年度项目数及金额数

年度	项目类别			合计	立项金额(万元)
	自然科学基金	973计划	863计划		
1999	3	1		4	2573.2
2000	1	1		2	128.66
2001	1			1	40
2002	1	1	1	3	118.98
2003	2	1		3	226.1
2004	3	3	2	8	1308.681
2005	2	7		9	4347
2006	4	1	1	6	642.3
2007			1	1	60
2008	1		1	2	82
2009	4	10	15	29	10027.79
2010	8			8	1792
合计	30	25	20	76	21346.711

表2-11是高分子科学系1999—2010年承担自然基金委、863和973计划重要纵向课题一览表。12年间共承担自然基金委、973和863项目(含子课题)76项,合计立项经费21346.711万元。其中,自然基金委30项共4573.68万元,"973计划"共25项11925.031万元,"863计划"共20项4848万元。虽然自然基金委项目数占39%,经费仅占21%;"973计划"项目数占33%,经费占56%。值得注意的是,"973计划"2009年一年就拿到10项,经费高达5096.79万元,占该类总经费的43%。相对而言,2008年前"863计划"不但项目数量少(仅6项),经费也不多,仅289万元;2009年一年就拿到15项,经费也高达4559万元。主要原因是国家投入不断加大,系的影响力和竞争力不断提升,此外,其间的变化及其原因还值得进一步分析。

表2-11 1999—2010年高分子系承担重要纵向课题一览表

负责人	项目大类	项目子类	立项金额(万元)	开始时间
杨玉良	国家自然科学基金委	重点项目	35	1999-01-01
丁建东	国家自然科学基金委	国家杰出青年科学基金	80	1999-01-01
江明	国家自然科学基金委	重大项目	68	1999-06-01
戈进杰	国家自然科学基金委	重点项目	90	2000-01-01
王振纲	国家自然科学基金委	国家杰出青年科学基金	40	2001-01-01
胡建华	国家自然科学基金委	重点项目	9.18	2002-01-01
杨玉良	国家自然科学基金委	重点项目	120	2003-01-01
府寿宽	国家自然科学基金委	重点项目	19.5	2003-01-01
江明	国家自然科学基金委	重点项目	1000	2004-01-01

续 表

负责人	项目大类	项目子类	立项金额（万元）	开始时间
许元泽	国家自然科学基金委	重大项目	104	2004-07-01
武培怡	国家自然科学基金委	重点项目	14	2004-07-01
邵正中	国家自然科学基金委	重点项目	150	2005-01-01
武培怡	国家自然科学基金委	国家杰出青年科学基金	140	2005-01-01
邵正中	国家自然科学基金委	国家杰出青年科学基金	160	2006-01-01
汪长春	国家自然科学基金委	国家杰出青年科学基金	160	2006-01-01
祝磊	国家自然科学基金委	国家杰出青年科学基金	40	2006-01-01
丁建东	国家自然科学基金委	重点项目	140	2006-01-01
江东林	国家自然科学基金委	国家杰出青年科学基金	40	2008-01-01
江明	国家自然科学基金委	重点项目	132	2009-01-01
陈道勇	国家自然科学基金委	国家杰出青年科学基金	200	2009-01-01
陈道勇	国家自然科学基金委	重大项目	15	2009-01-01
陈道勇	国家自然科学基金委	重大项目	25	2009-01-01
邱枫	国家自然科学基金委	重大项目	424	2010-01-01
邱枫	国家自然科学基金委	重大项目	1 000	2010-01-01
唐萍	国家自然科学基金委	重大项目	42	2010-01-01
唐萍	国家自然科学基金委	重大项目	28	2010-01-01
杨玉良	国家自然科学基金委	重大项目	28	2010-01-01
张红东	国家自然科学基金委	重大项目	42	2010-01-01
张红东	国家自然科学基金委	重大项目	28	2010-01-01
武培怡	国家自然科学基金委	重点项目	200	2010-01-01
30 项共 4 573.68 万元。其中，杰青 8 项 860 万元，重大项目 11 项 1804 万元，重点项目 11 项 1909.68 万元				

续　表

负责人	项目大类	项目子类	立项金额（万元）	开始时间
杨玉良	国家973计划	973计划	2 390.2	1999-10-01
丁建东	国家973计划	973计划	38.66	2000-01-01
邱枫	国家973计划	973计划	104.8	2002-03-01
张红东	国家973计划	973计划	86.6	2003-05-11
杜强国	国家973计划	973计划	24.981	2004-01-01
平郑骅	国家973计划	973计划	29.7	2004-01-01
许元泽	国家973计划	973计划	40	2004-08-01
邱枫	国家973计划	973计划	450	2005-01-01
何军坡	国家973计划	973计划	312	2005-10-01
卢红斌	国家973计划	973计划	55	2005-11-01
冯嘉春	国家973计划	973计划	10	2005-11-01
唐萍	国家973计划	973计划	10	2005-11-01
杨玉良	国家973计划	973计划	20	2005-11-01
杨玉良	国家973计划	973计划	3 200	2005-12-01
丁建东	国家973计划	973计划	56.3	2006-01-01
陈道勇	国家973计划	重大科学研究计划	847.38	2009-01-01
武培怡	国家973计划	重大科学研究计划	181.56	2009-01-01
王海涛	国家973计划	重大科学研究计划	50	2009-01-01
俞麟	国家973计划	重大科学研究计划	31.2	2009-01-01
俞麟	国家973计划	重大科学研究计划	18.425	2009-01-01
吕文琦	国家973计划	重大科学研究计划	18.425	2009-01-01
邵正中	国家973计划	重大科学研究计划	90	2009-01-01

续　表

负责人	项目大类	项目子类	立项金额（万元）	开始时间
丁建东	国家973计划	重大科学研究计划	2 870	2009-01-01
丁建东	国家973计划	重大科学研究计划	968.8	2009-01-01
姚萍	国家973计划	重大科学研究计划	21	2009-01-01
25项共11 925.031万元				
府寿宽	国家863计划	其他	5	2002-11-01
丁建东	国家863计划	其他	90	2004-01-01
冯嘉春	国家863计划	其他	6	2004-12-01
邵正中	国家863计划	其他	86	2006-12-01
冯嘉春	国家863计划	目标导向专题课题	60	2007-01-01
冯嘉春	国家863计划	其他	42	2008-02-01
胡建华	国家863计划	目标导向专题课题	50	2009-01-01
杜强国	国家863计划	目标导向专题课题	10	2009-03-07
李同生	国家863计划	重点项目	86.75	2009-01-01
邱枫	国家863计划	重点项目	189.75	2009-01-01
卢红斌	国家863计划	重点项目	157	2009-01-01
唐萍	国家863计划	重点项目	142.75	2009-01-01
李卫华	国家863计划	重点项目	48.75	2009-01-01
彭娟	国家863计划	重点项目	44	2009-01-01
杨玉良	国家863计划	重点项目	1 898	2009-01-01
杨玉良	国家863计划	重点项目	649	2009-01-01
邵正中	国家863计划	重点项目	130.75	2009-01-01
唐晓林	国家863计划	重点项目	23.75	2009-01-01
张红东	国家863计划	重点项目	180.75	2009-01-01

续 表

负责人	项目大类	项目子类	立项金额（万元）	开始时间
何军坡	国家863计划	重点项目	924	2009-01-01
施晓晖	国家863计划	重点项目	23.75	2009-01-01
21项共4 848万元				

从事基础科学研究的同时，高分子系也积极"面向经济建设主战场"，接受生产单位的委托，将科研成果转化为生产力。1993—2010年间共承担部分横向项目15项共2 326.064 3万元。除2004年、2006年、2008年外，每年都有。最初金额不多。2001年倪秀元接受上海大众汽车有限公司委托承担项目"可剥离型轿车保护膜的研究开发"，达到300万元。次年杨玉良承担的中国石化股份有限公司委托项目高达1 138.7万元。这些课题涉及转让、开发、服务、涉外等多种情况，以开发最多。此外，薛培华等人受中船总公司七零五研究所委托从事军工研发，到2003年获得经费资助100万元。

表2-12　1993—2010年间高分子科学系承担部分横向课题一览表

负责人	项目类别	委托单位	立项时间	金额（万元）
黄骏廉	转让	苏州电子材料厂	1993-10-27	10
黄秀云	开发	齐鲁石化公司	1994-01-01	15
李善君	开发	上海四新霓虹电器厂	1995-01-01	23
李善君	开发	连云港华威电子集团有限公司	1996-11-08	40
谢静薇	开发	上海石化研究院	1997-01-01	5

续 表

负责人	项目类别	委托单位	立项时间	金额(万元)
李文俊	转让	山东荣成科海甲壳素厂	1997-01-01	5
杜强国	服务	上海格蕾丝咨询有限公司	1998-04-01	1.2
杜强国	转让	上海天原集团胜德塑料有限公司	1999-05-01	20
汪长春	开发	广东东莞钟亿阻燃胶实业有限公司	2000-12-01	75
倪秀元	开发	上海大众汽车有限公司	2001-05-01	300
杨玉良	开发	中国石化股份有限公司	2002-01-01	1 138.7
姚萍	涉外	上海联合利华有限公司	2003-05-01	100
钟伟	涉外	日立(中国)研究开发有限公司	2005-12-20	78
汪长春	合作	常州市福莱姆汽车涂料有限公司	2009-10-30	450
彭慧胜	涉外	中国通用和美国通用公司	2010-04-10	65.164 3
合计 15 项				2 326.064 3

在完成这些课题的过程中,取得了一系列的科研成果,也发表了不少高水平论文,在国内国际学术界产生了相当的影响。

长期以来,高分子学科同仁潜心高分子科学的基础研究,在国内外学术期刊上发表了一系列论文。建系后,发表论文的数量与质量出现了新的飞跃,尤其在高影响因子(IF 大于 3)的 SCI 刊物上发表的论文数量不断增加。图 2-21 是 1993—2010 年间高分子学科在 SCI 发表论文变化图。可以看出,除 1996、

1997年两年论文都是32篇外,1993—2001年间基本上呈直线上升,特别是2000年相比前一年增加21篇之多,是一个飞跃。2002年有所回落,但2002—2006年间上升直线斜率更大,2006年相比前一年增加43篇,也是一次飞跃。2007—2010年维持在相对平稳的高水平状态,2009年最高达到178篇。总体而言,1993年仅区区7篇,2009年达到最高178篇,增加20多倍,完全是一个巨大的飞跃。更为重要的是,在高影响因子的SCI刊物上论文数量不断增加,所占比例不断提升。

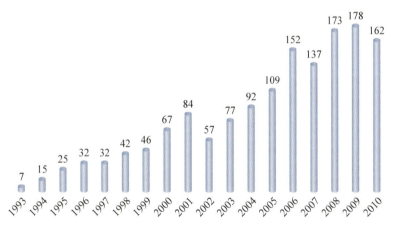

图2-21　高分子科学系1993—2010年发表SCI论文变化(单位:篇)

诸如江明等先后在国际高分子权威杂志 *Adv. Polym. Sci.*(1999)、国际化学学科权威杂志 *Acc. Chem. Res.*(2000)、*J. Am. Chem. Soc.*(2001)、*Angew. Chem. Int. Ed.*(2002)等发表标志性论文多篇;杨玉良与人合作也在国际化学学科国际顶级杂志 *Chem. Rev.*(2002)发表论文,府寿宽等人在国际材料学科权威杂志 Adv. Mater. (2002,2003)发表论文;邵正中与牛津大学合作,"对于由丝蛋白一类的结构性蛋白质所形成的动物丝,其性能将主要取决于成丝(纤)过程及蛋白质的结构"的观点在国际顶级杂志 Nature 发表(2002);等等。

建系以来,高分子系在原有研究领域和方向之上,重点发展高分子物理与化学,同时开拓新的研究领域与方向;为解决高分子材料的科学问题,同时适应高分子科学与凝聚态物理和生命科学之间的交叉趋势,坚持以"分子工程学"思想为导向,把结构性能关系、分子设计与合成、材料制备与应用融为一体,在促进学科发展的同时,为国民经济和国家安全服务;在高分子结构与性能、多组分聚合物体系、聚合反应及功能与生物大分子等方面取得了重大成就,代表性研究成果有聚烯烃高性能化的基础研究及其应用、大分子自组装、动物丝和丝蛋白的结构研究、活性自由基聚合机理研究、航空航天相关聚合物研究和军工型号应用等。军事工业材料以及生物材料和生命相关软物质等是新的学术生长点,如李同生课题组完成的教育部重大项目"高分子摩擦的凝聚态物理问题",被验收专家组认为"在理论研究结果与实际应用的结合方面具有突出贡献,为我国武器装备的现代化作出了具有里程碑意义的重要贡献"。表 2-13 是 1996—2010 高分子科学系科研成果获得国家和省部级奖励一览表,可以看出学术研究成果的领域与方向分布,其中自然以江明、杨玉良获得的国家级奖项为代表。

表2-13 1996—2010年高分子科学系获得国家和省部级成果奖励一览表

序号	奖励名称	获奖者	获奖成果	时间
国家级					
1	国家自然科学奖二等奖	吴奇(香港中文大学)、江明	高分子链在稀溶液中的折叠和组装	2003
2	国家科技进步奖二等奖	杨玉良、张红东、卢红斌、合作单位成员	高速双轴拉伸聚丙烯(BOPP)专用料生产技术的基础研究及工业应用	2005
省部级					
1	国家教委科技进步奖一等奖	黄骏廉、纪才圭、周春林	彩色显象管用高性能水溶性光致抗蚀剂	1996
2	国家教委科技进步奖一等奖	江明、谢静薇、曹宪一、邱星屏、肖宏、陈文杰、周春林	多组分聚合物的相容性研究	1997
3	国家教委科技进步奖三等奖	黄骏廉、朱平、胡友倩、吴海兴、邹青峰	磁场对光化学引发烯类单体自由基聚合反应的影响	1997
4	国家教委科技进步奖三等奖	薛培华、何曼君、崔奎山、凌天衢、姚静芳、任亚平、石月明	一零九工程F-1复合材料	1997
5	上海市科技进步奖三等奖	杨玉良、张红东	高分子科学中的Monte Carlo方法	1997
6	教育部科技进步奖一等奖	杨玉良、丁建东、张红东	含液晶体系的静态和动态行为及PDLC材料	1999
7	教育部科技进步奖三等奖	于同隐、邵正中、李光宪、刘剑洪、王群、刘永成	蚕丝素蛋白的结构、功能及应用研究	1999
8	中国高校科学技术-自然科学奖一等奖	杨玉良、丁建东、张红东、于同隐	高分子链构象及其黏弹性的统计力学理论	2002

续　表

序号	奖励名称	获奖者	获奖成果	时间
9	中国石油化工集团公司科技进步奖一等奖	杨玉良、张红东、卢红斌、合作单位成员	几种重要的聚丙烯专用料的基础研究及工业应用	2003
10	上海市科技进步奖二等奖	黄骏廉、黄晓宇、鲁在君、陈胜、史联军	高分子共聚物的分子设计、合成和性能研究	2003
11	上海市科技进步奖二等奖	府寿宽、汪长春、杨武利、胡建华、明伟华	乳液聚合及乳液聚合物微球功能化	2004
12	教育部科学技术进步奖二等奖	府寿宽、杨武利、汪长春、合作单位人员	消化道肿瘤及慢性肝病靶向纳米药物载体研制	2008
13	中国石油化工集团科技进步奖一等奖	杨玉良、邱枫、冯嘉春、卢红斌、合作单位人员	聚乙烯管材专用树脂和抗冲聚丙烯基础研究及工业应用	2010

"我们是分别独立研究,不断讨论,然后汇集成果,一起完成论文。我们合作了10年,没有共同的研究项目,却有着相同的兴趣。"[①]江明与香港大学吴奇教授经过近10年的系统、深入合作研究,在高分子链在稀溶液中的折叠和组装方面取得国际瞩目成果,获得2003年国家自然科学奖二等奖。该年度自然科学奖一等奖一项,二等奖仅19项。长期以来,有关均聚高分子单链随溶剂性质变差能否从无规线团蜷缩为热力学稳定的单链小球的问题,一直困扰着相关领域的理论和实验科学家。理论上这一转变是存在的,但实验上许多著名的实验室自20

[①] 从疑点和异常中捕捉光明——访2003年度"国家自然科学二等奖"获得者、高分子科学系江明教授[N].复旦,2004-03-31,第1版.

世纪70年代末以来经过多年的尝试,始终无法观察到热力学稳定的单链小球。吴奇和江明等经过不懈的努力,成功地制得了特高分子量且单分散的一系列聚N-异丙基丙烯酰胺样品,用于该项研究。继而利用激光散射方法成功地跟踪了该高分子单链随温度升高从无规线团蜷缩成单链小球的构象变化工程,特别是首次观察到了热力学稳定的单链小球。同时还发现了存在于这一变化过程中的一种新高分子构象——融化球。这一系列成果被国际知名科学家誉为高分子科学中的一个"地标"。

他们发现,当含少量离子基团的高分子从良溶剂中切换到沉淀剂中时,可经过微相反转聚集为无皂均一的纳米粒子;进一步发展到一系列具有适当两亲性的高分子杂聚链,在溶液中的组装,使之生成稳定的介观球相。对其生成过程和稳定机理作了系统研究,总结和揭示了介观球相的尺寸与稳定基团数量之间的内在联系和定量关系,并将这一关系应用到高分子微乳和微波无皂乳液聚合及嵌段共聚物的自组装等领域。成果具有以下特点。

(1) 成功地将合成化学和高分子物理紧密结合,将理论与实验结合。

(2) 丰富和发展了一系列实验方法;建立了世界上先进的激光散射实验室,建立了一整套新的激光散射测量和数据分析方法;发明的向荧光探针已被多个国内外实验室的学者应用于研究溶液中的组装聚集。

成果先后在国内外重要刊物发表160多篇科学论文,其中,半数以上发表在影响因子大于3的科学杂志上,包括国际著

图 2-22 江明获得国家自然科学奖二等奖奖状

名的重要学术刊物 Accounts of Chemical Research（化学研究报告）、Proceeding of National Academy of Science（美国科学院院报）、Journal of American Chemical Society（美国化学会志）、Physical Review Letters（物理评论通讯）、Advance in Polymer Science（高分子科学进展）、Macromolecules（大分子）。到 2002 年底，被国内外同行引用了 868 次，有力地推动了学科的发展[①]。

杨玉良领衔的成果"高速双轴拉伸聚丙烯（BOPP）专用料生产技术的基础研究及工业应用"获得国家科技进步奖二等奖。在取得这一成果的过程及其后续研究中，充分体现了基础研究与应用开发之间的辩证关系。高速双轴拉伸聚丙烯（BOPP）专用料在聚丙烯的总消费量中接近 10%，在聚丙烯树脂单一品种中用量大，且与普通聚丙烯树脂的差价很大，销售利润可观。我国 BOPP 专用料此前全部靠进口，原因是国产的 BOPP 专用料在拉伸中存在严重的破膜问题，不仅不能适应高速拉伸（大于每分钟 350 m）的要求，即使在低速拉伸状态也不

---

① 《上海科技年鉴》编辑部编. 2004 上海科技年鉴[M]. 上海：上海科学普及出版社，2004：353-354.

甚稳定。

该项目就聚丙烯特殊而复杂的链结构、凝聚态结构并与其熔体的拉伸行为的关联性等方面，都做了深入的理论分析、结构表征与性能测试工作，找出了微观结构方面的真正差别，从而设计出适合高速拉伸的BOPP薄膜专用料的链结构。推导获得了高分子熔体拉伸流动稳定性理论，说明了这些差别对于高分子熔体拉膜加工稳定性问题（破膜问题）的实际意义，并为BOPP薄膜拉伸的生产实践提供指导。由于高分子熔体拉伸流动稳定性理论具有普适性，研究结果可以推广到其他高分子的拉膜生产问题，甚至可以推广到吹塑成膜等生产工艺。

上海石化等企业在该研究成果的指导下，开发了高速BOPP专用料，其性能达到甚至超过国外同类产品水平，迅速顶替了同类进口产品。部分产品的稳定拉膜速度已达到每分钟420 m，具有很强的市场竞争力。2003年，该成果通过中国石油化工股份有限公司组织的鉴定，被认为是"原始性创新成果"。其中，研究成果"几种重要的聚丙烯专用料的基础研究及工业应用"还获中国石化集团公司

图2-23 杨玉良获得国家科学技术进步奖二等奖奖状

2003年度科技进步奖一等奖[1]。

在此基础上,2005年,杨玉良领衔的"聚烯烃的多重结构及其高性能化的基础研究"再次获得国家"973计划"立项。高密度聚乙烯(HDPE)管道专用料(PE100、PE125)是半结晶高分子材料,其优异的性能取决于晶粒之间的系带分子和缠结分子数。针对这一核心特征,该研究建立了模拟半结晶材料中高分子构象的无规-有向行走非格子模型,可以预测多链体系在不同的结晶度或分子量条件下系带分子与链缠结的定性变化规律,为制备高品质的PE100、PE125提供了理论依据,增进了对高分子链结构及加工工艺条件与最终材料性能之间关系的理解。进一步的分子链结构表征、结晶动力学行为、结构流变学以及结晶形态学等实验研究确认了所提出的制备高品质PE100、PE125原则。根据这些原则,提出了优化工艺控制调控链结构分布的设计方案。其中,科研成果"聚乙烯管材专用树脂和抗冲聚丙烯基础研究及工业应用"获得2010年中国石化集团公司科技进步奖一等奖。

学术界和产业界建立密切的合作关系是这一项目成功的关键,从开始立项到主攻目标的确定,以及最终问题的聚焦点的确定,都由企业与科学家密切研讨。杨玉良认为,科研项目必须围绕国家的重大需求,必须体现工业界和学术界联合的基本思想。由企业界指出问题的严峻性与重要性,理论界把握问题的实质性与关键性,即由工业界提出通用高分子材料方面的

---

[1] 《上海科技年鉴》编辑部编. 2005上海科技年鉴[M]. 上海:上海科学普及出版社,2005:352,355.

重大技术问题,由学术界和工业界共同开展研究,这样才能实现产学研互相促进的作用①。

理论与实践相结合,产学研相结合,基础研究为国家建设服务。高分子科学系成立后,获得国家专利的项目主要有:1988年,李善君、谢静薇、赵素珍的"一种电子器件封装用的环氧模塑料成型工艺";1993年,马瑞申的"医用聚乙烯扩张囊的制作";1994年,王洪冰、周红卫、孙卫明、杨于根、王水铭、李善君的"高聚物及其复合材料的应力跟踪测试仪器";1995年,李善君、陈靖民、徐幸琪、赵红的"高超纯细硅溶胶的制备";1998年,于同隐、王雪芹的"蚕丝聚丙烯腈共混复合纤维及其制备方法";1999年,李善君、张剑文、崔美芳的"表面组装技术用贴片胶的制备方法",田东、卜海山、黄秀云的"含菌酸盐侧基的聚离物的合成方法"。

进入21世纪后,高分子科学系师生的发明专利更是如井喷一般不断涌现。图2-24是1993—2010年高分子科学系专利发明数变化情况。21世纪之前数量都比较稀少,1993—1999年7年间仅6件,其中1996、1997年两年完全没有。21世纪之后,专利数开始增加,2001年增加到4件,2002年6件,2003年达到10件,2004年9件,2005年一下子增加到15件最多,2006年也是15件。此后有所下降,但还是维持在较高水平上。值得注意的是,2007年丁建东等人获得美国专利,这是高分子科学系获得的第一个国外专利。

---

① 中国科学院长春应化所等参与解决BOPP破膜难题[EB/OL].(2005-01-04) https://www.cas.cn/ky/kyjz/200501/t20050104_1032096.shtml.

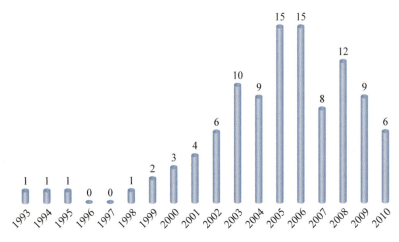

图 2-24　高分子科学系 1993—2010 年历年获得专利发明数（单位：件）

在 2009 年的国际评估中，评估组认为复旦高分子学科"在我国高分子科学与工程领域具有举足轻重的影响力，学科设置与国际上各主要大学的相关学科设置基本相近"；"高分子学科的总体构架适应学科发展的要求与趋势，有利于在新颖科学方向开展协同研究，解决基础前沿科学问题和符合当今高新技术的发展需求。在近期的全国重点学科和教育部重点实验室多次评估中，该学科在所属领域名列前茅"；"在面向国家重大需求和开展创新研究方面，该学科表现突出。近年来复旦大学高分子学科在国际重要学术期刊发表了一系列高水平论文，解决了国内几个关键高分子技术问题。主要的学术领军人物在国际同行中已有一定影响力和学术声誉，已经有多位教授应邀在重要国际会议上作特邀报告，多位教授应邀担任若干国际有影响力期刊的副主编或编委"；聚合物凝聚态物理、聚合物有序结构和生物大分子三大研究方向代表性研究成果"接近国际领先水平,属于国际前沿领域",是"具有优势的研究方向"。当然,有些研究组的工作"还缺乏深入和系统性,存在特色不鲜明的问题",薄弱点包括高分子合成化学、聚合物有序结构表征理论与方法以及与医学和病理的结合等。建议"每两年对各课题组进行外部评估,对达不到要求的课题组考虑重组或撤销"。

五、学术交流谱新篇

随着科研水平的提升与社会经济环境改变,我国学者组织和创办的国际性学术会议越来越多,也逐渐成为国际学术交流的主力军。复旦高分子科学系成立后,广泛开展学术交流活动,走出去(包括国内与国外),主持召开国内与国际学术会议,使学术交流有质的提升并达到了新的高度,极大地促进了中国高分子科学的发展。

1995年10月11—15日,在国家教委和自然科学基金会的支持下,受中国化学会的委托,首届东亚高分子会议(First East-Asian Polymer Conference)由复旦大学高分子科学系主办。钱人元和复旦大学校长杨福家担任大会主席,杨玉良和江明分别担任程序委员会主席和组织委员会主席,府寿宽担任秘书长。10多个国家和地区的高分子专家学者180余人与会,其中境外75人。复旦大学高分子科学系师生27人,包括教授江明、杨玉良、黄骏廉、府寿宽、李文俊,副教授李善君、杜强国、谢静薇、平郑骅、邵正中、李文杰、丁建东,讲师胡文兵、汪长春、罗小雯,还有博士后、博士生和硕士生,在会上宣读论文23篇,充分展现了复旦高分子学科研究水准与人才梯队建设。会议严格按照国际标准,为学术权威提供食宿和往来机票,为邀请报告人提供食宿。而且,与以往国内召开的国际学术会议中外学者区别对待不同(外国学者住宾馆,中国学者住招待所),这次会议中外学者同等待遇,并由此确立了国内国际学术会议的规范。可以说,首次在中国召开的这种规模的高分子国际学术会议,不仅展现了中国高分子科学的发展水平,也检阅了由于同隐开启和奠基的复旦大学高分子科学系的学术实力与学术风采,极大地提升了复旦高分子学科的国内国际学术地位。

图 2-25　第一届东亚高分子会议

1997 年 12 月 14—17 日,中心议题为"高等学校高分子物理的科研和教学"的国家教委科技委"第二届材料化学讨论会"

在复旦大学举行。来自吉林大学等26所高校的42位代表和海外两位特邀代表与会,华南理工大学和南京大学教授程镕时院士、香港中文大学和中国科技大学吴奇教授、南京大学薛奇教授、复旦大学江明和杨玉良教授、美国阿克隆大学程正迪教授、加州理工学院王振纲教授和复旦大学物理系陶瑞宝教授等8位著名学者,就高分子物理研究的国际前沿和发展趋势作了报告。会议还举行"高分子物理的前沿及基本问题""我国高校的高分子物理教学与科研的现状与改革方向""高等学校高分子物理方面师资队伍建设和国际交流合作"3个专题讨论会。随着科学技术的发展,现代凝聚态物理的诸多新概念、新理论和新的实验方法被引入高分子科学研究,对高分子材料的发展起了革命性的推动作用。与会代表认为,改革开放以来,我国高校高分子物理的教学和科研虽有长足的进步,但与国际学术界相比,仍有极大的差距。因此,计划由复旦大学牵头,由几个大学的专家组成一个委员会,建立一个网络式的高分子物理科研教学中心[①]。

2002年4月9—13日,复旦高分子科学系和德国弗赖堡(Freiburg)大学高分子研究所共同主办的"中德双边高分子青年科学家论坛"在北京中德科学中心举行,高分子系武培怡教授任组委会主席。中方北京大学、清华大学、吉林大学、中国科技大学、浙江大学、南京大学、中国科学院长春应化所、中国科学院化学所和复旦大学,德方乌尔姆(Ulm)大

---

① 国家教委聚合物分子工程开放实验室工作报告(3)[R],1997.

学、莱比锡（Leipzig）大学、慕尼黑（Müenchen）大学、海德堡（Heidelberg）大学、弗赖堡（Freiburg）大学、Max-Planck 高分子研究所以及胶体和表面研究所共派出 40 人与会。论坛报告内容涵盖了整个高分子学科，双方学者就相关学术问题进行了热烈讨论。由于复旦大学高分子科学系成功组织了中德双边高分子学术活动，德国科学基金会决定在复旦大学设立中德 Hermann-Staudinger 高分子联合实验室。此会议后改名"中德双边高分子研讨会"，成为系列会议。2003 年 1 月 26 日，会议在中德科学基金研究交流中心举行，杨玉良、H. Finkelmann 等中外 25 名学者与会。2007 年 8 月 27—31 日，会议由中德科学基金研究交流中心主办，复旦高分子系承办，杨玉良、Wolfgang Knoll 担任会议主席，37 位海内外学者与会（海外学者 13 人）。

2002 年 7 月，第 39 届世界高分子大会在北京举行，这是世界高分子大会首次在我国举行，也是第一次在发展中国家举行，其象征意义不言而喻。因导电高分子成就获得 2000 年度诺贝尔化学奖的美国科学家黑格（A. J. Heeger）、马克迪尔米德（A. G. MacDiarmid）和日本科学家白川英树应邀与会并作大会报告。世界高分子大会创办于 1947 年，是高分子科学的标志性会议，其在北京的成功举办标志着中国高分子研究已经走向了世界。复旦大学高分子系江明、府寿宽、丁建东等出席大会，江明作邀请报告"Macromolecular Assembly: from Irregular Aggregates to Regular Nano-strctures"。2010 年 7 月，第 43 届世界高分子大会在英国格拉斯哥举行，我国数十位学者与会，江明院士应邀作 60 分钟大会报告,这是中国科学家第一次在境外召开的世界高分子大会登上大会报告的讲台,这不仅是中国高分子科学的光荣,也是复旦大学高分子科学几十年发展的见证。在大会闭幕会上,美国教授在介绍筹备下次会议的设想时,展示的 PPT 竟然是中英文对照,这再次证明中国高分子科学在世界高分子科学领域的重要地位。

图 2-26　2010 年 7 月,江明院士应邀在第 43 届世界高分子年会上作大会报告

2005 年 5 月 21—22 日,国内首次较大规模高分子领域国家杰出青年科学基金获得者学术交流活动——"高分子杰出青年复旦论坛"举行。21 位"杰青"与会,中国科学院院士吴奇、杨

玉良等 20 名"杰青"作了邀请报告，报告内容较为集中在组装以及生命材料等方面，反映了高分子学术界对于有序体系以及与生命相关的交叉学科研究方向的重视。

图 2-27　2005 年"高分子杰出青年复旦论坛"现场

2009 年 5 月 18—20 日，由复旦大学与法国巴黎高科（Paris Tech）联合主办的首届"中法双边大分子及分子科学研讨会"在复旦大学举行，江明、Legrand 担任会议主席，来自法国大学和研究所及复旦高分子科学系、材料系、化学系、先进材料实验室等学者共 25 人（海外 12 人）与会。会议就大分子自组装、先进纳米材料、天然产物的全合成等方面进行了讨论和交流。第二届会议于 2010 年 10 月 4—7 日在法国巴黎举行，丁建东、Costantino Creton、Ilias Iliopoulos 担任主席，约 50 名学者（海外 35 人)与会。

此外,高分子科学系还主持召开了一系列学术会议。如 2001 年 5 月 7 日举办合成和天然大分子小型学术报告会,特邀美国纽约州立大学石溪分校朱鹏年教授、香港中文大学吴奇教授作报告,江明、丁建东和周平也作了报告。会议历时一天,众多与会者进行了深入交流与讨论,充分体现了小型学术报告会的优势。

2002 年 6 月 29 日—7 月 5 日,聚合物分子工程教育部重点实验室作为组织单位之一(会议主席为自然科学基金委副主任朱道本院士、华南理工大学曹镛院士和复旦物理系孙鑫教授),参与承办了"国际合成金属科技大会",包括 3 名诺贝尔奖获得者(黑格、马克迪尔米德和白川英树)在内千余名科学家与会,探讨利用有机光电材料开拓信息科技新方向尖端课题。"国际合成金属科技大会"1979 年开始举办,后形成定例两年一次,我国科学家通过 10 多年的努力才获得举办权。高分子科学系聚合物分子工程教育部重点实验室参与承办了国内首次会议,也展现了复旦高分子学科在国内与国际学术界的地位与影响。

2003 年适逢复旦高分子科学系成立 10 周年,举行了一系列庆祝活动,召开学术报告会是其中最为重要的活动之一。

复旦高分子科学系师生出席各种国内外学术会议,向学术界报告他们的最新研究成果,已经成为他们学术生涯的"日常"。

图 2-28 2002 年"国际合成金属科技大会"上,时任复旦大学副校长杨玉良与 2000 年度诺贝尔奖获得者 A. G. MacDiarmid (1927—2007)会面

图 2-29 10 年系庆学术报告会
右起:于同隐、秦绍德、杨玉良、李尧鹏。

第三章

笃行致远 聚合腾飞

高分子科学系的奋进与前景(2011—2022)

进入新时代以来,国家积极探索教育改革。复旦大学提出了通识教育与书院制改革,人才培养出现新的变化。与此同时,国家进一步加大对科学研究的投入,社会对科技成果的需求也出现新的变化,聚合物分子工程教育部实验室于2011年升格为国家重点实验室,复旦高分子学科在获得更加稳定的经费来源的基础上,在理论研究和满足社会需求的研发领域进一步迈进。

一、建立多元化、高层次的人才培养体系

作为研究型教学单位,高分子科学系在学生培养中,理论学习与实验技能训练并重,注重学生独立工作能力、创新意识、责任意识和协作、服务、奉献精神的培育。结合复旦大学四年一贯制通识教育书院体制改革,高分子科学系积极推进和加强本科生导师制度,营造全员育人氛围。2011年起,开设通识教育核心课程"高分子世界"(邱枫、唐萍讲授)和"大分子与生命"(陈新讲授),以及若干通识教育选修课程(参见表3-1)。

表3-1 复旦大学高分子科学系本科通识教育选修课程一览表

课程名称	任课教师
高分子材料概论	郭佳、施晓晖
现代分析方法导论	周平
纳米材料与纳米技术导论	刘天西
超分子化学	陈道勇、何军坡
甜蜜化学	陈国颂

续 表

课程名称	任课教师
普通高分子科学实验	冯嘉春、王海涛、汪伟志、王国伟、俞麟、郭佳
自然与材料创新	卢红斌、彭娟
分子的舞蹈:生物物理漫谈	李剑锋、杨颖梓

2013年,高分子科学系加入复旦大学基础学科(化学学科)拔尖学生培养试验计划,开设小班化教学(厚基础)。当年,高分子材料与工程专业有14名同学入选"拔尖学生培养试验计划"班级。2014年,高分子科学系成立"拔尖学生培养试验计划"工作小组。每年都有十几名学生通过选拔进入"拔尖学生培养试验计划"班级学习。2017年,高分子材料与工程专业选拔2016级12名学生进入"荣誉项目"班级学习。

近10年来,高分子科学系每年都会组织名师论坛,邀请国内外知名高校或研究机构的专家学者来校为学生授课。2014年,邀请美国凯斯西储大学、英国杜伦大学、日本东京工业大学等高校教授开设课程班,邀请美国康涅狄格大学、加拿大麦克马斯特大学、日本京都大学等高校教授开设暑期班;2015年,邀请英国华威大学、美国康奈尔大学、加拿大麦克马斯特大学、瑞士洛桑联邦理工大学、澳大利亚墨尔本大学、日本东京工业大学、北京大学等高校教授为"基础学科拔尖学生培养试验计划"班级开设课程;2016年,邀请汉堡大学、马萨诸塞大学(麻省大学)罗威尔分校、卡内基梅隆大学、布朗大学、东京工业大学、山形大学、墨尔本大学、浦项科技大学、洛桑联邦理工大学、东京大学、北京航空航天大学等校的知名教授开设课程班;2017年,邀请来自德国亥姆霍兹研究所、加州理工学院、华威大学、阿克伦大学、佐治亚理工学院等多名海外专家为学生开设讲座和专题座谈会。

图3-1 2013年,研究生苏璐、孙雪梅随中国代表团参加第63届诺贝尔奖获得者大会

高分子科学系还积极组织学生外出考察参观,资助研究生参加各类国际学术会议,提高学生们的创新实践能力,拓宽国际视野。2013年,江明课题组研究生苏璐和彭慧胜课题组研究生孙雪梅,随同中国代表团参加了在德国林岛召开的第63届诺贝尔奖获得者大会;2014年,资助7名学生前往美国加州大学伯克利分校、瑞典斯德哥尔摩大学、澳大利亚昆士兰大学等校交流学习;2015年,资助7名学生前往美国加州理工学院和杜克大学、英国利兹大学、新加坡国立大学、澳大利亚昆士兰大

学等开展学期或暑期交流学习，资助2012级拔尖班9位本科生前往美国波士顿参加美国化学学会举办的学术会议"250th ACS National Meeting & Exposition"（这是第一次组织拔尖班本科生集体出国参加学术活动，以提升学生国际化视野、专业化水平，增进学生对科研的热爱），资助1名学生前往美国夏威夷参加第14届国际环太平洋高分子会议；2016年，资助8名学生前往美国加州大学尔湾分校和康涅狄格大学、新加坡国立大学、丹麦哥本哈根大学、中国台湾大学、中国台湾新竹清华大学等开展学期或暑期交流学习，资助6名学生前往英国参加学术会议"Warwick 2016 International Conference on Polymer Chemistry"，资助美国材料学会优秀博士生奖获得者孙浩参加2016年美国材料学会秋季学术会；2017年，资助7名学生前往美国加州大学、新加坡国立大学、丹麦哥本哈根大学、中国台湾大学等著名高等学府开展交流学习，资助3名学生随导师赴加拿大、英国参加国际学术会议；2018年，组织本科生参观浙江多凌药用包装材料有限公司、中国巨石集团、浙江龙盛集团以及埃克森美孚上海研发中心，走访中山大学材料科学与工程学院及华南理工大学发光材料与器件国家重点实验室，并前往（日本）上智大学、加州大学、新加坡国立大学、加州理工学院、密歇根大学安娜堡分校、伯明翰大学、多伦多大学开展国际交流，资助9名研究生出国参加学术会议；2019年，16名本科荣誉项目学生赴四川大学、成都鲁晨新材料科技有限公司和西南交通大学开展参观访问，并与两校师生及企业研发人员开展了交流座谈。2020年新冠疫情发生之后，线下交流受阻，高分子科学系通过线上平台与海内外知名高校的紧密联系,为学生的国际化培养提供了新的平台和新的机会。

图 3-2 2015 年暑假,学生们赴美参加 ACS 会议合影

2018 年,复旦高分子科学系梳理本科培养思路,新增课程 12 门,删除课程 18 门,调整课程 3 门,制定高分子材料与工程专业 2+X 培养方案,从 2018 级开始实施。完成 7 间教学实验室的升级改造,增补修订多项本科教学相关规章制度,本科教学的规范化水平显著提高。2019 年,为进一步推进实验课程改革,本科教学中心更新 20 套(共 24 台)加工及力学性能测试设备,价值约 160 万元,极大改善了原有设备型号老旧、功能局限的状况,对加强本科生工科类实践知识、培养本科生工科实践能力起到了关键作用。

在这个过程中,涌现了一批精品课程。2013 年,高分子物理课程入选复旦校级精品课程。2015年,张红东开设的本科生课程高分子物理荣获上海高校市级精品课程。2021年,高分子材料与工程专业入选国家级一流本科专业建设点,本科教学实验平台正式通过国家发展和改革委员会(国家发改委)双创示范基地重点建设项目验收;高分子化学教学团队"高分子化学"课程成功入选"上海市重点课程"建设项目,其教材《高分子化学》入选国家级规划教材;聚合物拓扑结构概论获评"复旦大学本科课程思政金课""复旦大学课程思政标杆课",并入选"上海市重点课程"建设项目;李剑锋的课题"基础学科拔尖学生培养计划2.0"获得教育部立项;王国伟任教的生物降解性高分子和余英丰任教的高分子光化学两门研究生课程获思政项目申报立项。

图3-3 张红东教授讲授高分子物理课程

加强本科通识教育的同时,为研究生开设着眼于学术前沿的专业课程。表3-2是高分子科学系为研究生开设的专业课程,同样也分学位基础课、专业课和选修课三类。基础课是所有研究方向研究生都必须掌握的高分子物理、化学的相关基础知识,专业课也是所有学生都必修的课程,选修课是供研究生们自由选择的课程。随着学科发展与系里科研方向和领域的转换与扩展,课程设置有所调整。选修课有8门之多,或为授课老师研究专长或为他们长期研究的心得结晶,大都与高分子科学的研究前沿相关,可以极大地扩展研究生们的视野,使他们直接触摸科学研究前沿,激发研究兴趣与思想火花。

表3-2 高分子科学系研究生部分课程一览表

课程名称	任课老师	课程类别
高分子凝聚态物理	丁建东	学位基础
高等高分子化学	何军坡	学位基础
生物大分子(进展)	邵正中	学位专业
科学研究导论	孙雪梅/张波	学位专业
生物医用高分子材料	丁建东	专业选修
生物降解性高分子	王国伟	专业选修
聚合物膜化学与膜分离	汤蓓蓓	专业选修
分子组装与生物模拟	陈国颂	专业选修
高分子光化学	余英丰	专业选修
药用高分子材料与现代药剂	俞麟	专业选修
甲壳素化学	陈新	专业选修
材料科学中的计算方法及数值实现进展	唐萍	专业选修

图3-4 上海市教学成果奖特别奖

新冠疫情肆虐,在学校实行闭环管理期间,高分子科学系邀请新获得国家杰出青年科学基金(杰青)、国家优秀青年科学基金(优青)的3位老师和2名优秀博士生在线上作学术报告,营造良好的学习氛围。2021年,"基于学科交叉融合的全链条式研究生创新创业教育实践"荣获复旦大学2020年研究生教育成果奖二等奖;2022年"'顶天立地'研究生创新人才培养——'于同隐模式'的探索与实践"项目通过学校层层选拔,荣获上海市教学成果奖特等奖,并被推荐申报国家教学成果奖。

自2018年起,复旦高分子科学系开始招收工程博士,至此形成了本科生、硕士和博士研究生、工程硕士和工程博士研究生较为完整的学生培养体系。表3-3是2011—2022年各类学生招收人数。本科生12年间共有学生411人,平均每年34人,2017年最多,有46人,2021届最少,仅19人,相差27人之多;硕士研究生共418人,平均每年35人,相对本科生而言,每年招收人数比较稳定,2012、2013两级最多,各40人,最少的2021级也有27人;工程硕士共250人,每年大约招收21人,最多时

3年各招32人,而2017—2019年分别仅有4人、2人、7人,波动较大;博士生共415人,平均每年35人,每年招生人数也相对稳定;2018年开始招收工程博士,当年18人,5年共招收90人,每年人数变化不大。相对而言,12年间硕士生和博士生招生总数都略高于本科生,而且每年招生人数相对平衡,更清楚地表明了研究型大学所属系科的性质。

表3-3 2011—2022年复旦大学高分子科学系各类学生人数

年度	本科生	硕士生	工程硕士	博士生	工程博士
2011	37	36	22	24	
2012	42	40	17	27	
2013	42	40	32	36	
2014	39	39	32	25	
2015	32	32	18	32	
2016	34	31	32	34	
2017	46	39	4	46	
2018	28	34	2	37	18
2019	31	31	7	32	16
2020	26	32	27	33	21
2021	19	27	29	44	16
2022	35	37	28	45	19
合计	411	418	250	415	90

图 3-5　高分子科学系 2011 届本科毕业师生合影

图 3-6　高分子科学系 2016 届工程硕士毕业师生留影

图 3-7　高分子科学系 2021 届硕士生毕业师生留影

图 3-8　高分子科学系 2022 届博士研究生毕业合影
因疫情关系,留下了形式如此独特的毕业留影,可以"立此存照"。

新形势下,高分子科学系在校学生的科研水平有了进一步的提高,尤其在大学生创新创业竞赛中屡获佳绩。2013 年,丁建东教授指导学生团队的"RGD多肽的纳米间距对于干细胞行为的影响""干细胞形状对其分化行为的影响及其相应机理研究""添加聚乙二醇可提高喜树碱类抗肿瘤药物活性形式的比率"等3篇论文,荣获当年全国高分子学术论文报告会优秀墙报奖。2017年,孙浩、张晔等9位同学团队荣获陶氏化学可持续发展创新奖一等奖。2015级硕士生陈思远和李虹香获埃克森美孚案例挑战赛冠军;2015级本科生马明煊获全美大学生数学建模竞赛二等奖。2018年,杨东教授指导的"千里电池"团队荣获第四届中国"互联网＋"大学生创新创业大赛全国总决赛金奖、上海市金奖,2018"创青春"大学生创业大赛全国总决赛银奖、上海市金奖;彭慧胜教授指导的"可穿戴储能织物"团队荣获第四届中国"互联网＋"大学生创新创业大赛上海市银奖;卢红斌教授指导的"石墨烯散热膜"团队荣获第四届中国"互联网＋"大学生创新创业大赛上海市银奖;以高分子科学系研究生为主的"复旦创新创业"团队荣获北美 Trep CAMP 夏令营全球创新创业大赛总决赛亚军。2019年,杨武利教授指导的"复东生物:癌症精准治疗的领航者"团队荣获第五届中国"互联网＋"大学生创新创业大赛全国总决赛银奖、上海市金奖,第六届"创青春"中国青年创新创业大赛全国总决赛优胜奖、上海市金奖;彭慧胜教授指导的"柔纤:高性能锂离子电池纤维的产业化制备"团队荣获第五届中国"互联网＋"大学生创新创业大赛全国总决赛银奖、上海市金奖;邵正中教授指导的"丝创骨骼:蚕丝蛋白人工骨与韧带产品产业化制备方案"团队荣获第五届中国"互联网＋"大学生创新创业大赛全国总决赛铜奖、上海市金奖。2020年,丁建东、俞麟教授指导的"用于慢性病治疗的温敏凝胶"团队荣获第十二届"挑战杯"中国大学生创业计划竞赛全国金奖;邵正中、陈新教授指导的"丝创骨骼"团队荣获第十二届"挑战杯"中国大学生创业计划竞赛全国银奖、第六届中国"互联网+"大学生创新创业大赛全国铜奖、上海市金奖;彭慧胜、王兵杰教授指导的"光柔科技"团队荣获第十二届"挑战杯"中国大学生创业计划竞赛全国银奖、第六届中国国际"互联网+"大学生创新创业大赛上海市银奖;卢红斌教授指导的"高性能石墨烯散热膜"团队荣获第十二届"挑战杯"中国大学生创业计划竞赛上海市银奖、第六届中国国际"互联网+"大学生创新创业大赛上海市铜奖。2021年,丁建东教授指导的"叮凝医药:长效降糖凝胶先行者"团队获得第七届中国国际"互联网+"大学生创新创业大赛全国铜奖、上海市金奖;汪长春教授指导的"柒彩光科:功能化柔性3D光子晶体超材料的领航者"团队荣获第七届中国国际"互联网+"大学生创新创业大赛全国铜奖、上海市金奖;卢红斌教授指导的"引领5G时代潮流的高性能石墨烯散热膜"团队荣获第七届中国国际"互联网+"大学生创新创业大赛全国铜奖、上海市银奖;汪长春教授指导的"疫苗冷链运输智能监测标签"团队获得"挑战杯"中国大学生课外学术科技作品竞赛全国三等奖、上海市特等奖;2019级本科生方宇杰获第十二届全国大学生数学竞赛(非数学类)一等奖、第十二届"高教社杯"上海市大学生数学竞赛(非数学类)一等奖;博士生施翔学位论文获得中国化学会京博优秀博士论文奖金奖。

一些学生也获得国际性奖励。表3-4是研究生获得重要国际学术奖项一览表。仰志斌开启高分子科学系研究生获取国际重要奖项大幕,并以相同的项目获得美国材料研究会优秀博士生银奖和国际纯粹与应用化学联合会青年化学奖;张晔也以相同项目获得美国材料研究会优秀博士生金奖和国际纯粹与应用化学联合会青年化学奖。

表3-4 高分子学科研究生获得国际重要奖项一览表

获奖时间	获奖者	奖励名称	奖励项目
2013	仰志斌	美国材料研究学会优秀博士生银奖	High Performance Fiber-shaped Solar Cells
2015	张智涛	美国材料研究学会优秀博士生银奖	A Fiber-shaped Polymer Light-emitting Electrochemical Cells
2015	仰志斌	国际纯粹与应用化学联合会青年化学奖	High Performance Fiber-shaped Solar Cells
2016	孙浩	美国材料研究学会优秀博士生金奖	Intelligent and Integrated Fiber-shaped Energy Device
2017	张晔	美国材料研究学会优秀博士生金奖	High-performance Fiber-shaped Lithium-ion Battery
2019	张晔	国际纯粹与应用化学联合会青年化学奖	High-performance Fiber-shaped Lithium-ion Battery

表3-5是2011—2016年高分子科学系获上海市研究生优秀成果奖一览表,共有4位硕士研究生和8位博士研究生获奖。2013—2016年每年都有硕士研究生获奖;2013年可谓"大丰收",不仅有硕士研究生获奖,还有4位博士研究生获奖。导师以武培怡、彭慧胜表现突出,武培怡指导的3位硕士和2位博士

研究生获奖,彭慧胜指导的 1 位硕士和 3 位博士研究生获奖。他们两人指导的学生共 9 人获奖,占总获奖学生 13 人的 69%。

图 3-9　2013 年 6 月授予学位仪式

表 3-5　2011—2016 年高分子科学系获上海市研究生优秀成果奖一览表

类别	届/年	导师	研究生	论文题目
博士	2012	丁建东	张正	PCLA-PEG-PCLA 温致水凝胶的合成、多肽包裹与修饰及其医学应用
	2013	武培怡	宋士杰	高性能聚烯烃结晶行为及结构性能关系研究
	2013	武培怡	孙胜童	热致响应聚合物材料的合成与组装行为研究
	2013	彭慧胜	陈涛	基于取向碳纳米管纤维的新型太阳能电池
	2013	彭慧胜	黄三庆	取向碳纳米管及其复合膜的制备和应用
	2015	丁建东	姚响	基于材料表面图案化技术研究细胞形状和表面手性特征对于细胞黏附与分化的影响
	2015	汪长春	马万福	高性能磁性复合微球的制备及其在低丰度磷酸肽和糖肽选择性富集中的应用

续表

类别	届/年	导师	研究生	论 文 题 目
硕士	2016	彭慧胜	仰志斌	高性能纤维状太阳能电池
	2013	武培怡	王章薇	基于离子液体和聚异丙基丙烯酰胺相关体系的相变机理研究
	2014	武培怡	景滢	石墨烯/热响应聚合物复合材料的制备与相变行为的二维红外光谱研究
	2015	武培怡	张波	特殊结构热致响应聚合物的合成及其相变机理的研究
	2016	彭慧胜	林惠娟	基于取向碳纳米管的新型柔性储能器件

图 3-10　2013年5月,高分子科学系承办博士生学术论坛合影(北大-苏大-复旦三校联合)

二、聚合物分子工程国家重点实验室

2011年10月,科技部批准复旦大学建设聚合物分子工程国家重点实验室,复旦大学下发实验室仪器设备购置经费1000万元,重点实验室发展由此进入全新阶段。当年12月11日举行国家重点实验室第一届学术委员会第一次会议,宣告新的学术委员会成立,表3-6是第一届学术委员会组成人员情况。与教育部重点实验室相比,学术委员会人员组成有极大的改变。第一,实验室固定人员减少,现仅有江明、杨玉良和赵东元3位院士;第二,中国科学院系统人员增加,13人中有4人来自中国科学院,除北京化学所、长春应化所外,增加兰州化物所、上海硅酸盐所;第三,院士人数增加,13人中有江明、薛群基、杨玉良、吴奇、赵东元、江雷、张希等7人为院士,超过学术委员会人数的一半。另外,安立佳于2015年,施剑林于2019年当选院士,由此可见学术委员会的学术权威性。

表3-6 聚合物分子工程国家重点实验室第一届学术委员会人员

姓名	职位	生年	职称	专业	工作单位
江明	主任	1938	院士	高分子化学与物理	复旦大学
薛群基	委员	1942	院士	材料化学	中国科学院兰州化学物理所
杨玉良	委员	1952	院士	高分子科学	复旦大学
吴奇	委员	1955	院士	高分子化学	香港中文大学
赵东元	委员	1963	院士	化学	复旦大学
江雷	委员	1965	院士	材料化学	中国科学院化学所
张希	委员	1965	院士	高分子物理化学	清华大学
薛奇	委员	1945	教授	高分子	南京大学
顾忠伟	委员	1949	研究员	生物材料	四川大学
童真	委员	1956	教授	高分子	华南理工大学
乔金樑	委员	1959	教授级高工	高分子材料	中石化北京化工院
施剑林	委员	1963	研究员	材料化学	中国科学院上海硅酸盐所
安立佳	委员	1964	研究员	高分子物理与化学	中国科学院长春应化所

实验室名称	主任	依托单位	学委会主任	批准编号
机械结构强度与振动国家重点实验室	王铁军	西安交通大学	郑南宁	2011DA105247
机械结构力学与控制国家重点实验室	张为公	南京航空航天大学	朱荻	2011DA124257
强电磁工程与新技术国家重点实验室	段献忠	华中科技大学	李烁根	2011DA105267
新能源电力系统国家重点实验室	刘吉臻	华北电力大学	刘吉臻	2011DA105277
煤矿灾害动力学与控制国家重点实验室	鲜学福	重庆大学	林建华	2011DA105287
计算机体系结构国家重点实验室	孙凝晖	中国科学院计算技术研究所	李国杰	2011DA173295
信息光子学与光通信国家重点实验室	任晓敏	北京邮电大学	方滨兴	2011DA105305
复杂系统管理与控制国家重点实验室	王飞跃	中国科学院自动化研究所	王东琳	2011DA173315
流程工业综合自动化国家重点实验室	柴天佑	东北大学	丁列云	2011DA105325
聚合物分子工程国家重点实验室	**丁建东**	**复旦大学**	**杨玉良**	**2011DA105331**
有机无机复合材料国家重点实验室	陈建峰	北京化工大学	王子镐	2011DA105346
硅酸盐建筑材料国家重点实验室	赵修建	武汉理工大学	张清杰	2011DA105356
水利工程仿真与安全国家重点实验室	钟登华	天津大学	李家宽	2011DA105367
理论物理国家重点实验室	吴岳良	中国科学院理论物理研究所	吴岳良	2011DA173372
低维量子物理国家重点实验室	薛其坤	清华大学	顾秉林	2011DA105382
发光学及应用国家重点实验室	申德振	中国科学院长春光学精密机械与物理研究所	宣明	2011DA173395

图 3-11 聚合物分子工程国家重点实验室建设批文

学术委员会第一次会议深入讨论了实验室的未来发展,认为实验室升格为国家重点实验室,"表明翻开了新的一页,理念和思维方式要转变,要高标准、严要求,以完成国家任务为目标;有竞争才有进步,但竞争要讲和谐,要减少实验室内部的竞争,应该去国际上竞争,比如与马普所竞争。同时,要进一步加强合作,尤其要加强跟国外知名单位的合作",同时"要注意工作的系统性和影响力,拿出自己的特色,充分发挥院士、学术带头人的影响力和作用","开放课题中增设自主研究课题"①。学术委员会平均每年召开一次会议,截至2023年3月,已召开至第十次会议。正如第一次会议一样,不仅审议实验室年度工作报告,更群策群力,为实验室建设和未来发展寻找方向与道路。

图3-12 国家重点实验室铭牌

实验室目标是围绕相关国家需求和学科前沿,开展基础研究与应用基础研究,解决国民经济、国家安全和人民生活的系列重要科学问题与核心技术,建成聚合物分子工程和相关领域国际知名的学术基地、人才培养基地、服务全国的基地以及合

---

① 聚合物分子工程国家重点实验室(复旦大学)第一届学术委员会第一次会议纪要(2011年12月11日)。

作解决国家重大需求的基地。实验室以聚合物分子工程学为主线,以国家重大需求和学科前沿导向的基础研究为总体定位,结合学科发展和学科交叉的需要、学术委员会的意见,基于原有的研究基础,设置四个主要研究方向:

(1) 通用高分子的高性能化:开展持续扎实的关键技术基础研究,从根本上支持我国高分子材料产业的持续稳定发展。亟待解决的科学问题是,对材料的分子结构及凝聚态性能的理性设计和控制;发展高分子材料的非平衡态结构形成理论。

(2) 生物医用高分子的设计:揭示医用材料与机体相互作用的基本规律和生物医用材料的设计原理,在细胞与材料相互作用、组织修复材料、药物缓释载体与体外检测、生物大分子等方面开展基础研究与应用基础研究。

(3) 高分子相关的功能介孔材料:针对国家在能源高效转化和利用、温室气体储藏再资源化的需求,展开有机-无机杂化高分子材料合成及其功能化研究。核心的基础研究问题是,探索有机-无机之间的成键和超分子作用规律,探索介孔材料的结构控制规律。

(4) 高分子多尺度制备科学与技术:发展高分子材料的特定性能、功能为导向的多尺度结构调控的有效途径,研究在多个尺度上调控材料结构、协同各种相互作用。这是聚合物分子工程的学科基础,旨在寻找新材料、发现新功能以及建立新方法。

2012年，实验室固定工作人员69人，研究人员56人。其中，院士有杨玉良、江明、赵东元3人，教授有丁建东、蒋新国、邱枫、金国新、邵正中、武利民、武培怡、汪长春、陈道勇、李富友、刘宝红、刘天西、彭慧胜、陆伟跃、董健、李同生、何军坡、张红东、陈新、姚萍、周平、倪秀元、胡建华、杨武利、屠波、冯嘉春、邓勇辉等27人，副教授有唐萍、卢红斌、唐晓林、刘旭军、余英丰、李卫华、彭娟、王海涛、汪伟志、俞麟、王国伟、陈国颂、张凡等13人，讲师有施晓晖、刘晓霞、姚晋荣、黄蕾、吕仁国、汤蓓蓓、郭佳、汤慧、杨东、李剑锋、杨颖梓、刘一新等12人，助理研究员有陈珍霞，技术人员有丛培红、黄红香、周广荣、崔彦、葛昌杰、卜娟、孙畅、屈泽华、高瑞华、秦一秀、黄起军等11人，管理人员有张炜、吕文琦。

通过多年发展，实验室已形成了老中青结合、结构合理的研究队伍，现有固定人员77人，实验室主任为丁建东，副主任为丛培红、吕文琦。其中，研究人员64名，管理人员2名（段郁、王巍然），技术人员10名（丛培红、周广荣、孙畅、黄红香、刘晓霞、屈泽华、卜娟、高瑞华、秦一秀、黄起军），包括中国科学院院士4名（江明、杨玉良、赵东元、葛均波），科技部重大项目的首席科学家或牵头人9名（杨玉良、葛均波、丁建东、彭慧胜、李富友、武利民、赵东元、俞燕蕾、刘宝红），国家自然科学基金、杰出青年科学基金获得者15名（杨玉良、丁建东、赵东元、葛均波、金国新、邵正中、汪长春、陈道勇、李富友、刘宝红、彭慧胜、俞燕蕾、张凡、步文博、李卫华），特聘教授10名，国家海外高层次人才引进计划9名。另外,研究室还有一批流动科研人员,2021年有博士后86人、客座研究人员60人、研究生376人。

目前,按照其研究专长与领域,研究人员分别从事四个方向研究。通用高分子的高性能化研究方向有杨玉良、金国新、李同生、张红东、何军坡、冯嘉春、唐萍、卢红斌、李卫华、陈茂、彭娟、李剑锋、刘旭军、刘一新、汤蓓蓓、汤慧、施晓晖等17人,生物医用高分子的设计方向有丁建东、葛均波、邵正中、李富友、董健、陈世益、步文博、陆伟、占昌友、张炜佳、周平、陈新、俞麟、姚晋荣等14人,聚合物相关的介孔材料方向有赵东元、汪长春、张凡、邓勇辉、李伟、李晓民、胡建华、杨武利、郭佳、杨东等10人,高分子多尺度制备科学与技术方向有江明、武利民、彭慧胜、俞燕蕾、陈道勇、邓海、周树学、魏大程、闫强、姚萍、陈国颂、周刚、倪秀元、陈敏、余英丰、朱亮亮、王国伟、王海涛、孙雪梅、张波、汪伟志、潘翔城、黄霞芸等23人。

开放课题和高级访问学者计划仍然是实验室建设的重要事项之一,总体上进展及完成情况良好,充分体现了实验室基地的示范与辐射作用,促进了与国内、国际同行的学术交流与科研合作。2011—2013两年建设期内,实施开放课题49项,其中,新批准36项,总资助金额为81万元,完成结题19项;实施高级访问学者计划25项,其中,新批准15项,总资助金额为117万元,完成结题14项。举办两场学术报告会、两届高分子复合材料学术沙龙等学术活动;在国际(包括地区和双边)学术会议作报告83人次,在全国性会议作报告80人次。与美国洛斯阿拉莫斯(Los Alamos)国家实验室、芬兰坦佩雷(Tampere)

图 3‑13　设立于江湾新校区的聚合物分子工程国家重点实验室展厅

大学、美国田纳西大学、美国凯斯西储大学开展国际合作项目；与美国通用汽车公司、陶氏化学有限公司、英国联合利华公司、意大利 solvaAP 有限公司、荷兰 DSM 营养品公司、巴斯夫(中国)有限公司等开展了科研合作。

2013—2018 年，实验室设置开放课题 146 项，课题组负责人来自全国各地 81 个不同单位，总资助额达 438 万元；设置高级访问学者计划 36 项，课题组负责人来自 10 个国家、32 个单位，总资助额达 285 万元[①]。2019 年，实验室新批准开放课题 30 项，结题 31 项；新批准高级访问学者计划 10 项，结题 10 项；开展自主研究课题 7 项(包括共享仪器功能与技术开发课题 1

---

① 薪火相传　继往开来：复旦大学高分子学科创建 60 年暨高分子科学系成立 25 周年[M]. 2018 年内部印行.

项)、持续深入的系统性研究课题 46 项[①]。2020 年,批准开放课题 29 项,结题 28 项;批准高级访问学者计划 8 项,结题 7 项;开展自主研究课题 4 项(包括共享仪器功能与技术开发课题 1 项)、持续深入的系续性研究课题 46 项[②]。2021 年,批准开放课题 24 项,结题 28 项;批准高级访问学者计划 3 项,结题 2 项;开展自主研究课题 6 项(包括共享仪器功能与技术开发课题 2 项)、持续深入的系统性研究课题 46 项[③]。

表 3-7　2011—2018 年实验室部分高级访问学者姓名、工作单位

年度	访问学者姓名与工作单位
2011	加拿大圭尔夫(Guelph)大学 Robert A. Wickham
2012	德国亥姆霍兹柏林材料与能源研究中心 Matthias Ballauff
2013	新加坡国立大学 Chung Tai-Shung(钟台生)、英国华威(Warwick)大学 Rachel O'Reilly、英国牛津大学 David Porter、德国康斯坦茨大学化学系 Ewald Daltrozzo
2014	德国亚琛工业大学纺织和高分子化学系朱晓敏
2015	德国明斯特大学 F. Ekkehardt Hahn、澳大利亚墨尔本大学张元、韩国蔚山科学技术院(Ulsan National Institute of Science and Technology)Rodney S. Ruoff、澳大利亚伍伦贡(Wollongong)大学 Jung Ho Kim
2016	瑞典隆德(Lund)大学 Cedric Dicko、加拿大滑铁卢大学陈征宇、美国布朗大学 Amit Basu、新加坡南洋科技大学赵彦利、美国康涅狄格(Connecticut)大学 Diane J. Burgess、法国国家科研中心-生物大分子研究中心 Redouane Borsali、美国哈佛医学院(Harvard Medical School)Natalie Artzi

---

① 复旦大学高分子科学系 2019 年报[R],2019.
② 复旦大学高分子科学系 2020 年报[R],2020.
③ 复旦大学高分子科学系 2021 年报[R],2021.

续 表

年度	访问学者姓名与工作单位
2017	美国麻省理工学院 Bradley Olsen、韩国梨花女子大学(Ewha Womans University)Dong Ha Kim、德国马克斯普朗克医学研究所(Max Planck Institute for Medical Research)的 Platzman Ilia、德国美因茨(Mainz)大学 Pol Besenius、加拿大谢布克(Sherbrooke)大学 Yue Zhao
2018	日本东京工业大学(Tokyo Institute of Technology)Akira Hirao(平尾明)、美国阿克伦(Akron)大学 Nicole S. Zacharia、香港城市大学 Ting-Hsuan Chen、青岛科技大学李志波、德国马普高分子研究所吴思、澳大利亚新南威尔士大学徐江涛、新加坡国立大学罗健平

实验室在 2011—2013 年两年建设期内,在四个研究方向取得了重要的成果与显著的进展。承担科研任务 191 项,到款科研经费 0.82 亿元,获得国家自然科学奖二等奖 1 项,省部级科技奖一等奖 2 项,国际奖励 3 项,发表 SCI 论文 386 篇,授权发明专利 63 项。2013—2018 年,实验室获得自然科学基金委创新群体 1 项、"杰青" 1 项,承担自然科学基金委重点项目 14 项、"优青" 6 项,承担基金委重大国际合作项目、联合基金重点项目、重大科研仪器研制项目、重大研究计划重点项目各 1 项①。2019 年,作为牵头单位主持国家重点研发计划 6 项,作为首席单位主持国家自然科学基金委创新群体项目 1 项,参加 973 课题 1 项,参加国家重点研发计划课题 6 项,参与国家中长期重大专项 1 项,负责自然科学基金委重大科研仪器研制 1 项、重大研究计划重点项目 1 项、重点项目 8 项、联合基金重点项目

---

① 薪火相传 继往开来:复旦大学高分子学科创建 60 年暨高分子科学系成立 25 周年[M]. 2018 年内部印行.

1项、"杰青"1项、"优青"1项,全年承担各类科研项目共205项,实际到款科研经费5761.63万元①。2020年,主持国家重点研发计划8项,作为首席单位主持国家自然科学基金委创新群体项目2项,主持政府间国际科技创新合作重点专项1项,参加国家重点研发计划课题5项,负责自然科学基金委重大科研仪器研制2项、重大研究计划项目4项、重点项目13项、国际合作与交流项目5项、"杰青"2项、"优青"2项,全年承担各类科研项目共210余项,实际到款科研经费7656.0万元②。2021年,主持国家重点研发计划9项,作为首席单位主持国家自然科学基金委创新群体项目2项,参加国家重点研发计划课题6项,负责自然科学基金委基础科学中心项目1项、重大科研仪器研制1项、重点项目11项、国际合作重点项目1项、"杰青"2项、"优青"1项,主持上海市基础研究重大项目2项,全年承担各类科研项目共200余项,实际到款科研经费11336.1万元③。

图3-14 2013年1月,实验室召开学术报告留影

---

① 复旦大学高分子科学系2019年报[R],2019.
② 复旦大学高分子科学系2020年报[R],2020.
③ 复旦大学高分子科学系2021年报[R],2021.

高分子科学系暨聚合物分子工程国家重点实验室共享仪器平台始建于 1998 年。2011—2013 两年建设期内,依托单位复旦大学大力支持实验室的平台建设,投入专项建设及"211 工程"三期和"985 工程"三期经费约 3 400 万元,新增仪器设备 28 台,基本建成了水平先进、功能完备、具有聚合物分子工程学特色的技术平台,可以满足材料加工、结构表征、性能检测及表面分析等各方面的需要,为实验室和复旦高分子学科建设以及承担的"973 计划""863 计划"、国家重大/重点项目等提供全面的技术支持与保障。所有仪器设备均采取"持证上岗、集中管理、共享开放、有偿使用"的管理办法,专职实验技术人员负责仪器设备的上机操作培训、保养维护、技术支持等工作,同时面向社会开放共享。目前实验室共享仪器平台拥有各种大型仪器设备总计 55 台套,仪器总价值近 8 400 万元,面向校内外开放共享。已建成通用高分子与聚合物表征系统、功能材料结构性能表征系统、高分子材料的加工成型及性能检测系统等具有聚合物分子工程学特色的三大测试系统,包括成分鉴定和分子检测、凝聚态结构及热性能检测、材料微观形态观测、生物大分子和细胞等体外检测、小动物体内材料检测、材料微制备加工、高分子材料加工成型、高分子材料性能检测等 8 个子平台,是高分子及相关学科科学研究和人才培养的重要基地,为实验室承担各项国家重大、重点、军工等科研任务提供技术支撑和保障。

自 2012 年起,实验室每年面向全社会的广大科技爱好者开放,尤其面向大、中、小学生开放,向社会公众尤其是青少年

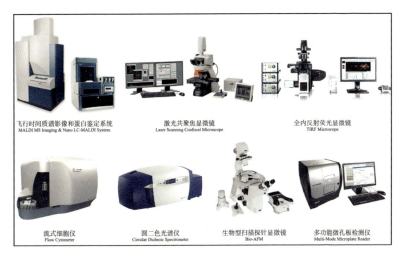

图 3-15 实验室用于成分鉴定和分子检测的技术平台仪器

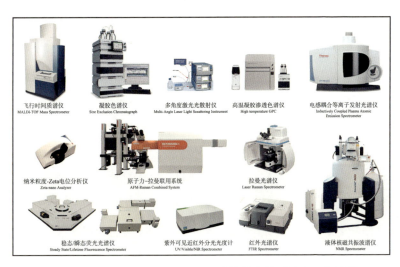

图 3-16 实验室生物大分子和细胞等体外检测技术平台仪器

普及科学知识,传播科学思想和科学方法。2012年,实验室主任丁建东作题为"高分子科学——一条金色的丝带"的科普讲座,讲解了什么是高分子、高分子和日常生活的密切关系、高分子在尖端科技中的应用;还组织观看了实验室介绍专题片,参观了实验室,了解实验室的科研成果并提供科技咨询。参加开放活动的同学们兴致盎然,踊跃提问,感受到了科学精神和科技魅力。2019年4月,实验室参加上海市台湾同胞联谊会,与上海海外联谊会联合举办了"英才汇聚,沪上逐梦"活动,接待20余位台湾优秀博士生组成的代表团参观。2020年8月至12月,实验室展示厅接待社会各界人士百余人参观,包括立邦涂料(中国)有限公司、立时集团、国家审计署、浙江省科技厅、上海市民宗委、济南新材料产业园等代表团。国家重点实验室通

图3-17 实验室公众开放日留影

过开放与资源共享，让更多的公众走进科学殿堂，在丰富的科学体验中感受科技的魅力，认真地履行了服务社会的职能和义务。

2013年12月，科技部组织专家召开建设验收会，充分肯定了实验室取得的成效，一致认为，实验室完成了建设计划任务书规定的各项任务，达到了建设目标，同意通过建设验收。2014年8月，聚合物分子工程国家重点实验室参加评估，被评为"良好"类实验室。

三、积极服务国家战略，科学研究成就突出

处于不同年代的复旦高分子人，有着共同的追求，同有一个用科学知识为国争光的梦想。进入新时期以后，复旦大学高分子科学系在高分子凝聚态物理、大分子组装、天然及生物大分子和高分子化学、高分子工程、光电能源高分子等研究领域取得重要科研成就，在国际上具有相当的影响；将理论与实际相结合，在各种材料领域的研究均取得了显著的成果，为国家经济建设与社会发展做出了自己的贡献。

图3-18是2011—2022年高分子科学系纵向和横向经费历年变化折线图。总体而言，纵向经费维持在每年2千万元左右，最高2013年达到2938万元，最低2020年为1497万元。横向经费几乎不断增长，从2011年的377万元，增长到2016年的1945万元，接近纵向经费；2017年、2018年连续两年有所下滑；2019年第一次超过纵向经费（横向1805万元，纵向1730万元），2020年再次下滑到1497万元；2021年一下子增加到3277

万元,超过纵向经费 878 万元,2022 年更是一下子飙升到 6 296 万元。从横向经费变化可以看出高分子科学系日益融合社会,不断将科技成果转化为社会生产力。

图 3-18 2011—2022 年高分子科学系纵向和横向经费历年变化折线图

2011 年以来,高分子科学系积极申请各类纵向课题,承担社会课题,无论是项目数、获得资助金额相较过去快速增长。表 3-8 是 2011—2022 年承担重要纵向课题(仅国家自然科学基金重要项目、国家"973 计划""863 计划"和重点研发计划四类影响重大课题)历年项目数量与获得资助金额。12 年间共承担课题 56 项,合计金额 18 679.21 万元,平均每年 4.7 项、1 556.6 万元。每年都承担了新课题,2011 年有 24 项,项目数最多,经费也最多达 7 101.15 万元;2016 年虽仅有 7 项,但经费达到 5 485.2 万元。当然,每年获得各类项目数有极大的差别。国家自然科学基金重要项目,除 2015 年、2021 年两年外,其他年份都有,2022年为5项,最多。2011年获得"973计划"21项,其他4年空缺;"863计划"也仅有3项,6年间也有4年空缺。从"十三五"开始,国家整合原"973计划""863计划"和国家科技支撑计划、国际科技合作与交流专项等,实施"国家重点研发计划"。2016—2022年承担重点研发计划10项,仅有2018年空缺,2016年最多,5项,分布与国家自然科学基金差不多。

表3-8 2011—2022年高分子科学系承担重要纵向课题年度项目及金额

年度	项目类别				合计	立项金额(万元)
	自然科学基金	973计划	863计划	重点研发计划		
2011	3	21			24	7 101.15
2012	1		2		3	413.2
2013	1				1	280
2014	3				3	510
2015			1		1	134
2016	2			5	7	5 485.2
2017	2			1	3	804.86
2018	1				1	354
2020	4			1	5	1 405.8
2021				2	2	200
2022	5			1	6	1 991
总计	22	21	3	10	56	18 679.21

2011—2022年间,承担自然科学基金重要项目22项,共6 120.36万元,占总项目的39.2%,经费占32.8%,经费分布比

较均衡,以400万元的"杰青"项目最多;"973计划"21项总计6751.15万元,占总项目数37.5%,经费占36.1%。其中,杨玉良2011年两个项目1447.55万元、2620万元,比较突出。"863计划"3项共307.2万元;"国家重点研发计划"10项共5500.5万元,占总项目数10.4%,经费占18.1%。以彭慧胜2016年承担项目经费3087万元最多,丁建东2016年项目经费1400万元紧随其后(具体参见表3-9)。

表3-9 2011—2022年高分子系承担重要纵向课题一览表

负责人	项目大类	项目子类	金额(万元)	开始时间
丁建东	国家自然科学基金委	重点项目	240	2011-01-01
邵正中	国家自然科学基金委	重点项目	60	2011-01-01
汪长春	国家自然科学基金委	重点项目	50	2011-01-01
刘天西	国家自然科学基金委	国家杰出青年科学基金	240	2012-01-01
彭慧胜	国家自然科学基金委	国家杰出青年科学基金	280	2013-01-01
陈道勇	国家自然科学基金委	重点项目	310	2014-01-01
李卫华	国家自然科学基金委	优秀青年科学基金项目	100	2014-01-01
陈国颂	国家自然科学基金委	优秀青年科学基金项目	100	2014-01-01
杨玉良	国家自然科学基金委	重点项目	356	2016-01-01
丁建东	国家自然科学基金委	重点项目	347.2	2016-01-01
彭慧胜	国家自然科学基金委	重点项目	337.6	2017-01-01

续 表

负责人	项目大类	项目子类	金额(万元)	开始时间
汪长春	国家自然科学基金委	重点项目	349.76	2017-01-01
武培怡	国家自然科学基金委	重点项目	354	2018-01-01
杨武利	国家自然科学基金委	重点项目	354	2020-01-01
邵正中	国家自然科学基金委	重点项目	347.8	2020-01-01
李卫华	国家自然科学基金委	国家杰出青年科学基金	400	2020-01-01
彭娟	国家自然科学基金委	优秀青年科学基金项目	150	2020-01-01
孙雪梅	国家自然科学基金委	优秀青年科学基金项目	200	2022-01-01
聂志鸿	国家自然科学基金委	国家杰出青年科学基金	400	2022-01-01
汪长春	国家自然科学基金委	重点项目	375	2022-01-01
陈国颂	国家自然科学基金委	国家杰出青年科学基金	400	2022-01-01
丁建东	国家自然科学基金委	重点项目	369	2022-01-01
22 项,其中,"杰青"5 项 1 720 万元,重点项目 13 项 3 850.36 万元,"优青"4 项 550 万元,共 6 120.36 万元				
卢红斌	国家 973 计划	973 计划	0	2011-01-01
冯嘉春	国家 973 计划	973 计划	57.6	2011-01-01
邱枫	国家 973 计划	973 计划	842	2011-01-01
唐萍	国家 973 计划	973 计划	0	2011-01-01
李同生	国家 973 计划	973 计划	115.2	2011-01-01
李卫华	国家 973 计划	973 计划	0	2011-01-01

续　表

负责人	项目大类	项目子类	金额(万元)	开始时间
彭娟	国家973计划	973计划	34	2011-01-01
彭慧胜	国家973计划	973计划	25.14	2011-01-01
杨玉良	国家973计划	973计划	27.55	2011-01-01
杨玉良	国家973计划	973计划	13	2011-01-01
杨玉良	国家973计划	973计划	1447.55	2011-01-01
杨玉良	国家973计划	973计划	2620	2011-01-01
江明	国家973计划	973计划	692.28	2011-01-01
邵正中	国家973计划	973计划	0	2011-01-01
丁建东	国家973计划	973计划	84.8	2011-01-01
张红东	国家973计划	973计划	0	2011-01-01
何军坡	国家973计划	973计划	566.89	2011-01-01
李剑锋	国家973计划	973计划	70	2011-01-01
刘一新	国家973计划	973计划	70	2011-01-01
杨颖梓	国家973计划	973计划	60	2011-01-01
姚萍	国家973计划	973计划	25.14	2011-01-01
21项总计6751.15万元				
陈新	国家863计划	重点项目	43.2	2012-01-01
汪长春	国家863计划	重点项目	130	2012-01-01
陈国颂	国家863计划	重大项目	134	2015-01-01
3项总计307.2万元				
彭慧胜	国家重点研发计划	07.纳米科技	3087	2016-07-01
邵正中	国家重点研发计划	07.纳米科技	155	2016-07-01
杨武利	国家重点研发计划	34.生物医用材料研发与组织器官修复替代	60	2016-07-01

续 表

负责人	项目大类	项目子类	金额(万元)	开始时间
丁建东	国家重点研发计划	34.生物医用材料研发与组织器官修复替代	1400	2016-07-01
汪长春	国家重点研发计划	34.生物医用材料研发与组织器官修复替代	80	2016-06-30
朱亮亮	国家重点研发计划	07.纳米科技	117.5	2017-07-01
俞麟	国家重点研发计划	34.生物医用材料研发与组织器官修复替代	154	2020-07-01
魏大程	国家重点研发计划	战略性国际科技创新合作重点专项	100	2021-06-01
俞麟	国家重点研发计划	47.生育健康及妇女儿童健康保障	100	2021-12-01
陈国颂	国家重点研发计划	18.高端功能与智能材料	247	2022-11-30
10项,总计5500.5万元				

正如前面所言,相对纵向经费的平稳,高分子科学系承担社会委托项目不仅数量大增,而且经费陡增。12年间共承担部分横向课题21项,平均每年1.8项,仅2012年、2016年、2017年三年没有承担新项目,2018—2020年每年两项,2021年5项,2022年6项,最近几年的增长速度远超过去;12年间横向课题经费达到14 001万元,平均每年达到1 166.75万元。课题经费在1千万元以上的有彭慧胜2022年承担烟台泰和新材料股份有限公司委托的转让课题(4 020万元)和开发课题(1 170万

元)、杨东 2022 年承担江西黑猫炭黑股份有限公司课题(1 500万元)(参见表 3-10)。

表 3-10 2011—2022 年高分子科学系承担部分横向课题一览表

负责人	项目类别	委托单位	立项时间	金额(万元)
姚萍	涉外	帝斯曼营养产品股份公司	2011-04-01	49.8
何军坡	服务	巴斯夫应用化工有限公司	2013-11-22	88
彭慧胜	转让	宁国市龙晟柔性储能材料科技有限公司	2014-09-11	200
胡建华	开发	浩力森涂料(上海)有限公司	2015-03-16	225
胡建华	开发	太湖金张科技股份有限公司	2018-01-16	700
邓海	开发	上海新阳半导体材料股份有限公司	2018-02-28	200
周平	转让	上海复浩生物科技有限公司	2019-04-26	205.8
丁建东	开发	珠海复旦创新研究院	2019-05-31	460
汪长春	开发	中山复旦联合创新中心	2020-05-09	300
潘翔城	开发	珠海复旦创新研究院	2020-12-04	200
彭慧胜	开发	上海容为实业有限公司	2021-05-20	1000
陈国颂	开发	上海博康企业集团有限公司	2021-06-03	200
彭慧胜	转让	烟台泰和新材料股份有限公司	2021-07-21	432.54
彭慧胜	转让	烟台泰和新材料股份有限公司	2021-11-30	339.86
王海涛	联合实验室	太湖金张科技股份有限公司	2021-12-15	1000
王海涛	开发	太湖金张科技股份有限公司	2022-01-01	700
彭慧胜	转让	烟台泰和新材料股份有限公司	2022-09-06	4020
杨东	联合实验室	江西黑猫炭黑股份有限公司	2022-09-30	1500
彭慧胜	开发	烟台泰和新材料股份有限公司	2022-10-08	1170

续 表

负责人	项目类别	委托单位	立项时间	金额(万元)
王海涛	咨询	上海浦东复旦大学张江科技研究院	2022-12-12	800
冯嘉春	开发	陕西延长石油(集团)有限责任公司	2022-12-30	210
合计		21项共14 001万元		

在完成上述各类课题的过程中,高分子科学系师生在基础科学研究、应用研发等方面取得了一系列重大的科研成果。图3-19是2011—2021年高分子科学系以第一单位发表SCI论文数和IF>6论文数变化图。11年间第一作者发表SCI论文1852篇,平均每年168篇,2015年最多达到204篇,最少的2011年也有132篇,总体上维持在极高的发表水平。更重要的是,表面看来,自2013年上升到2015年后,SCI论文发表似乎有逐渐下滑的趋势,到2020年146篇,但IF>6论文数却逐年上升:2011年仅13篇,占当年论文数的9.8%;到2015年达到70篇,增加4倍多,当年论文数占比达34.3%;2019年77篇,占当年论文数52.4%,第一次过半;2021年91篇,占当年论文数61.1%。也就是说,在SCI论文发表上,已经从原初的追求数量完全转变为"以质量取胜",这自然也表明高分子科学系的研究成果越来越受到学术界的重视与推崇。从一个方面实现了2011年12月聚合物分子工程国家重点实验室第一次学术委员会会议所形成的意见:"知名学府不应该是论文导向,而应该是解决问题导向。要考虑有何工作是在国际上有影响的。"

图 3-19 2011—2021 年高分子科学系以第一单位发表 SCI 论文数及 IF≥6 论文数

这些重要的研究成果既集中在高分子物理、高分子化学、高分子工程、生物大分子、大分子组装等有极好基础的研究方向与领域,更有新的开拓与发展,如新创光电能源高分子研究方向,大分子组装迈向高分子与生命科学交叉的智能高分子研究,几乎所有的研究方向和领域都有向生物学、生命科学交叉的趋势。表 3-11 是 2011—2019 年高分子科研成果获得国家级和省部级奖项情况,可以看出在基础科学研究方面取得的巨大成就。

表 3-11 2011—2019 年高分子系获得国家级、省部级奖项一览表

奖励名称	获奖者	获奖成果	时间
国家级			
国家自然科学奖二等奖	江明、陈道勇、姚萍	大分子自组装的新路线及其运用	2011

续 表

奖励名称	获奖者	获奖成果	时间
国家自然科学奖二等奖	彭慧胜、王永刚、任婧、孙雪梅、陈培宁	碳纳米管复合纤维锂离子电池	2019
省部级			
教育部自然科学奖二等奖	黄骏廉、王国伟、贾中凡、付强等	具有复杂结构聚合物的新合成方法研究	2011
上海市自然科学奖一等奖	邵正中、陈新、周平、姚晋荣、杨宇红	动物丝仿生制备中的关键问题	2011
教育部自然科学奖一等奖	丁建东、俞麟	可注射性热致水凝胶	2014
教育部自然科学二等奖	汪长春、杨武利、郭佳、胡建华	磁性复合微球的构筑及结构性能调控	2015

江明院士领导的团队长期致力于大分子的自组装研究,取得了一系列具有国际影响力的成果,"大分子自组装的新路线及其运用"项目获得2011年国家自然科学奖二等奖。当年没有国家自然科学奖一等奖,全国也仅二等奖36项,也是上海市推荐唯一获得的二等奖。

大分子自组装是高分子和超分子科学交叉学科创造具有多层次结构与功能新材料的重要途径之一。30年来,在国际上,该领域研究集中于嵌段共聚物的胶束化。但胶束化过程控制难,制备效率低,组装体的生物安全性难以保证。针对这些难题,该团队创建了大分子自组装的新路线,主要成果有:

(1) 首创了大分子自组装的非嵌段共聚物路线,实现了大分子的规则组装;

(2) 得到核-壳间非共价键连接的聚合物胶束(NCCM)和

空心球,构筑不同结构与功能的组装体;

(3) 将上述分子间相互作用局域化驱动自组装的原理扩展到嵌段共聚物和生物大分子领域,提出了嵌段共聚物的新的组装机理,实现了聚合物胶束的高效制备,获得了一系列结构新颖、功能独特的嵌段共聚物组装体,形成了包括各类蛋白/多糖体系的天然大分子自组装的绿色化学新方法。

该成果发表论文80篇,被引用1 398次,取得发明专利5项;提出的大分子自组装的非嵌段共聚物路线、非共价键合胶束、化学交联诱导胶束化、生物大分子自组装等路线和概念得到了国际学术界的普遍认同,并被国内外学者成功应用;负责人应邀在第43届世界高分子大会(IVPAC)上就大分子自组装作大会报告,成为国际上该领域最优秀课题组之一[①]。

图3-20 江明院士与获奖证书

---

① 《上海科技年鉴》编辑部.2011上海科技年鉴[M].上海:上海科学普及出版社,2011:489-490.

2019年,彭慧胜教授领衔的团队成果"碳纳米管复合纤维锂离子电池"获得国家自然科学奖二等奖,2018年相关研究成果"柔性织物状锂离子电池"获瑞士日内瓦国际发明展金奖。

电子设备正不断向轻薄化、微型化、柔性化、集成化的方向快速发展,必须构建与之匹配的新型储能系统,以满足军事国防、生物医学、电子工程、智能通信等领域迫切的应用需求。该成果建立了取向碳纳米管与活性材料复合制备柔性纤维电极的普适性方法,揭示了纤维电极多尺度螺旋结构促进电荷快速传输和电解液有效浸润的新机制,最终发展出新型纤维状锂离子电池,可以有效满足未来电子设备的发展需要。

(1) 建立了两类普适性方法制备高性能复合纤维电极,为实现纤维状锂离子电池奠定了材料基础。

(2) 揭示了多级螺旋结构促进电荷在纤维电极中快速传输和缠绕包裹结构实现优异电化学性能的机制,为实现高性能纤维状锂离子电池奠定了理论基础。

(3) 提出了在正负极纤维上涂覆凝胶电解质,进行平行组装或缠绕成型的新路线,构建了高性能的纤维状锂离子电池。

另外,将纤维电极设计成弹簧状结构,发展出一类构建弹性纤维状锂离子电池的普适性方法。进一步通过纺织方法获得柔软的储能织物,满足人体等动态变化表面的应用要求,为可穿戴设备等新兴领域在供能方面面临的瓶颈,提供了新的解决方案。

8篇代表性论文共被SCI他引1184次,单篇最高他引328次。成果得到国际学术界认可,2次被 *Nature*、4次被 *Nature*

子刊以研究亮点报道。彭慧胜应邀在 Nature Rev. Mater.、Nature Protoc.、Chem. Rev. 等撰写综述,出版了 2 部专著;在国际材料研究学会联盟会议等作大会邀请报告 50 多次,获得英国皇家化学会会士等 6 项国际荣誉;6 项授权专利实现了技术转让,合作开展产业化开发。

图 3-21 彭慧胜教授与瑞士日内瓦国际发明展金奖奖章

图 3-22 国家自然科学奖二等奖

2011年,邵正中领衔完成的项目"动物丝仿生制备中的关键问题"获得上海市自然科学奖一等奖。动物(蚕和蜘蛛等)丝纤维不仅具有超乎寻常的力学性能,而且作为天然蛋白质材料,综合利用潜力极大。该成果以动物丝的性能与结构、影响丝蛋白构象变化的各种因素、成丝机理以及模拟纺丝等为研究内容,取得了一系列重要成果:

(1) 提出"动物丝及丝蛋白一类结构性生物大分子的性能不仅仅取决于组成蛋白质的氨基酸序列,而是更可能依赖于材料制备的条件和分子链聚集态结构"。

(2) 发现了时间分辨红外光谱、荧光光谱和圆二色性光谱等手段实时跟踪丝蛋白构象转变过程的方法,突破了只能静态测定丝蛋白构象转变的始态和终态的局限。

(3) 提出动物丝成丝机理由剪切力或拉伸流动所诱导,并具有成核依赖性的纤维化聚集,由此发明了一种制备高浓度且稳定的丝蛋白水溶液的方法,并在实验室成功纺出综合力学性能超过天然蚕茧丝的再生丝蛋白纤维,以实践证明了经调控和优化工艺,生产出与天然蜘蛛丝性能相近的超级蚕丝蛋白纤维的可行性。

成果在 *Nature*、*Nature Materials* 等刊物上发表论文 53 篇,他引 588 次;获得 4 个专利授权,培养博士生 10 名、硕士生 8 名[1]。

2020 年初,一场突如其来的新冠疫情肆虐全球,扰乱了全人类的生活秩序。最初,通用的新冠病毒核酸检测是基于逆转

---

[1] 《上海科技年鉴》编辑部.2012 上海科技年鉴[M].上海:上海科学普及出版社,2012:280-281.

录聚合酶链反应的一种放大扩增特定脱氧核糖核酸片段的分子生物学技术,gRT‑PCR 预处理和扩增过程需要 2～4 小时,也需要熟练的技术人员、特定的实验室和设备。高分子系魏大程团队提出了分子机电系统。这是一种 DNA 分子自组装而成,通过外电场驱动能精准调控分子识别和信号转化过程的微型装置,检测结果可直接从电学响应中读出,不需要复杂操作,只需 4 分钟就能出结果。这一研究成果 2022 年 2 月 8 日发表在 Nature Biomedical Engineering(自然生物医学工程)[①]。

在取得重大科研成就的同时,高分子科学系也获得了不少国家专利。图 3‑23 是 2011—2022 年获得专利数变化图。12 年间共获得 383 项专利,平均每年 30 项,相比此前有极大的增长。虽然起起伏伏,数量最少的 2011 年仅 9 件,最高的 2022 年达 60 件,但总体趋势是专利数越来越多。

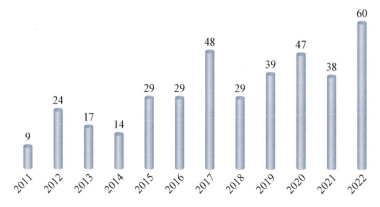

图 3‑23 高分子科学系 2011—2022 年获得专利数(单位:件)

---

① 魏大程团队研发新方法,4 分钟内能检测到新冠病毒核酸[N].复旦,2022‑02‑20,第 3 版.

目前,全系有六个研究方向,各研究方向及其相关研究人员如下:

高分子物理方向:杨玉良、李卫华、唐萍、张红东、李剑锋、刘一新、冯雪岩。

高分子化学方向:何军坡、陈茂、郭佳、王国伟、潘翔城、汪伟志、千海、曾裕文。

高分子工程方向:汪长春、冯嘉春、倪秀元、胡建华、余英丰、刘旭军、王海涛、汤慧、汤蓓蓓。

智能高分子研究方向:江明、陈道勇、陈国颂、聂志鸿、闫强、朱亮亮、黄霞芸、徐一飞。

生物高分子方向:丁建东、邵正中、杨武利、姚萍、周平、陈新、俞麟、姚晋荣。

光电能源高分子方向:彭慧胜、彭娟、魏大程、卢红斌、杨东、张波、孙雪梅、高悦、汪莹。

四、加强合作,全方位开展学术交流

长期以来,复旦大学高分子科学系坚持"学术为魂,百花齐放"的宗旨,坚持"走出去,请进来",广泛开展学术交流,不断拓展国际合作,成功举办多次国内、国际学术会议,形成了学术思想活跃、学术气氛浓厚的良好氛围。

2011 年 6 月 16 日,由美国康涅狄格大学斯托斯校区(University of Connecticut at Storrs)和复旦大学联合主办的 UConn-复旦高分子双边研讨会(UConn-Fudan Macromolecular Symposium)在复旦大学举行,武培怡教授、Douglas Adamson 教

授担任共同主席。来自美国康涅狄格大学斯托斯校区、圣母大学(University of Notre Dame)和复旦大学的教授及青年学者约80人(海外6人)与会。2011年7月25日,复旦大学-英国华威大学高分子双边会议在复旦大学举行,江明院士担任主席,与会人数50人(海外6人)。

2013年,适逢复旦高分子科学系成立20周年。高分子科学领域国际权威期刊 *Polymer Chemistry*(《聚合物化学》)第4期出版专辑,发表20篇研究论文,介绍复旦高分子科学系在高分子学科领域取得的成果。材料领域国际权威期刊 *Advanced Materials*(《先进材料》)邀请复旦高分子科学系9名教师撰写5篇综述论文,总结建系20年以来高分子系在高分子材料领域的最新进展[①]。7月28—30日,由江明院士和英国华威大学David Haddleton教授共同担任大会主席的第三届复旦-华威高

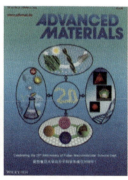

图 3-24　*Polymer Chemistry* 和 *Advanced Materials* 出版专辑庆祝高分子科学系成立 20 周年

---

① 复旦大学高分子科学系 2013 年报[R],2013.

分子研讨会在浙江嘉善召开。除来自华威大学的高分子教师外，英国诺丁汉大学、伦敦玛丽王后大学、阿斯顿大学和爱尔兰都柏林城市大学等校的 12 位教授也与会并作报告，清华、北大、中国科大、华南理工、浙大、南开、南大、同济和中国科学院化学所等知名校所数十位高分子学者和学生也参加了本次会议。复旦高分子系丁建东、何军坡、陈国颂等在内的 12 位老师在会议上介绍了近期科研成果。

2014 年 10 月，由复旦大学和苏州大学联合主办的 2014 国际丝会议顺利召开，会议围绕动物丝的结构、性质，以及再生或重组丝蛋白材料的制备及其在生物医药、光电、能源领域的应用等方面进行了深入的交流与讨论。开幕式上，美国塔夫茨大学 David Kaplan 教授作了简短而精彩的致辞；在 3 天的交流中，共有 34 名长期从事动物丝和丝蛋白研究的科学家作了精彩报告，并有 19 名研究者以海报的形式向大家展现了自己的工作。在每个报告结束后，大家都踊跃提问并发表自己的观点，会场气氛既融洽又不乏激烈的争论。在英国牛津大学 Fritz Vollrath 教授的总结与展望中会议落下帷幕。2014 国际丝会议是动物丝和丝蛋白相关研究领域规模较大的一次盛会，也是推动"丝"这一神奇材料研究及发展乃至多元化应用的新起点。11 月 11 日，复旦大学-日本山形大学聚合物科学学术论坛召开，高分子科学系系主任汪长春教授、副系主任彭慧胜教授及来自山形大学的 Tatsuhiro Takahashi（高桥辰宏）教授、Go Matsuba（松叶豪）教授出席了本次论坛，来自两校的 28 位研究生参加论坛，14 位作口头报告，14 位作墙报展示。活动受到高分子科学系研究生热烈欢迎。第二届论坛于 2015 年 11 月 3 日在复旦举行,高分子科学系何军坡教授、魏大程研究员、彭娟副教授、朱亮亮青年研究员以及来自山形大学的 Tatsuhiro Takahashi 教授、Go Matsuba 教授、Ajit Khosla 教授出席了本次论坛,两校 27 位优秀研究生参会。

图 3-25 国际丝会议合影,邵正中教授(前排左 10)是会议召集人之一

图 3-26 第一届复旦大学-日本山形大学聚合物科学学术论坛在光华楼前合影

2016年10月14—16日，由聚合物分子工程国家重点实验室和高分子科学系共同举办的首届聚合物分子工程国际学术会议在复旦大学复宣酒店召开，来自15个国家和地区的331位正式代表与会。会议主席、聚合物分子工程国家重点实验室主任丁建东在开幕式致辞，强调会议的国际性和学术性，宗旨是为全世界的高分子科学研究者搭建一个互相交流的平台。复旦大学常务副校长包信和院士、英国皇家工程院院士David Williams、复旦大学江明院士、中石化北京化工研究院副院长乔金樑教授分别主持了4个大会特邀报告，京都大学Mitsuo Sawamoto（泽本光男）教授、哈佛大学David J. Mooney教授、英国布拉德福德大学Philip D. Coates教授和美国西北大学Antonio Facchetti教授作大会特邀报告，宾夕法尼亚大学Jason A. Burdick教授和麻省理工学院Jeremiah A. Johnson博士作青年人才报告。会议围绕高分子学科的研究热点，设立聚合物分子结构和功能、通用高分子、生物医用高分子材料以及能源材料4个专题。来自这4个领域的著名科学家和专家学者以50个邀请报告及52个口头报告的形式，展开了热烈的学术讨论。会议还有近80个墙报展示专场，参与展示的众多青年学者与墙报评审委员会专家面对面交流，不仅介绍自己的科研工作进展，同时趁此难得的机会亲耳聆听大师们的有益点评。闭幕式上，江明院士为本届会议的两位青年才人报告者颁发了青年才人奖；随后，由本届会议的墙报评审委员会为10位获得墙报奖的学者颁发了奖状，以表彰他们的优异成绩。

图 3-27　首届聚合物分子工程国际学术会议合影

图 3-28　首届聚合物分子工程国际学术会议闭幕式为墙报奖颁奖

2017年5月20日,由复旦大学高分子科学系主办、珀金埃尔默公司赞助的第一届应用光功能材料论坛在复旦大学跃进楼成功召开,来自上海多个高校和研究所的学者及相关企业界人士与会。会议目标是进一步总结交流上海地区本领域的科研成果,集思广益,促进上海地区以及国家在光电领域的科学技术发展。

全国有机多孔材料学术研讨会是两年一次的系列会议,已分别于2014年和2016年由兰州大学功能有机分子化学国家重点实验室和国家纳米科学中心举办了两届。2018年11月1—4

日,第三届由复旦大学聚合物分子工程国家重点实验室和东华大学纤维材料改性国家重点实验室共同举办,会议以"有机多孔材料的新机遇和发展"为主题,旨在为有机多孔材料领域师生提供交流学术成果、探讨科学问题的平台,从而促进合作发展,提升研究水平。来自全国50多所高校院所近300名师生参加了本次会议,会议共设置了16个大会报告、34个邀请报告、12个口头报告和43个墙报展示。报告人通过精彩的报告和参会师生进行了深入交流。会议聚焦科学问题,服务国家战略,促进了国内有机多孔材料领域同行之间的深入交流,进一步扩大了学术影响,增强了研究力量,充分展示了我国在有机多孔材料领域研究队伍的快速壮大与国际一流的研究水准。

图3-29　第三届全国有机多孔材料学术研讨会合影

2019年9月8—13日,由国际纯粹与应用化学联合会(IUPAC)和中国化学会主办,北京化工大学和复旦大学共同承办的IUPAC第13届国际离子聚合会议(The 13th International Symposium on Ionic Polymerization)在北京成功举办。IUPAC国际离子聚合会议是国际上为数不多的以聚合反应为主题的学术会议,在高分子和有机合成领域具有广泛的国际影响力。这是 IUPAC 国际离子聚合会议第一次在中国举办,也是 IUPAC 百年华诞庆祝活动之一,受到了学术界和企业界的高度关注。来自美国、法国、德国、英国、荷兰、西班牙、瑞士、比利时、捷克、匈牙利、卢森堡、白俄罗斯、土耳其、日本、韩国、印度、沙特阿拉伯、澳大利亚和中国等 19 个国家的高等院校、科研机构和企业代表共 230 余人出席会议。北京化工大学吴一弦教授、复旦大学何军坡教授共同担任大会主席。会议以"离子聚合及其他聚合方法"为主题,邀请国际著名高分子科学家 Krzysztof Matyjaszewski 院士、张希院士、Mitsuo Sawamoto 教授、Judit E. Puskas 教授、Nikolaos Hadjichristidis 教授和 Rudolf Faust 教授分别作大会报告。会议共有 50 个邀请报告、

图 3-30 第 13 届国际离子聚合会议主席何军坡和吴一弦教授

34个口头报告和74个墙报。IUPAC网站、*Polymers*和*Polymer Chemistry*杂志网站对本次会议进行了宣传和报道，我国英文SCI期刊 *Chinese Journal of Polymer Science* 为本次会议出版专辑。会议的成功举办，为国内外学者搭建了良好的学术交流平台，促进了国内外同行的交流与合作。

受新冠疫情影响，近几年复旦高分子科学系举办的线下大型学术会议有所减少，但还是克服各种困难，积极参与国内国际学术交流。2020年，高分子科学系教师参加国际国内会议及合作交流62人次，在大型学术会议上作大会报告或邀请报告48人次[①]；2021年，参加国际国内会议及合作交流98人次，在大型学术会议上作大会报告或邀请报告76人次[②]。表3-12是2011—2019年聚合物分子工程国家重点实验室主持举办的重要国内国际学术会议情况一览表，可作为高分子科学系学术交流的一个例证。

表3-12 2011—2019年聚合物分子工程国家重点实验室举办的重要国内国际学术会议

会议名称	主办单位	会议主席	时间	与会人数	类别
UConn-复旦高分子双边研讨会	复旦大学	武培怡、Douglas Adamson	2011.06.16	60	双边性
复旦大学-英国华威大学高分子双边会议	复旦大学	江明	2011.07.25	50	双边性

---

① 复旦大学高分子科学系2020年报[R],2020.
② 复旦大学高分子科学系2021年报[R],2021.

续 表

会议名称	主办单位	会议主席	时间	与会人数	类别
2013国际聚合物胶体会议（IPCG Golden conference）	复旦大学	武培怡	2013.06.23—28	120	国际
第三届复旦-华威双边研讨会	华威大学、复旦大学	江明、David Haddleton	2013.07.29—30	60	双边
第四届全国全脊椎肿瘤切除学习班暨脊柱外科新技术论坛	复旦大学	董健	2013.05.03—06	150	国内
第三届高分子材料学术沙龙	南昌大学、复旦大学	刘天西	2013.11.07—10	90	国内
2014国际丝会议	复旦大学、苏州大学	邵正中、F. Vollrath、D. Kaplan	2014.10.08—12	90	国际
复旦大学-汉堡大学材料化学双边会议（Fudan-Hamburg Symposia on Materials Chemistry）	复旦大学	赵东元、金国新、Patrick Theato	2015.03.15—16	60	双边
首届聚合物分子工程国际学术会议	复旦大学	丁建东	2016.10.14—16	331	国际
第二届聚合物分子工程国际学术会议	国家重点实验室、高分子科学系	丁建东	2018.09.20—23	406	国际
IUPAC第13届国际离子聚合会议	复旦大学	吴一弦、何军坡	2019.09.08	300	国际

续表

会议名称	主办单位	会议主席	时间	与会人数	类别
东方科技论坛"人工肌肉材料与生物医学工程应用"	复旦大学	陈世益、俞燕蕾	2019.12.11	46	国内
第一届介观表界面研讨会	复旦大学	赵东元	2019.11.28	100	国内

五、迁入新址,焕发新气象

进入21世纪以来,复旦大学各校区的功能定位和学科布局越来越显得落后于时代,部分学科和院系的空间过于分散,办学空间紧缺。部分院系不得不分散到各处寻找空间,哪里有空间就到哪里去,进一步凸显了校区功能布局的不合理性。这已经严重制约了复旦大学学科内涵建设和人才培养质量的提升,制约了学科之间以及学科内部的沟通交流,制约了复旦大学优秀人才的引进和师资队伍建设,制约了科研创新平台建设和学科的集成创新,不仅阻碍了复旦大学创建世界一流大学的步伐,更为重要的是削弱了学校服务国家、服务经济社会发展的能力。

高分子科学系长期在校园内的跃进楼、袁成英楼和校园外的丙烯楼三处开展教学和科研工作,办学空间紧缺、空间分散的问题尤为严重。虽然高分子科学系的成立真正确立了复旦大学在中国乃至世界高分子研究领域的地位,然而,除高分子学人外,少有人注意到、意识到复旦高分子学科的发展是在简陋的办公和科研条件下起步、奋起从而实现腾飞的。

复旦高分子人最为熟悉的莫过于跃进楼了。这栋五层小楼隐匿于老逸夫楼的背后,在袁成英楼和遗传学楼之间,为高挑葱翠的水杉树掩映。楼前左侧的草坪内,绿树环抱之中,舒展着两棵广玉兰。从名字即可得知,这幢有着浓厚时代印痕的小楼建造于那个火热的年代,也正是中国高分子学科蓬勃兴起之际。跃进楼最初的命名是理化六楼,1960年2月,与相邻的理化四楼(今袁成英计算机楼)同时开工,同样的外观,是姊妹楼。落成以后的跃进楼,红砖绿窗,窗户是木质的,大部分实验室地面是水磨石的,隔墙由芦苇和泥土构成,电线是铝芯的,下水道是陶瓷的,通风橱等基础设施也比较落后。在"大跃进"的时代背景下,一切教学条件和实验设施都捉襟见肘。路过此处,细心者还可以发现,跃进楼与袁成英楼彼此靠近的两侧,各延伸出一个四层的辅楼。据江明解释,建两座姊妹楼的最初规

图3-31 直到2017年,几代复旦高分子人的科研大本营——复旦大学邯郸校区跃进楼

划,包括在两楼之间搭一个连廊。后来,因为资金等问题,连廊只建了一个框架,两楼始终没有连起来。直至20世纪70年代,为了缓解用房紧张,连廊改成了水泥外墙的辅楼。从跃进楼内部看来,这段辅楼除了走进去窄小一些,已看不出连廊的痕迹。在以往的岁月里,这段延伸出的辅楼也起到了不小的作用。至于拟建主楼的规划,成了复旦高分子人难以实现的奢望和梦想。

江明一直记得,跃进楼最怕的是"闹水灾"。因为楼上的下水系统不完善,没有地漏,常常是头天还好好的,第二天来看,实验室被淹了。而且,因设施简陋,实验事故也不鲜见。有一次实验导管破裂,江明被烧伤了左手手背。有些实验用品腐蚀性很强,戴着橡胶手套操作的话,遇火即燃,十分危险。因此,邵正中干脆就不戴手套,长此以往,练就了一双不怕酸碱腐蚀、不怕烫、满是老茧的"铁砂掌"。每次重点学科评估,跃进楼的门厅都被批评过于陈旧。有一次,江明接待外宾,因为厕所简陋造成了不便与尴尬。复旦高分子获评校内"211""985"重点建设学科后,学校投入380万大修跃进楼。敲掉二楼东面的辅楼旧墙体,新搭轻钢龙骨墙,改造成集中的仪器平台,评上校内"211"重点建设学科后买的第一批仪器就放在这里。

即使如此简陋,跃进楼也并不属于高分子一家。高分子教研室在跃进楼中所占的比例很小。一层东面是遗传所的几间实验室;最西面归物理系所有,放着谢希德院士的顺磁共振仪;只有一楼中间属于高分子教研室。二楼从东面到中间是催化剂研究和小试实验室,西面是高分子化学教学实验室以及老师的联合办公室。三层好一些,都是高分子教研室的地方。四层全是化学系的电化学教研室,吴浩青院士在此教学与办公。五层全是遗传所的地方,谈家桢院士就在这里。曾经担任过高分子系副主任、分党委书记的张炜戏称:"当时的跃进楼更像是一个联合国。"就这么简陋的一栋五层红砖小楼,走出了那么多的院士、教授。后来,石油厂丙烯组从跃进楼二楼撤出。随之,分析化学教研室搬了进来。遗传楼建好后,遗传所从跃进楼五楼搬出,而后被材料研究所占用。直到 2010—2012 年,跃进楼才逐渐完全归高分子科学系所独有。后来,袁成英楼的一至三楼也是高分子科学系的科学研究场所。

跃进楼的设计寿命只有 50 年,尽管经历过几次大修,仍保持着低调品格。甚至没有明显的楼名标识,只在入口右侧立着一块牌子,蓝底白字,用宋体印着"跃进楼"。高分子系的师生戏称,有这三个字只是为了方便快递员能够找到这座楼。从建成起,跃进楼一直是高分子专业的大本营,见证了复旦高分子学科的发展。一代又一代复旦高分子人在跃进楼埋头学习、努力工作、勇攀科学高峰,比肩国际一流。这座楼里,成就了江明、杨玉良两位中国科学院院士,涌现了 4 位长江学者奖励计划特聘教授、9 位国家杰出青年科学基金获得者,诞生了聚合物分子工程国家重点实验室,成为我国高分子科学的重要研究基地和人才培养基地之一。

复旦大学高分子系丙烯楼,位于校园之外国权路,是一栋与复旦大学出版社相邻的二层小楼。至于丙烯楼的历史,还得从石油化工厂说起。1971 年,复旦大学化学系和上海高桥化工厂、上棉三十一厂等六家单位相继开始了无溶剂液相丙烯本体聚合新工艺的研究。在工宣队领导下,化学系教职工在国权路-邯郸路口生物系植物园上建造了包括炼油、裂解、分离"小而全"的石油化工厂。宣称"不花国家一分钱",通过"修旧利废"建造,并以此改造"旧的教育制度"。经过两年多的折腾,证明没有科学的"胡来"完全行不通。工宣队撤离后,石油化工厂暂时下马,将炼油、裂解、分离三个车间调整为催化、聚丙烯、化学试剂三个研发方向,并于1976年建成了催化、丙烯、试剂三幢小楼。当时,一切为了生产,丙烯楼完全按照工厂生产车间设计建造。建成后不久,随着形势变化,调整了小楼的功能,又花了很大的气力安装实验台,改造水、电、煤气等设施,才形成了后来高分子科学系的分部格局。

图3-32 位于国权路的丙烯楼

尽管位于路边,但丙烯楼毫不起眼,与周围洋气的建筑相比,显得有些灰头土脸。透过楼门口木牌上的灰尘,可以看到"高分子科学系(分部)丙烯楼"的字样。随着周围地势不断增高,这里成了洼地。每逢大雨,四周的积水往丙烯楼里灌,加上下水道堵塞不畅,走廊和实验室常常浸满了水。从20世纪80年代起,随着与国外学术交流的增加,复旦高分子学科的科研转向基础研究。但鉴于研发的惯性,丙烯楼里相当长的一段时间内仍沿袭了主要以聚丙烯为主要对象的研究,并坚持基础研究与应用研究并举。因此,位置偏僻、环境条件差的丙烯楼里并不寂寞孤独。这里曾是高分子加工测试的基地并安放着几件大型仪器,于同隐开创的生物大分子研究也从这里起步,众多高分子学人在这里默默无闻地艰苦奋斗,一大批科研项目在这里完成,一代又一代本科生、硕士生、博士生从这里毕业。正如李文俊所说:"丙烯楼是复旦辉煌和美丽的校园所遗忘的角落。这里却也是一个教学、科研的丰产地。"①

复旦大学高分子学科要建设成为国内一流并位于前列和具有国际水平的高分子研究和教学中心,而实验大楼基础设施的陈旧落后是严重影响和阻碍其发展的关键问题之一。为此,高分子科学系积极向学校反映和呼吁,争取学校的关心和重视。1999年,高分子科学系完成了对跃进楼的改造工程,更新了大楼的网络、电梯、排风、供水等基础设施,并为大楼配置了

---

① 李文俊. 晓故事:毕业季——回眸丙烯楼[EB/OL]. https://www.sohu.com/a/131378058_608553.

应急备用供电系统。此外,还先后增加了光华楼东主楼五楼300多平方米的办公用房,以及原计算机楼三层约2000平方米的实验用房,使得高分子科学系教学和科研的基本条件有了一定的改善。但学科的发展亟待按照近代高分子化学、物理和加工实验室的规范,建造基础设施齐全先进的实验和教学场所。基础设施的建设不仅包括实验室的供配电系统、给排水系统、煤气系统、实验通风系统、烟雾报警和自动喷淋消防系统,还需要建立现代化通信网络等。

图3-33 2008年以后高分子科学系也曾在光华楼东主楼五楼办公

2003年12月30日,复旦大学江湾校区一期工程破土动工。江湾校区位于杨浦区新江湾城西北部,东临淞沪路、西临国权北路、南临殷行路、北临国帆路,距邯郸校区约3.5公里,占地面积约1600亩。作为复旦大学"一体两翼"[①]校区总体布局"一体"中的重要组成部分,江湾校区规划以理科和部分工科院系及科研机构为主,全日制在校生1万人。江湾校区的建设,贯彻了国家"科教兴国"和"人才强国"战略,以及上海市委、市政府实施"科教兴市"战略,是高等教育更好地适应社会主义市场经济发展要求的新探索,也是城市现代化建设的又一亮点。它是开发建设杨浦知识创新园区的重要组成部分,也是复旦大学进入历史发展新阶段的一个重要标志。江湾校区的建设,极大地拓展了学校的发展空间,有利于教育资源的优化配

图3-34 2014年9月动工建设复旦大学江湾校区化学楼效果图
左侧6层楼房为高分子科学系,右侧8层楼房为化学系。

---

① 所谓"一体两翼",即以邯郸校区、新江湾新校区为"一体",以枫林校区、张江校区为"两翼"的总体格局。

置，较大程度地改善了教学和科研条件，为全面提高教育质量、增强办学实力，把复旦大学建设成为一所立足上海、国内一流、国际上有较大影响力的高水平研究型综合性大学，切实提供硬件保证，为复旦大学更好地为全国经济建设服务、培养更多优秀人才奠定了良好基础。高分子科学系多位老师参与了江湾校区化学大楼的功能设计、经费申请、有关工程招标等多项工作。

高分子科学系于2017年底整体搬迁至江湾校区化学楼B座，有地下一层和地上6层，建筑面积约8 800平方米，实际使用面积7 500多平方米，共有科研实验室和仪器测试室139间。办学空间从分散到集中，高分子科学系的办学条件得到明显改善，并为未来的进一步发展预留了空间。尽管搬入了设施先进的新址，办公和科研条件得到了极大的改善，但高分子人并没有忘记跃进楼、袁成英楼和丙烯楼。就在搬迁的前夕，为了纪念高分子科学系师生在跃进楼、袁成英楼和丙烯楼度过的峥嵘岁月，使同学们在回顾高分子科学系历史的同时加深对于复旦精神的理解，不忘初心，砥砺前行，高分子科学系研究生团学联举办了"不忘初心·跃进未来"主题活动。通过线上征集照片、线下设置寄语墙的方式，从不同的渠道获得老师、同学及其他职工对跃进楼、袁成英楼和丙烯楼的印象。如果说，跃进楼、袁成英楼和丙烯楼是复旦高分子人难以忘怀的精神家园，承载着高分子学科太多的辉煌与故事，那么，在江湾新校区，复旦高分子科学系必将继承老一辈高分子人的艰苦奋斗、敢于创新的优良传统，笃行致远，聚合腾飞，在高分子研究领域继续谱写壮丽的新篇章。

2023年,复旦大学高分子科学系有教授和研究员31人:陈道勇、陈国颂、陈茂、陈新、丁建东、冯嘉春、郭佳、何军坡、胡建华、李剑锋、李卫华、卢红斌、聂志鸿、倪秀元、彭慧胜、彭娟、邵正中、孙雪梅、唐萍、汪长春、魏大程、杨东、杨武利、杨玉良、闫强、俞麟、余英丰、张波、张红东、周平、朱亮亮。

图3-35 高分子科学系新的栖息地——复旦大学江湾校区化学高分子楼

副教授和青年研究员18人:陈培宁、冯雪岩、高悦、黄霞芸、刘旭军、刘一新、潘翔城、千海、桑玉涛、汤蓓蓓、汤慧、王国伟、王海涛、汪伟志、汪莹、徐一飞、姚晋荣、曾裕文。

实验技术人员13人:安洁、丛培红、高瑞华、胡晓月、蒋丽平、刘晓霞、潘晓霞、秦一秀、屈泽华、孙畅、杨占峰、郑健、周广荣。

管理服务人员14人:陈佳欢、董绍天、段郁、黄晔、刘海霞、刘顺厚、刘文文、施晓晖、王芳、王莉、王巍然、杨思源、张飞、张富瑛。

博士后52人：Abu Bakkar Siddique、边娟娟、曹卫、Julia Jinling Chang、陈亮、戴立威、董庆树、董小朵、杜海琴、郭晶振、郭雯、何惠斌、胡靓语、黄小雄、黄竹君、纪岱宗、孔德荣、李传发、李浩、李维亚、李项南、李旭萍、林沁睿、刘银丽、路晨昊、邱丽、邵一真、沈斐、施翔、宋嘉颖、宋青亮、孙浩、孙江、唐亚楠、王立媛、王学军、王亚子、徐超然、许占文、杨帆、杨海燕、杨俊英、杨艳琼、叶丹锋、曾凯雯、张佳佳、张曼、张梦思、张艳、郑园园、周婷、朱正峰。

项目制人员2人：刘瑞丽、吴景霞。

科研助理31人：柴克松、陈凡、陈露露、陈睿娴、崔施文、冯依、宫晓丽、祖永、顾斌、何健、黄佳乐、李凯、刘浩、石远琳、宋磊磊、宋睿佳、孙旺、孙霄、孙赢、田梦涛、田仕嘉、王健、邢天宇、徐群、徐襄云、许啸天、薛策策、张旺、赵俊虹、赵晓雅、周洋。

2023年，系党委书记刘顺厚、副书记王芳，系主任彭慧胜，副主任丛培红、杨武利、冯嘉春。学术委员会主任邵正中，副主任汪长春，委员陈道勇、丁建东、冯嘉春、何军坡、李卫华、彭慧胜、邵正中、汪长春、杨武利。教学指导委员会主任丁建东，副主任冯嘉春、杨武利，委员丁建东、冯嘉春、何军坡、李卫华、聂志鸿、彭慧胜、邵正中、汪长春、王芳、王国伟、杨武利。教师高级职称评审委员会主任彭慧胜，副主任江明、刘顺厚，委员陈道勇、丁建东、何军坡、江明、李同生、彭慧胜、邵正中、汪长春、杨武利、刘顺厚。

第四章

人物风采

1905-2025

1958年,复旦大学高分子学科创立,于同隐先生带领第一批高分子学人筚路蓝缕,为复旦大学高分子学科的发展奠定了基业,培育出一批高分子人才,江明和杨玉良两位院士为其中的杰出代表。1993年高分子科学系成立以来,一批又一批高分子学人投身高分子事业,不仅培养了一批又一批学子,取得了突破性的科研成就,更投身于国家建设的宏业中,为中国的科技事业和经济社会发展做出了重要的贡献。

一、学科奠基人于同隐

1917年9月生于江苏无锡。1938年6月毕业于国立浙江大学化学系,任职重庆兵工署材料试验处。1941年6月,转昆明资源委员会化工材料厂,从事化工制造与设计。1943年8月,回母校浙江大学化学系,任系主任王葆仁的助教,后升讲师,从事有机化学研究。1948年在《中国化学会会志》发表第一篇论文。1947年5月留美,入密歇根大学攻读有机化学专业研究生,1951年1月获博士学位,留校任研究助理。6月回国,任浙江大学有机化学教授。

1952年院系调整到复旦大学化学系任教。1956年5月担任有机化学教研室主任,带领同事编写《有机化学》《有机结构理论》等讲义,组织翻译《有机化学教材习题》等,并开展硅有机合成研究,发表论文多篇。1958,复旦大学与中国科学院联合创办高分子化学研究所,化学系筹建高分子化学教研室,出任研究所副所长和教研室主任。其间带领同事与学生在高分子科学领域"边干边学",除高分子化学外,还开拓高分子物理和高分子工艺等方向和领域,特别注重高分子物理研究。初步搭建复旦高分子科学基本教学体系和框架的同时,带领团队从事科学研究并发表学术论文。

1976年重任高分子教研室主任,构建了较为完善的复旦高分子学科教学与科研体系。先后担任高分子化学与物理博士点、博士后流动站负责人,复旦大学材料科学研究所所长等。1993年高分子科学系成立,同时建立了高分子科学研究所,于先生担任研究所名誉所长。曾任中国化学会理事、中国化学会高分子专业委员会成员,*Progress of Polymer Science*、《高等学校化学学报》《高分子材料科学与工程》《化学学报》《高分子学报》等杂志编委和《化学世界》主编等职。

1980年代的于同隐

长达半个多世纪的学术生涯中,共发表论文200余篇。研究领域涉及有机合成、不等活性线性缩聚反应动力学、高分子光化学、高分子黏弹性理论、聚丙烯硬弹性、高分子合金体系的相容性、高分子结晶行为和形态、膜科学技术和生物大分子蚕丝丝素蛋白及蜘蛛丝等诸多领域,都取得重要成果。

自1953年开始招收研究生以来,到"文革"前共招收11人。"文革"后,作为第一批硕士和博士生导师,先后共培养了17位硕士、31位博士和3名博士后。他们毕业后大多留校成为有机化学或高分子科学的生力军或某个领域的学科带头人。在人才培养方面有独到之处,被誉为"于同隐模式",实质即"学术自由"与"百花齐放"。其严谨细致的科研精神、扶掖后人的诚恳态度和民主求实的学术作风影响了一代又一代的学生,并成为复旦大学高分子科学系的优良传统。

2017年2月6日,逝世于上海,享年100周岁。2023年5月25日,其铜像竖立于复旦大学江湾校区高分子科学系科研大楼前。

二、中国科学院院士江明、杨玉良、彭慧胜

1. 江明

1938年8月生于江苏扬州。1955年考入复旦大学化学系,1958年提前毕业,随于同隐先生创建高分子专业,1964年在《高分子通讯》发表了第一篇论文。"文革"中身处逆境,仍坚持自学专业知识和英语。1979年4月,作为改革开放后首批公派访问学者到英国利物浦大学学习,从事多组分聚合物方面的研究。1981年4月,回复旦大学组织团队从事"多组分聚合物的物理化学"研究。翌年在 *Polymer* 上发表论文,这是中国大陆学者在此刊上发表的第一篇论文。研究过程中,提出"相容性的共聚物构筑效应",因之获得"中国化学会王葆仁奖"。1990年代起,以聚合物相容性研究为基础,提出"不相容-相容-络合转变""大分子自组装的非嵌段共聚物路线"以及"非共价键合胶束(NCCM)"等概念和研究思路,引领了相关领域的研究。基于这一系列成果,应邀于2010年在国际纯粹与应用化学会

(IUPAC)世界高分子大会上作大会报告。此后,研究重点发展到大分子自组装、糖化学及糖生物学相结合等新方向,实现了科研的又一次成功跨越。2023年起,创办《旦苑晨钟》微信公众号,宣扬科学文化思想。

发表论文300余篇,先后培养博士生、硕士生64名。著有《高分子合金的物理化学》,合著《大分子自组装》,主编《高分子科学的近代论题》等;曾获国家教委科技进步奖二等奖(1989年)、一等奖(1996年)、国家自然科学二等奖(2003年、2011年)等奖项。曾任复旦大学高分子研究所首任所长、复旦大学聚合物分子工程国家重点实验室学术委员会主任等。2005年当选中国科学院院士,2009年当选为英国皇家化学会会士。

2018年《高分子学报》为庆祝他八十华诞,曾出版"庆祝江明院士80华诞专辑"。

2. 杨玉良

1952年11月生于浙江海盐。1974年9月作为工农兵学员入读复旦大学化学系。1977年毕业后留校任教,并师从于同隐先生攻读研究生。1982年9月,以《银纹和剪切带的激光散射理论及其应用》获得硕士学位。1984年12月,以《高分子链的动态和静态行为的图形理论》获得博士学位,成为中国自行培养的第一代高分子科学博士。1986—1988年入联邦德国马普高分子研究所,随Hans Wolfgang Spiess教授作博士后,从事相关固体核磁共振方面研究,取得了一系列重要成就。

发表学术论文200余篇,著有《高分子科学中的Monte

Carlo方法》等多部著作,建立了研究高分子固体结构、取向和分子间运动相关性的三项新的磁共振实验研究方法;运用自洽场理论及时间分辨的Ginzberg-Landau方程研究了高分子共混体系,复杂链拓扑结构的嵌段高分子,液晶及囊泡等软物质的斑图生成、选择及其临界动力学领域的诸多悬而未决的问题;发展了高分子薄膜拉伸流动的稳定性理论,并借此指导和解决了双轴拉伸聚丙烯(BOPP)薄膜生产中长期困扰产量和质量的破膜问题,创造了巨大的经济效益;创立了模拟聚合反应产物的分子量分布及其动力学的Monte Carlo方法,对我国高分子物理理论研究的开拓和布局作出了重要贡献。研究成果先后获教育部科技进步一等奖、中石化科技进步一等奖和国家科技进步奖二等奖等,曾获"何梁何利科学与技术进步奖""求是杰出科学家奖"等,2003年当选中国科学院院士。

长期在教育、科研一线辛勤耕耘,先后培养出博士后、博士生和硕士生50余名,有三位获"全国百篇优秀博士论文"奖,多人已经成为我国高分子科学界的骨干。历任复旦大学材料科学研究所副所长、高分子科学系创系主任、聚合物分子工程教育部重点实验室主任和学术委员会主任、上海市高分子材料研究开发中心主任等,1999年任复旦大学副校长,2006年任国务院学位委员会办公室主任兼教育部学位管理与研究生教育司司长,2009—2014年任复旦大学校长。

2014年11月,整合复旦大学相关单位成立了中华古籍保护研究院并出任院长。利用高分子科学的先进技术与材料保护和整理古籍,创建了具有中国特色的古籍保护学科体系。

3. 彭慧胜

1976年7月出生于湖南邵阳。1995年考入中国纺织大学（现东华大学）高分子材料系，2000年入复旦大学高分子科学系读研究生，2003年赴美国杜兰大学化学工程与生物分子工程系攻读博士学位。2006年毕业后，在洛斯阿拉莫斯国家实验室从事研究工作。2008年10月，回复旦大学担任先进材料实验室和高分子科学系教授，2012年任高分子科学系副系主任，2019—2024年任高分子科学系主任。2024年创建纤维电子材料与器件研究院，担任院长。

选择少有人涉足的纤维电子器件领域，先后主持国家重点研发计划两项和国家自然科学基金委创新研究群体项目，取得了一系列成果：(1)合成出新型金属主链高分子；(2)构建出具有多尺度螺旋取向结构的高分子复合纤维，揭示了功能高分子与取向碳纳米管相互作用的新机制，制备出一系列高性能复合纤维材料；(3)揭示了电荷在高曲率纤维表界面分离与传输的机制，建立了纤维器件的设计思路，赋予纤维器件发电、储能、显示等重要功能。发表论文380余篇，出版教材和专著4部，获授权国内外发明专利100项（其中47项实现了转让、转化）；曾获国家自然科学二等奖（2019年）、2022年德国跨界创新基金会科学突破奖，成果入选2021年中国科学十大进展、2022年国际纯粹与应用化学联合会化学领域十大新兴技术（2项）等。

先后担任教育部科学技术委员会学部委员、科技部高端功能与智能材料专项指南编制专家组成员，*National Science Review* 的栏目编辑、*Science Bulletin* 副主编、*Progress in*

Polymer Science 和 Advanced Functional Materials 等期刊(顾问)编委,荣获2022年国家级教学成果奖一等奖和2023年宝钢教育基金会优秀教师特等奖等,曾获教育部长江学者特聘教授(2014)、国家万人计划领军人才(2017)、国家百千万人才工程(2017)和国家有突出贡献中青年专家(2017)等荣誉;2023年当选中国科学院院士。

三、现任教授

胡建华(1960—),江苏建湖人。1983年毕业于复旦大学化学系并留校工作至今,2005年在解放军理工大学防护工程专业获博士学位,2010年起任复旦大学高分子科学系教授。

周平(1961—),江西吉安人。1983、1986年在复旦大学物理二系分别获得理学学士和硕士学位,留校任教。1997年在香港中文大学化学系获博士学位,并做短期博士后研究。1997年底任教复旦大学高分子科学系,2005年晋升教授。

邵正中(1964—),浙江慈溪人。1981—1991年在复旦大学(化学专业及高分子化学物理专业)求学,获理学博士学位,毕业留校任教至今,1999年晋升教授,曾任高分子科学系副系主任(1999—2005)。1996—1998年在丹麦Aarhus大学生物研究所/动物系工作,曾获国家自然科学基金委国家杰出青年科学基金(2005)等资助,2006年入选教育部长江学者特聘教授,2006年入选国务院政府特殊津贴专家。

倪秀元(1964—),安徽枞阳人。1985年本科毕业于阜阳师范学院,1993年于华东理工大学化学工程研究所获工学博士学位,随后在四川大学高分子研究所做博士后研究,1996年进入复旦大学高分子科学系任教,2005年晋升教授。

汪长春(1965—),辽宁沈阳人。1983年进入复旦大学化学系学习,先后获得学士、硕士和博士学位,1990年留校任教,2002年晋升教授,曾任高分子科学系副系主任(2005—2008年)、系主任(2012—2019)。1996—1998年在美国东密歇根大学(Eastern Michigan University)访问研究,曾获国家自然科学基金委杰出青年基金(2005)等项目资助,2011年入选国务院政府特殊津贴专家。

丁建东(1965—),江苏盐城人。1988年、1991年和1995年于复旦大学生命科学学院、材料科学系和高分子科学系分别获得学士、硕士和博士学位。硕士毕业后留校任教至今,其间曾赴英国剑桥大学作博士后、德国海德堡大学任高级访问学者。曾任复旦大学高分子科学系副系主任(1997—1999)、聚合物分子工程教育部重点实验室主任(2004—2011),现任聚合物分子工程国家重点实验室主任(2011—)。曾获国家自然科学基金委杰出青年科学基金(1998)等项目资助,2010年入选教育部长江学者特聘教授,2015年当选国际生物材料联合会会士。

张红东(1967—),上海人。1989年、1992年和1999年在复旦大学分别获得学士、硕士和博士学位,留校任教高分子科学系,2006年晋升教授。

何军坡(1967—),河南内黄人。1990年、1993年和1999年于河南大学化学系、复旦大学材料科学系和复旦大学高分子科学系分别获得学士、硕士和博士学位，2001 年到德国 BASF 公司聚合物研究中心做博士后研究，2003 年回复旦大学高分子科学系任教，2007 年晋升教授。2005 年德国 Konstanz 大学作 DAAD 访问学者，2012 年东京工业大学 JSPS 做访问学者。曾任复旦大学高分子科学系副系主任（2012—2019）。

冯嘉春（1967—   ），甘肃秦安人。1991 年、1998 年和 2002 年在北京化工学院高分子系、兰州大学化学系和中国科学院化学研究所分别获得学士、硕士和博士学位，2002—2004 年在复旦大学从事博士后研究（期间在新加坡国立大学化工系访问研究），2006 年任教复旦大学高分子科学系，2011 年晋升教授。现任复旦大学高分子科学系副系主任（2019—   ）。

卢红斌（1967—   ），湖北襄阳人。1990 年毕业于北京理工大学精细化工专业，1996 年获北京理工大学化学化工学院硕士学位，1999 年获中国科学院长春应用化学研究所博士学位，后随杨玉良教授从事博士后研究。2001—2004 年在美国南加利福尼亚大学（University of Southern California）从事研究工作。2004 年回国任教复旦大学高分子科学系，2012 年晋升教授。

陈新（1968—   ），浙江宁波人。1990 年、1993 年和 1996 年分别在复旦大学材料科学系、高分子科学系获得学士、硕士和博士学位，留校任教至今。其间 1999 年在美国 Brookhaven 国家实验室国家同步辐射光源部门任访问科学家，2000—2001 年在英国牛津大学动物系任研究员。2008 年晋升教授。

唐萍（1968—   ），四川宣汉人。1990 年、1993 年在成都科技大学分别获得学士和硕士学位，留校任教，1999 年在四川大学高分子科学与工程学院获博士学位。2001年作为高级访问学者赴英国帝国理工大学合作一年,后在复旦大学做博士后研究,2005年任教复旦大学高分子科学系,2012年晋升教授。

丛培红(1969—),内蒙古敖汉旗人。1991年获兰州大学化学系学士学位,1996、2000年在中国科学院兰州化学物理研究所分获理学硕士和博士学位。2002年在日本国立岩手大学获工学博士学位,2002—2004年任日本国立岩手大学JSPS研究员,2004—2005年在日本国立岩手大学工学部从事博士后研究。2005年任复旦大学高分子科学系副研究员,2009年任正高级实验师。现任复旦大学高分子科学系副系主任(2012—2015,2017—)、聚合物分子工程国家重点实验室副主任(2012—)。

杨武利(1972—),陕西户县人。1995年、1998年和2001年在复旦大学分别获得学士、硕士和博士学位。2001年留复旦大学高分子科学系任教,2010年晋升教授。曾任复旦大学高分子科学系副系主任(2009—2012),现任复旦大学高分子科学系副系主任(2019—)、聚合物分子工程国家重点实验室副主任(2023—)。

余英丰(1972—),山西省万荣人。1994年、1997年在西安交通大学化工系、复旦大学高分子科学系分别获得学士、硕士学位,2004年在复旦大学高分子科学系获博士学位后,留复旦大学高分子科学系任教,2013年晋升教授。

俞麟(1977—),浙江绍兴人。2000年、2003年和2007年在山东大学化学学院、南开大学元素有机化学国家重点实验室和复旦大学高分子科学系分别获得学士、硕士和博士学位，留校在高分子科学系任教，2016年晋升教授。

李卫华（1978— ），江西鄱阳人。1999年、2004年在上海交通大学物理系分别获得学士和博士学位，先后在加拿大圣弗朗西斯大学（2004—2006）、麦克马斯特大学工作（2006—2007）。2007年回国任教复旦大学高分子科学系，2014年晋升教授。曾获国家自然基金委优秀青年科学基金（2013）和国家杰出青年科学基金（2019）等项目资助。现任复旦大学高分子科学系系主任（2024— ）。

周广荣（1978— ），辽宁喀左人。2000年、2004年在东北林业大学分别获得学士和硕士学位，2004年起在复旦大学高分子科学系从事实验技术工作，2016年任正高级实验师。

屈泽华（1978— ），吉林九台人。2001年、2004年和2007年分别在长春工业大学、南京工业大学、同济大学获得学士、硕士和博士学位，2009—2012年在复旦大学作博士后。2012年在复旦大学高分子科学系从事实验技术工作至今，2022年晋升正高级实验师。

陈国颂（1979— ），天津人。2001年、2006年在南开大学化学系分获学士和博士学位，后于美国爱荷华州立大学做博士后研究。2008年回国后任教复旦大学高分子科学系，2014年晋升教授。曾获国家自然科学基金委优秀青年科学基金（2013）、国家杰出青年科学基金（2021）等项目资助，2016年入选英国皇家化学会会士。2023年任聚合物分子工程国家重点实验室副主任。

聂志鸿(1979—)，江西丰城人。2000、2003、2008 年在吉林大学化学系、中国科学院长春应用化学研究所和加拿大多伦多大学分别获得学士、硕士和博士学位。2008—2010 年在哈佛大学从事博士后研究。2011 年受聘为马里兰大学帕克分校助理教授，2017 年获得该校终身教职。2018 年底回国任复旦大学高分子科学系教授。曾获国家自然科学基金委杰出青年科学基金(2021)等项目资助，2021 年入选英国皇家化学会会士。

彭娟(1979—)，四川成都人。2000、2005 年于吉林大学化学系和中国科学院长春应用化学研究所分别获得学士和博士学位，2005—2007 年在德国马普高分子研究所从事博士后研究。2008 年回国任教复旦大学高分子科学系，2018 年晋升教授。曾获国家自然科学基金委优秀青年科学基金（2019）等资助。

郭佳(1979—)，江苏无锡人。2002 年、2007 年于上海大学高分子材料与工程专业和复旦大学高分子化学与物理专业分别获得学士和博士学位，2007—2009 年在日本国立自然科学机构分子科学研究所任 JSPS 研究员。2009 年底回国受聘于复旦大学高分子科学系，2019 年晋升教授。

李剑锋(1980—)，广东五华人。2003 年、2010 年在复旦大学高分子科学系先后获得学士、博士学位，2007—2009 年公派访问加拿大麦克马斯特大学物理天文系，2010—2012 年在复旦大学从事博士后工作，然后在复旦大学高分子科学系任教，2019 年晋升教授。现任聚合物分子工程国家重点实验室副主任(2023—)。

魏大程(1981—),重庆人。2003年、2009年于浙江大学高分子系、中国科学院化学研究所分别获得学士和博士学位,后在新加坡国立大学和美国斯坦福大学工作,2014年到复旦大学高分子科学系任研究员。2024年获国家自然科学基金委国家杰出青年科学基金资助。

朱亮亮(1982—),浙江舟山人。2005年、2011年在浙江大学化学系和华东理工大学应用化学专业分别获得学士和博士学位,后在新加坡南洋理工大学和美国哥伦比亚大学从事博士后研究。2015年任教复旦大学高分子科学系,2020年晋升研究员。

陈茂(1983—),重庆人。2006年、2011年在武汉大学化学与分子科学学院分别获得学士和博士学位,2012—2016年在美国麻省理工学院从事博士后研究工作。2016年底任教复旦大学高分子科学系,2021年晋升教授。曾获国家自然科学基金委海外高层次人才引进(青年)(2017)、国家杰出青年科学基金(2024)等资助。

张波(1983—),山东平邑人。2006年、2011年在西北工业大学应用物理系、华东理工大学化工学院分别获得理学学士和工学博士学位,后在加拿大多伦多大学从事博士后研究。2017年任教复旦大学高分子科学系,2021年晋升教授。2022年入选教育部长江学者特聘教授(青年)。

闫强(1985—),北京人。2008年、2012年在清华大学化学系分别获得理学学士和博士学位,2012—2015年赴加拿大舍布鲁克大学从事博士后研究,2015年加入复旦大学高分子科学系任研究员,2015年入选海外高层次人才引进(青年)计划。

孙雪梅(1986—),内蒙古宁城人。2008年、2013年在华东理工大学材料科学与工程学院和复旦大学高分子科学系分别获得学士和博士学位,并在复旦大学从事博士后研究,2015年任教复旦大学高分子科学系,2022年晋升教授。曾获国家自然科学基金委优秀青年科学基金(2021)等资助。

陈培宁(1987—),河南濮阳人。2010年获四川大学轻纺学院学士学位,2012年获中山大学化学与化工学院硕士学位,2016年获复旦大学先进材料实验室博士学位,然后在加拿大多伦多大学从事博士后研究。2022年到复旦大学高分子科学系工作,2023年晋升研究员。曾获国家自然科学基金委优秀青年科学基金资助(2022)。

四、退休及调离教授

徐凌云(1926—2022),浙江鄞县人。1951年浙江大学化学系毕业,留校任教。院系调整到复旦,1988年在材料科学系晋升教授,1993年任高分子科学系教授。1992年退休。

孙猛(1934—),江苏盐城人。1960年复旦大学化学系毕业,留校任教。1995年任高分子科学系教授。1995年退休。

李文俊(1937—),山东鄄城人。1961年毕业于复旦大学化学系,留校任教。1995年起任高分子科学系教授,曾任高分子科学系副系主任(1993—1997)。1997年退休。

胡家璁(1937—2024),上海人。1958年毕业于复旦大学化学系,在职研究生班毕业。曾赴德国菲利普大学访问讲学。

1996年起任复旦大学高分子科学系教授。1997年退休。

府寿宽(1940—)，江苏吴县人。1965年复旦大学化学系高分子化学与物理专业研究生毕业。1993年起任复旦大学高分子科学系教授。1993—1994年在美国 Coating Research Center EMU 作访问科学家。曾任高分子科学系副系主任(1993—1993)、系主任(1995—1999)。2006年退休。

谢静薇(1940—2017)，浙江慈溪人。1963年毕业于复旦大学化学系，1998年起任复旦大学高分子科学系教授。2000年退休。

许元泽(1941—)，浙江海宁人。1964年在中国科学技术大学高分子系本科毕业，1968年在中国科学院化学研究所研究生毕业，1981年在德国亚琛技术大学力学工程系获博士学位。2001年起任复旦大学高分子科学系教授。2007年退休。

平郑骅(1942—)，浙江绍兴人。1964年毕业于中国科学技术大学高分子系，1994年获法国洛林国立综合技术大学博士学位。1998年起在复旦大学高分子科学系任教授，曾任高分子科学系副系主任(1995—1999)。2007年退休。

李善君(1942—2024)，浙江余姚人。1965年毕业于复旦大学化学系，留校任教。1996年起任复旦大学高分子科学系教授。曾为美国麻省大学高分子科学工程系与纽约布鲁克林大学化学系访问学者、阿克隆大学高分子科学系访问教授。2007年退休。

杜强国(1944—)，广东澄海人。1965年毕业于华东化工学院(今华东理工大学)，1981年在复旦大学化学系获理学硕士学位,留校任教。1997年起任复旦大学高分子科学系教授。曾为美国德州奥斯汀大学访问学者。2009年退休。

黄骏廉(1946—),上海人。1969年毕业于中国科技大学近代化学系,1981年获上海交通大学应用化学系硕士学位,1984年获复旦大学化学系理学博士学位。1995年起任复旦大学高分子科学系教授。曾为挪威OSLO大学博士后和斯堪的纳维亚生物材料研究所访问教授。曾任高分子科学系副系主任(1993—1995)。2011年退休。

张炜(1950—),上海人。1970—1977在复旦大学化学系高分子化学专业学习,1995年起在复旦大学高分子科学系工作,2008年任正高级实验师。曾任高分子科学系副系主任(1999—2012)、党委书记(2007—2012)和聚合物分子工程教育部重点实验室副主任(1999—2011)、聚合物分子工程国家重点实验室副主任(2011—2015)。2015年退休。

李同生(1953—),河北新城人。1977年毕业于中国科学技术大学近代化学系高分子物理专业,1996年在中国科学院兰州化学物理研究所晋升研究员,2000年任复旦大学高分子科学系研究员,以日本学术振兴会高级访问学者等身份四次赴日本东北大学等高校进行合作研究累计三年多,1993年享受国务院政府特殊津贴。2020年退休。

武培怡(1968—),上海人。1985年、1988年分别在南京大学化学系获理学学士、硕士学位,1998年获德国埃森大学(ESSEN)自然科学博士学位,2000年到复旦大学高分子科学系工作,2003年晋升教授。曾任复旦大学高分子科学系副系主任

(2003—2005)、系主任(2005—2012),2004年获国家自然科学基金委国家杰出青年科学基金资助,2016年入选英国皇家化学会会士。2017年调离。

邱枫(1970—2019),江苏溧水人。1992年获复旦大学化学系学士学位,1995年获中国科学院冶金研究所硕士学位,1998年获复旦大学高分子科学系博士学位。1998—2001年在美国匹兹堡大学(University of Pittsburgh)化工系从事博士后研究。2002年起任教复旦大学高分子科学系,2003年晋升教授。曾任高分子科学系副系主任(2005—2009)、聚合物分子工程教育部重点实验室副主任(2004—2011)、聚合物分子工程国家重点实验室副主任(2011—2019)。2006年获国家自然科学基金委国家杰出青年科学基金资助,2012年入选国务院政府特殊津贴专家。

姚萍(1956—　),上海人。1982年、1989年在贵州大学分别获得学士、硕士学位,1997年在复旦大学获博士学位后留校任教,2007年晋升教授。2021年退休。

陈道勇(1963—　),安徽肥西人。1991、1994年在中国科技大学应用化学系分别获得硕士和博士学位,1994—1999年先后在南京大学、南京理工大学做博士后,2000年到复旦大学高分子科学系任教,2005年晋升教授,2008年获国家自然科学基金委国家杰出青年科学基金资助。2024年调离。

附 录

一、教职工名录

1958年高分子专业成立时教师

于同隐、徐凌云、叶锦镛、叶秀贞、何曼君、王季陶、孔德俊、唐德宪、张中权、王智庭

1958年提前毕业1960届12位学生

江明、纪才圭、胡家璁、陈维孝、董西侠、包银鸿、王铭钧、骆文正、郑元福、赵素珍、王金华、刘淑兰

1959—1966年加入

教师：郭时清、黄秀云、朱文炫、李文俊、王立惠、卜海山、史庭安、周修龄、李海晟、马瑞申、平郑骅、李善君、府寿宽

职工：王荣海、凌天衢、李国炎

1970年代加入

教师：孙猛、陈文基、薛培华、章巨修、张利勇、姚静芳、毛香云、金曼娜、张炜、杨兴海、杨玉良、潘宝荣、何丽妹、谢静薇

职工：孔美英、丁雅娣、操云芬、黄起军、葛昌杰、戎兰芳、沈和平

1980年代加入

教师：骆德莘、黄骏廉、杜强国、秦安慰、李樟、胡七一、金毅敏、陈建华、陈文杰、王丽娟、黄芝华

职工：詹永森、顾巧英、顾洪兴、宗蓉美、王承书、史勤娣

1990年代加入

教师：汪长春、邵正中、吕文琦、周红卫、周春林、施晓晖、姜良斌、陈靖民、戈进杰、周平、倪秀元、陈新、钟伟、周立志、崔峻、

丁建东、张红东、何军坡、吴柏铭、姚萍、陈尔强、胡文兵、罗霄雯、胡建华、唐晓林、万德成、张胜、潘懿、张剑文、明伟华、赵艺强、黄玮石、姜筱燕、刘永成、潘　波、庞燕婉、田东、武培怡、杨思源、叶明新

职工：刘玉顺、丁瑠琬、王珉、李文龙

2000—2022 年加入

教师：陈道勇、李同生、杨武利、许元泽、卢红斌、邱枫、李尧鹏、吕仁国、刘旭军、丛培红、余英丰、姚晋荣、唐萍、刘天西、冯嘉春、徐鹏、王海涛、刘晓霞、章沛、安洁、包涵、卜娟、曾裕文、陈茂、陈新、陈国颂、陈佳欢、陈培宁、崔彦、邓海、董海燕、董邵天、段郁、冯雪岩、高娜、高悦、高瑞华、郭佳、胡晓月、黄蕾、黄红香、黄霞芸、江东林、蒋丽平、李剑锋、李卫华、李兴林、李映萱、刘海霞、刘顺厚、刘文文、刘一新、罗君、聂志鸿、潘景云、潘妙蓉、潘翔城、潘晓霞、彭娟、彭慧胜、千海、秦一秀、屈泽华、任玉磊、孙雪梅、汤慧、汤蓓蓓、汪莹、汪伟志、王丹、王芳、王珉、王国伟、王魏然、魏大程、徐一飞、徐宇曦、闫强、杨东、杨颖梓、杨占峰、俞麟、张波、张飞、张富瑛、张志芹、赵军惠、郑健、朱莹、朱亮亮

职工：周广荣、孙畅、王莉

二、学生名录

1. 本科生名录

(1) 1977—1983 年化学系高分子专业

1977 级 12 人

杨勇、魏志平、鲍延德、周林林、赵勤国、俞淮华、骆德梓、马

平、徐瑞云、李从武、曹宪一、王怡

1978级 29人

陈建华、林京洪、姜广庆、马仲文、罗玉霞、孔学军、周静、杨建国、沈弘、肖宏、金毅敏、秦安宁、施文、何群生、向可斌、王卫、乔友福、曹幼良、李勇富、成捷、陈黎娟、彭树华、谢跃生、吴少海、夏之仁、张纯菁、叶维瑜、张群英、王爱华。

1979级 24人

胡七一、朱坚、王辉、李杨、蒋志君、周虹、童伟达、鲍贤杰、全大萍、陈林、苏诚伟、张利民、陈英明、邱荣、陈玉、金佩君、施丹、王辉、方征平、周新、万洪和、周亚光、黄芝华、尤强

1980级 23人

徐国锋、李敏、邹家骧、骆惠雄、李若鹏、张阳、毕春良、王磊、胡和丰、史捷锋、陈平、李德、阮惠钟、李小放、江万龙、魏蕾、丁建翎、辛庆生、徐晓、胡云华、郑慧华、黄河、金小玲

1981级 19人

赵志鹤、陈英祖、陈晓禾、梁明华、刘嘉馨、方毅、孙凯、朱永、孙康、邵正中、陈健、柳立志、王洪冰、杨丹、谭建、朱丽华、王玮、杨凡、陆明兰

1982级 27人

姜耀荣、陈刚、徐锦龙、吕光、陈文杰、程松、林日胜、刘秀生、喻诚、毕家铮、季广华、彭华、陆建明、毕立、葛君明、陈剑浩、李政、谢国保、危水明、陈建国、田东、胡萍、杨燕萍、钱瑜、陈茜、凌佩清、谢怡

1983 级 29 人

黄征宇、邵国祥、温弘、徐国才、周红卫、孙清华、王湘赣、张强、戴龙军、谷岩、肖尚明、易玉、张胜、顾虹、周春林、王新力、郑文跃、陈国华、朱平、陈科峰、倪汉江、项一冰、汪琼琥、白峰、陶兴、杨潴宇、吕文琦、肖瑶、祝轶群

(2) 1984—1987 年材料科学系高分子专业

1984 级 31 人

郑龙熙、张继臣、冯磊奇、吕金良、朱建军、陈剑平、沈坚、张汉民、杨曦东、周励贵、王丹、陈铭照、张坚民、金立新、黄纬、陆旭东、严雄伟、潘金石、陈炯、蒋鹏抗、陈尔强、吴海新、李铭、毛嘉犀、蒋维勤、罗彬、易永胜、奚明玉、李敏骅、李雅、陆忆

1985 级 29 人

王群、杜施明、汤莉君、黄扬、宓海、叶伟敏、谭飙、赵红、马克、陈文馨、徐磊、张红东、徐勇进、林晃、周林元、胡文兵、邵群、王雯、菅荣跃、刘璐、鞠耐霜、吴剑平、何煦瑾、袁颖晖、徐月芳、魏家宽、李平、卞爱芳、金一敏

1986 级 30 人

李跃龙、陈忠辉、黄祥辉、黄河、陈新、孙卫明、王成康、张二保、张康军、欧显康、王立峰、赵谦、潘波、汪晓辉、钟伟、虞涛、邓宇清、杨进、张剑文、梁松、黄红、魏群、郑如青、钱佳音、李莉、徐晓铭、沈君、俞籁、陈韶华、周林元

1987 级 27 人

陈康、柳伟峰、邢军、刘捷、黄卫红、满健、邓伯娟、张焱、徐云梅、罗瑾兰、高伟、张芬、顾敏、刘俊、张效青、吴杰、叶惠娟、骆

天膺、郑华、王咏梅、樊晓红、阮野、顾红樑、徐红、郑奇志、陈向红、张缨

(3) 1988—1992 年材料科学系材料化学专业

1988 级 48 人

杨学杰、赵惠斌、丁磊、王志军、谢启明、张琦、冉辉、吴振岗、邵易、顾志强、徐一旻、徐小军、谢天、刘化冰、邹东升、朱正涛、沈劲松、朱雷、汪晓东、徐峰、王俊民、张海洋、石添春、郑成卿、冯国帅、刘勇、杨红、李杰明、朱军洋、张亚、吴劲、严鹰、朱章兴、李兵、雷平、陈红敏、陈卫、承明虹、杨澍、丁敏、胡宇红、傅筠、张英华、倪欣、赵军、陈陟、谭珏、夏彦

1989 级 31 人

张耀华、李云飞、季强、黄晨、郑钢、王欣磊、徐宇波、曹杰、陆民勇、张之皓、陶炯、刘进、陈睿、明伟华、徐仲明、王怀伟、冯启若、祝磊、向卫东、彭清海、赵焱、余忠、张红、魏芳、施祖洁、方华、宗纲、相桂勤、王大大、周英婷、赵薇

1990 级 43 人

方略峰、冯骏、胡伯伦、黄芳华、黄旭东、李工凌、刘辉、吴坚、谢健浩、张昕、朱青、田晓余、杨轶、张云虎、楼文奎、汪志亮、舒昶、殷武、林遥、范钦学、姚子伟、云泽拥、李鸣、陈博学、李必清、李湘洪、王成望、沈斌、杨振汉、周文、杨党林、杨武利、石建伟、葛卿、杨晓华、曾蕾、芮瑛、臧怿、刘萍、刘莹、张焱、杨小莲、蒋霁

1991 级 41 人

包莹琪、曹磊、陈俊燕、陈俊鹏、陈刚、陈大明、陈绍平、陈之

灏、丁之明、冯建宏、郭瑞、顾震宇、顾庆华、韩抒乐、洪菁、胡平、雷延华、李清秀、刘强、刘廷福、沈宏、沈重、宋伟、孙斌、孙志军、唐欣、王玉清、许国强、徐韬、严春敏、杨徐敏、张平、张静山、张伟力、章峻、章志成、赵林光、赵艺强、朱强、傅今怡、丁建平

1992级 30人

罗俊、汪演滨、姚心宇、俞昊、周杰、周嵘、庄东青、樊青年、马先超、任小明、翁辛、陶央群、王洪木、林昭亮、薛命颖、李柯、王健、王劲、刘坚、程莉莉、甘巧芳、沈晶、万妮、张演、邬明艳、吴丽蓉、曹燕林、董涛、周继青、郭涯

(4) 高分子科学系历届本科毕业生名录(1997—2023)

1997届 30人

曹燕林、程莉莉、董涛、樊青年、甘巧芳、郭涯、李柯、林昭亮、刘坚、罗俊、马先超、任小明、沈晶、陶央群、万妮、王洪木、王健、王劲、汪演滨、翁辛、吴丽蓉、邬明艳、姚心宇、谢震宇、俞昊、张演、周杰、周继青、周嵘、庄东青

1998届 29人

蔡茜、单文冬、丁遗福、傅叡、龚洁、纪仕辰、李广龙、李景林、李浪、连剑雄、凌晓云、马凯翔、潘景云、彭春杰、秦晖、沈天宏、施晟宇、石磊、童䂊、王伟、王一任、夏羿、夏如春、谢震宇、俞晓斌、袁文菲、郑泉乐、朱立元、朱湘晓

1999届 32人

曹伟杰、陈京海、邓葆力、郭炜、黄佩燕、江一波、蒋秀丽、梁世硕、梁思炜、刘大展、刘越宇、刘允航、陆剑文、潘迪超、潘晓赟、彭凌箐、沈轶、沈跃华、谭莉、田骏翔、王青藏、王养敬、吴惠

萌、吴晔、吴豫哲、熊 臧、徐嘉瑞、徐梦浩、于泳、赵平、周海燕、周磊

2000届 30人

邓水林、高海峰、韩德贵、黄育宜、金岚、李霁、刘墨君、刘毅、龙朝晖、潘祺晟、盛依峰、施兴海、施益峰、王海涛、王瀚、王华、王笑川、奚泽慧、夏旭峰、徐雯、宣燕、杨 青、姚嘉宁、翟光耀、张海涛、张辉、张吉宏、张卫东、朱广贤、朱颖佳

2001届 30人

鲍筱颖、陈林、程刚、高磊、归迅、黄敏宇、蒋烜、蒋铮、李翔、梁安亮、明明、聂莉星、彭显能、浦俊卿、沈良、石耀洲、王明海、王涛、夏焰、夏益民、谢为、徐江涛、徐学伟、薛哲骅、杨君炜、叶芙蓉、张 杰、张志楠、郑莹、朱浩俊

2002届 31人

芏生、陈浩然、陈洁、陈丽荣、戈弋、韩毓展、洪燕、胡依贤、黄晓锋、姜剑、景殿英、廖晨、林倚剑、刘嘉、刘书伦、卢晓梅、吕德龙、马谆、庞珏、羌梁梁、汪镇、王竞、王磊、萧达辉、徐彬淮、叶劲、易文、尹荣、张人华、周伟 、邹鹏

2003届 31人

陈静、陈君、陈莹、程成、褚轶雯、邓昱、董栋、窦奇铮、冯凯、冯志程、顾青、胡炳文、黄高峰、雷光、李剑锋、李唯真、励亮、刘超、吕磊、倪加安、钱国栋、钱洁、孙文青、王辉、吴佳、薛垠、杨晓韵、殷杰、张欢、张磊、赵林

2004届 41人

安力、陈小明、程或、丁剑、顾伟星、胡斌、纪鹏天、金琳、冷

柏逊、励智琦、刘翘楚、刘睿、刘珊、刘颖俊、孟晟、聂磊、浦铭铭、乔鹏、沈文明、王洪宇、王凯、王勤礼、王文琤、王星、谢世祥、谢祎荣、徐凸、徐艳、严辉、杨子琪、应文文、余婧、詹国柱、张冰、张力恒、张林霞、钟一鸣、周海、周奎、周尤、邹橘

2005 届 43 人

陈大卫、陈仕炘、戴冰冰、付婷、顾瑜、管雯艳、吉明磊、江艳、金余、景彦峻、雷超、雷凌扬、李浩铭、李思颖、李为、刘浩宇、卢俊彦、彭祥兵、沈建兵、宋骏侃、孙畅、孙军飞、覃春杨、同嵘、王皎、王乐、王睿、王艳玲、魏观为、闻昊、翁臻、吴起立、谢祥昇、徐凡、宣文、姚增增、于洋、俞新飞、袁青青、赵广智、赵琳、赵玮杰、赵学舟

2006 届 47 人

巴浩锦、蔡睿、陈立波、陈卓、冯铮、葛乐、龚俊辉、龚祖光、郭晓斌、胡盛、蒋怡君、赖祖亮、李乐、李鹏、李文婷、李晓玥、李振清、林佳、刘斌、卢鹏宇、罗小帆、钱盼攀、盛冰莹、石东来、石亮、宋士杰、田川、王春旭、王索菲、邬晨嵘、吴可义、夏雪、谢美好、徐进、徐振、许玥、严志志、杨贝璇、杨浩、翟莉花、张恒、张玲敏、赵莉莉、郑聂平、钟贵贤、周晓喻、朱吟吟

2007 届 50 人

曹也文、查永平、陈洁、陈军宇、陈名扬、范学勍、高玉良、顾元凯、韩笑波、胡隽、黄德权、黄焜、金晨君、金大伟、李强、李庆庆、林轶楠、刘宇涛、卢身兴、马恒懿、南书智、潘牡刚、屈航、余振、沈家林、石力、王德志、王李欣、王逸凡、王远洋、王占超、吴静娴、吴凌翔、吴天予、肖龙玺、谢英杰、徐杰、许汇、杨鹍、杨涛、

姚楠、殷冠南、殷炜烨、詹若愚、张翼、赵旭辉、周正华、朱玮、朱毅杰、朱颖华

2008 届 48 人

鲍燕婷、蔡焕新、查金奇、陈庆萼、陈宋波、程冬、窦芳芳、甘松婷、韩愉、侯传琳、姜坤、解超、孔祥臻、梁梅妮、刘春英、刘涵、刘水长、陆俊、乔小岩、任希全、沈刚、沈希文、沈哲颖、宋文斌、孙振兴、王珑、王梦吟、王琼、王学峰、韦孔昌、肖蔓达、徐纯福、徐继光、徐乐蓉、羊冉、尹亦平、张超、张金媛、张卡卡、张苏予、张岁、张一舟、赵洧平、赵永亮、钟新辉、周宗芸、朱佳玲、朱婧

2009 届 43 人

安飞霏、白瑕、曹欣玮、陈菲凡、陈珉劼、陈如其、范俊文、高文克、郭佳捷、韩冰、华晓玲、黄璐文、黄中原、霍智彬、金秋、金艳、马汉峰、马万福、孙立夏、谭莉沙、唐晶欣、唐倩倩、田卫龙、王晨栋、王雷、王柳青、王彦旭、魏宗照、翁宙亮、邬扬、吴嘉杰、吴立东、谢楠、许惠心、杨周雍、张菁、张瑜、赵翔宇、赵羽茜、周欢、朱佳生、朱小婷、朱绪之

2010 届 41 人

安乔、白皓元、岑玺、陈磊、陈旭、陈怡斐、陈志超、池承展、丁徐哲、杜其明、丰源、高杰、古岳、何昱、胡俊、焦云峰、李典、李浩东、李文涛、廖贵攀、卢泽生、潘妙蓉、曲勃存、王宝龙、王钧、王若冰、王思之、王苑辰、王志伟、席陈彬、辛格、杨锋、杨慧、杨哲、叶希娴、于萌、张虎、张甄、周峰、周翔、邹城

2011 届 37 人

陈仲欣、樊家澍、冯凯、郭丽雅、胡滨、黄丹丹、黄静玲、蒋思

思、蒋寅啸、李厚朴、戚沄岚、秦梓凯、冉志鹏、戎轶、沈诗倩、沈星源、宋佳、覃成、王淞旸、翁旻雯、吴菲、徐波、徐云仙、尹辛波、于晶莹、张波、张承志、张杰、张如靖、张真、赵琳、赵宇、郑然、郑照堃、郑正、周立正、邹德刚

2012 届 42 人

陈聪恒、陈秋行、何瑞璇、何晓婷、黄健、江智东、姜雪娇、蒋烨、金莎、金鹰、李家灏、李剑桥、李俊、李茜、李乔西、李素萍、刘超、刘欢欢、刘雨晴、孟震煜、施展、唐思斯、田野、田园、夏彬凯、夏昊、先若尘、徐敏、薛佳琦、严丹华、易俊琦、于路乔、张节、张卿隆、张娅露、张毅、张子颖、赵北、郑永为、周云婷、庄沛源、邹云龙

2013 届 42 人

陈奥、陈辰、邓瀚林、董浩、冯怡君、付琳、郭冠南、何韦伟、贺玮康、胡逸文、花荣、黄瑞瑾、李华乾、李锐敏、李钊、刘雯、卢成佼、吕锴、马伊骅、宓瑞信、南玉龙、秦振文、沈思宇、沈文佳、孙琪、王沉濛、王璐、王献婷、王一凡、王玥、魏子翔、吴昊、吴文莉、辛元石、薛观潭、杨迪诚、易文媛、张海燕、张子豪、章智栋、周林涛、周益良

2014 届 39 人

柏文宇、陈奕沛、董君豪、何家欢、何鲁泽、贺思欣、黄宇立、黄玉蕙、雷科文、李祥荣、李子丰、梁鹤仪、刘晨言、刘帅、刘学谦、刘濯宇、吕春阳、吕龙飞、浦晓敏、盛纯、宋文雅、孙青、涂思东、王恩、王晗、王文迪、温瑞恒、吴浩成、吴哲、徐超、徐正涛、许愿哲、杨润泽、尤晓、于慧娟、袁富裕、张何健、赵江宇、钟云岚

2015 届 32 人

宾鑫、蔡鸣、陈红满、陈思远、程庚民、方舟、胡子翔、黄一霏、霍继臻、贾炜、江维青、孔维夫、李虹香、李梦龙、李梦雄、李永婧、林佳璐、刘如屹、刘月、刘子西、吕洁、邰嘉坡、万皓、王君陶、王喆宇、吴天一、徐虹云、杨豫诚、叶欣怡、张子聪、郑煚仁、朱明杰

2016 届 34 人

陈曦、陈晓斌、陈宇菲、陈哲、程筠策、崔书铨、丁浩、杜逸枫、高雅、龚大飞、龚欢、郭嘉洁、韩羿、杭程、李劼、李雪怡、刘国成、庞凌云、田纪宇、王丹妮、吴凡、息朝尚、肖建伟、杨烨、杨于驰、杨玥琦、姚臻、尹瑾超、张瑾、张莹、朱晨旭、朱胜杰、朱天易、朱颖

2017 届 46 人

曹屹睿、陈帅、陈无忌、戴乐、丁坚、方乐平、付鸿博、付艺卓、高晨迪、高阳、蒋诺斐、李昶皓、李科禄、李书珂、李心然、李泽伦、刘白浪、刘亮余、龙需华、陆秋芸、陆炜进、罗逸尘、茅佳楠、米震、彭夏雨、钱智盈、强宜澄、沈顾韬、孙瑞祺、唐敏瑜、王茹瑾、王雅熙、王祎、王奕文、吴光亚、吴海宁、吴皓琪、肖帅莹、谢志伟、徐尉杰、闫巽、于飞、于熙源、俞博远、翟星语、张明月

2018 届 28 人

艾昭琳、陈奥、陈飞羽、陈轶凡、郭倩颖、何俊豪、蒋晓昱、焦一丁、李虹雨、刘江伟、刘润泽、刘雁冰、马佳琳、梅英中一、秦小溪、王帅、王月明、王泽远、吴凯婷、夏镭、杨雨前、余恒、张煊、赵博华、种皓丹、周家诺、朱柏旭、朱云扬

2019 届 31 人

陈丹阳、陈嘉栋、陈倩莹、龚祎凡、谷宇、顾恺、郭屹轩、黄翰闻、江佩璐、黎嘉桦、黎卓尔、李志成、李子谦、刘琛、刘俊杰、马明煊、缪家俊、宁啸威、欧亮、彭钰涵、卿惠琳、时家悦、王佳玮、王天尧、王心蕾、颜京凉、杨君怡、杨璐茜、朱奕青、庄文、邹涵予

2020 届 26 人

东方南辰、方辉、冯十六、顾思怡、胡寅坤、胡志伟、黄星晔、黄烨葳、姜卓成、黎平、李青芸、林诗艺、林致远、刘易、汤隽毅、王郫、王瀚宬、王旗、徐兼、殷思仪、曾佳熙、曾熠婷、张逸翔、钟卓然、周诚达、朱润

2021 届 19 人

曹高怡、常城、冯之晖、侯蕾、黄紫琼、梁翊、刘以欣、刘之菡、罗震、任洪立、沙璇、王登沛、王弘宇、吴函姝、衣思宇、张峻源、张长醒、周子豪、朱梦静

2022 届 35 人

曹旭琛、陈洁莹、陈添澍、程逸飞、戴泽寰、丁心玥、甘栩晨、关新宇、郭艺凯、胡轩博、胡云婷、贾凡、姜剑超、冷思言、李嘉贤、李金妍、李刘径舟、刘凯文、刘宇昂、刘雨杭、陆子琪、屈佳禾、孙凯、唐恺鑫、万言、万星宇、王彦杰、吴官滨、于婉婷、臧雨茗、张琪昊、张显诚、张宇昕、张御辰、朱若昊

2023 届 32 人

鲍奕霖、边铭萱、蔡卓航、陈红岩、丁震峪、杜欣然、方宇杰、胡宇、江雨萌、蓝泽、雷星宇、李春霖、李宁、李耀霞、刘富嘉、梁俊琪、卢舒晨、陆宇韬、沈越、宋一菲、唐韵凯、王冲、王迅、王振

国、谢奇杉、杨泓宇、杨宁宁、殷艺嘉、张业轩\张泽熙、郑欣如、朱子涵

2. 硕士毕业生名录(1993—2023)

1993 级 3 人

陈睿、汪敏、祝磊

1994 级 8 人

范丽娟、胡晓华、蒋霁、李兴林、卢玉华、徐小军、余英丰、朱军祥

1995 级 6 人

陈祥旭、贾新桥、林志群、陆志祥、吴坚、杨武利

1996 级 10 人

陈俊燕、顾斌、顾震宇、黄兆华、金坚勇、李清秀、沈重、陶征洪、许国强、赵艺强

1997 级 8 人

李志昂、林恒、林昭亮、刘坚、潘全名、袁晓凤、章志成、周继青

1998 级 14 人

丁遗福、龚洁、郭振荣、洪珂、纪仕辰、李贵阳、李浪、李翔、潘景云、孙媛、王雷、吴先国、杨湧、朱蕙

1999 级 16 人

段宏伟、郭行蓬、李华、李天龙、刘萍、卢杰、蒋秀丽、闵克、孙孝辉、陶月飞、王胜国、谢栒、熊臧、闫雪飞、张家宁、周海燕

2000 级 22 人

常卫锁、陈光、邓勇辉、董嶒、高海峰、黄力、姜洪进、金岚、

刘嘉浩、刘墨君、刘毅、陆广强、彭慧胜、施兴海、田骏翔、王海涛、吴睿、徐鹏、徐雯、张海涛、张卫东、朱中亮

2001级 28人

陈彦涛、杜伟传、顾春锋、黄海浪、贾中凡、梁丽、刘昳旻、梅娜、明明、穆敏芳、聂莉星、彭显能、彭云、沈良、沈怡、唐瑞庭、王凡东、王明海、王涛、王云、吴豫哲、徐江涛、徐学伟、杨君炜、杨青、姚喜梅、张琦、周丽

2002级 16人

曹亮、陈浩然、陈小乙、段世锋、郭佳、胡志强、林江滨、林倚剑、刘洋、吕德龙、任勇、孙登峰、孙建国、惠陶然、杨前荣、叶劲

2003级 31人

敖永、陈钦、褚轶雯、窦奇铮、郭宜鲁、胡炳文、黄静欢、黄娟、贾璇、李剑锋、李晶、李娟、李唯真、刘超、吕年剑、励亮、潘晓赟、任现文、孙春霞、唐威、薛垠、王辉、吴佳、相飞、徐峰、杨东、杨颖梓、殷杰、曾蓉、张杰、张坤玲

2004级 34人

安力、蔡杰、陈红刚、陈伟、范瑾、付强、郭佐军、胡锦华、黄训亭、赖博杰、李昂、李朋朋、李璇、刘睿、马德旺、马蘅、聂磊、阮庆霞、沈文明、王芳、王小军、谢祎荣、徐艳、杨旦、俞峰萍、余婧、詹国柱、张明刚、张桃周、钟一鸣、周官强、周海、周婧、周文

2005级 39人

常广涛、陈仕炘、程飞、冯玉婷、高昊、顾瑜、郭培德、国璋、何其远、洪冰冰、侯晓雅、季丹、吉明磊、江艳、雷超、李国巍、马健威、毛伟勇、潘永正、彭祥兵、尚婧、邵丹丹、孙冰洁、孙瑞铭、

田丰、田琨、王钧、王睿、吴起立、王皎、翁臻、杨鹏、姚增增、袁青青、张如意、张毅、赵琳、赵学舟、赵玮杰

2006级 37人

曹恒、陈立波、陈旺、戴玉霞、邓益斌、高莉、耿优强、龚祖光、管娟、郭述、胡盛、黄舒、景荣宽、赖祖亮、李婷、林文程、刘丛、刘聪颖、刘续峰、彭庆益、戚佳宁、桑泳、宋士杰、孙敏、孙伟、王春旭、王轶铮、夏雪、肖文昌、徐轲轲、严佳萍、闫策、余启斯、于媛媛、翟莉花、张恒、张金明

2007级 34人

曹伯楠、曹也文、常柏松、陈伟、陈军宇、邓伟、傅锦霞、顾元凯、郭娟、黄韧、江霞蓉、李君君、刘也卓、罗彬、潘牡刚、丘雪莹、任璐璐、阮玉辉、时静雅、苏辉煌、孙胜童、许汇、徐玉赐、王红燕、王开刚、王李欣、王晓燕、吴凌翔、吴耀东、杨芬玲、杨华啸、杨涛、殷冠南、詹若愚

2008级 31人

蔡焕新、陈杰、陈孟婕、程冬、方赟岚、韩愉、姜坤、李亚男、梁梅妮、刘静静、刘沛、沈哲颖、宋肖洁、唐越超、王梦吟、王月强、闻昊、吴慧青、吴极文、解超、羊冉、袁丽、张超、张晓鸿、张衍楠、张仲凝、赵义清、赵永亮、钟新辉、朱弘、朱淑俊

2009级 32人

蔡慧飞、陈海鸣、陈智芳、段郁、范艳斌、郭娟、黄冰、黄焜、黄中原、刘琳、刘翊、陆姗灵、马汉峰、马万福、潘忠诚、唐红艳、唐倩倩、田野菲、王蓓娣、王晨栋、王鸿娜、王瑞玉、王章薇、魏宗照、谢楠、杨倩、杨周雍、殷宝茹、张菁、张旭瑞、周彦武、朱剑

2010级 36人

安乔、陈磊、陈亮、陈珉劼、陈武炼、陈鹜、程烨、丁徐哲、邰泽慧、郭辉、胡华蓉、焦云峰、景王莹、李飞龙、林国强、林铭昌、龙莲花、缪月娥、潘妙蓉、王若冰、王一飞、吴嘉杰、席陈彬、徐胜杰、杨慧、杨朋、杨哲、杨子平、姚赛珍、俞淑英、张泽汇、章月虹、赵珊、周翔、周晓晖、邹城

2011级 38人

陈昌、陈李峰、陈仲欣、樊家澍、傅凯昱、纪珊珊、李瀚文、李顾、李甜、李婷、李文龙、刘珍艳、刘志佳、马晨、马占玲、冉志鹏、沈星源、施信贵、苏超、唐婷婷、田雪娇、王淞旸、吴可义、吴堃、吴娇娇、叶士兵、于晶莹、虞桂君、于萌、张波、张杰、张玲莉、张霞、赵琳、赵宇、郑照堃、郑正、钟佳佳

2012级 40人

边珊珊、曹路平、陈春阳、陈琳、陈默蕴、陈树生、丁倩伟、丁艺、侯笑然、胡必成、胡建彤、胡忠南、黄健、姜玲、姜雪娇、金莎、李天骄、李振华、刘盈新、马骥、谭晶、田野、王慧萍、王学普、吴修龙、夏彬凯、夏昊、徐敏、薛锋、杨光、杨磊、杨丽佳、杨 柳、杨文华、姚婷、易俊琦、张成、张维益、张毅、郑仙华

2013级 40人

陈斌、陈卓、邓瀚林、胡玎玎、黄威、李春阳、李锐敏、李仕宇、刘丽敏、刘雯、刘晔、刘玉洁、卢成佼、栾家斌、罗君、宓瑞信、潘霜、沈革斌、沈文佳、石梦、万家勋、王超男、王戈、王良艳、王璐、王秋雯、王天南、吴昊、徐丽慧、鄢家杰、鄢群芳、杨超、易文媛、张佳佳、张龙生、张子豪、章智栋、郑瑞、朱昊云、朱明晶

2014级 39人

蔡智、曹敏、陈奕沛、代亚兰、付雪梅、顾华昊、郭冉冉、黄培敏、黄宇立、赖飞立、雷科文、李一明、刘长振、刘家琳、刘杰、刘濯宇、柳明、吕龙飞、彭兰、饶壮、任琪林、申秀迪、宋文广、孙璐艳、孙青、王珂、王明明、温瑞恒、杨俊伟、杨鹏磊、姚远思、于慧娟、袁富裕、张佳星、张静、张凌云、张隆、张攀、周丽娟

2015级 32人

曹警予、曹勇斌、陈华、陈思远、丁雨雪、韩延晨、何梦楠、霍继臻、金哲鹏、晋慧芸、李虹香、李永婧、刘如屹、刘月、吕洁、马岚、潘剑、潘运梅、彭媛梦、沈虹莹、谭昊天、唐龙、涂书画、王青、吴秘、吴攀、徐维棵、闫艳翠、杨观惠、杨孝伟、郑嘉慧、朱明杰

2016级 31人

曹慧、陈曦、陈晓、陈晓斌、陈宇菲、韩锐贻、胡雅洁、廖萌、庞凌云、孙佳欣、孙晓雯、陶国庆、田萌、田宛丽、王灿灿、王晨旭、王丹妮、王矿、王戎、夏月明、邢菡箫、许妙苗、杨于驰、姚卢寅、易孔阳、张力仁、张宇、赵然然、周其月、周婷、朱熠

2017级 39人

包铭、陈无忌、程乐、戴乐、方怡权、高阳、高真、郭盛迪、胡琳莉、黄彦钦、蒋诺斐、李科禄、梁豪辉、米震、全钦之、尚鑫、孙瑞祺、陶瑜、汪沁、王刚、王海鹏、王梦莹、王文琦、王秀丽、魏博磊、吴光亚、吴晓慧、吴晓颖、许黎敏、杨静、叶蕾、张雪纯、张泽宇、赵天成、郑栋潇、周杨、邹文凯、左勇、袁诗淋

2018级 34人

艾昭琳、曾荣金、冯依婷、顾雪莺、郭倩颖、韩善涛、何俊豪、

黄东奇、季显文、李安泽、李嘉欣、李尚育、林静波、柳宜卓、罗梦恺、马明钰、毛天骄、梅腾龙、倪璧君、潘绍学、孙强生、王闯、王泽远、吴凯婷、吴天琪、闫卓、严丝雨、余恒、张李巽、张媛颖、赵博华、周诚诚、周家诺、朱云扬

2019 级 31 人

陈凯旋、陈倩莹、程翔然、达高欢、丁宁、冯宇镝、郭屹轩、郭悦、胡波、李朋翰、李志成、林铮、刘黎成、陆旻琪、时家悦、汪洋、王佳佳、王晶、王天尧、王心蕾、袭祥运、谢金雨、许佳琪、薛舒晴、杨滨如、杨晗、翟伟杰、张颖、张哲彬、赵少权、朱唯楚

2020 级 32 人

陈奕恒、程建硕、董进、范朋硕、方圆、顾思怡、过新雨、黄睿、黄鑫林、黄星晔、李佳琪、李青芸、林致远、刘梓薇、麦淑婷、彭城、钱喆焱、汤隽毅、王慈松、王瀚宬、魏怡曼、吴婉华、肖静雨、徐兼、杨依蓓、云杰、曾佳熙、张晓晖、张艺、张逸翔、朱润、朱雅洁

2021 级 27 人

艾玉露、陈俊峰、陈思佳、陈文文、陈宇飞、丁韦坤、侯蕾、黄雨欣、李丁可、马泓文捷、孟宇寰、牟桂芳、任洪立、王黎阳、王宁、王铁宸、魏书玥、夏喆、杨怡清、杨悦彤、姚绍顾、衣思宇、袁康瑞、章思远、郑浩、周正祥、周芝帆

2022 级 37 人

蔡央央、陈洁莹、陈珂菲、陈智琪、池奇洲、褚幸、翟华娟、管艳、胡轩博、黄玮玲、姜博儒、李金妍、梁馨月、刘凯文、刘陶雪婷、刘芝瑜、陆卓蓉、邱月、屈佳禾、沈青云、王怀姣、王纪峰、吴

官滨、吴圣亮、伍延如真、杨筱、杨哲、易敬霖、舒婷、虞姚洁、张佳奇、张一晨、张御辰、郑硕然、钟琪、周锦阳、朱瑾瑶

2023 级 38 人

蔡卓航、曹明洁、宫晓萌、顾梓睿、胡宇、黄家欣、居嘉哲、李嘉贤、李文迁、梁小晶、刘风梁、刘九洲、刘艺璇、卢舒晨、陆泺、陆宇韬、欧凯琴、乔润石、秦业栋、田坤、王睿杰、王伟凤、王雯雯、王新宇、王一淳、王子璇、吴文婕、叶千浩、于婉婷、余沛文、俞婉婷、张业轩、张依婷、张泽熙、赵光鑫、赵文静、朱羿璇、朱子涵

3. 博士研究生名录(1993—2023)

1994 级 2 人

陈永东、周晖

1995 级 8 人

陈胜、黄晓宇、鲁在君、明伟华、邱枫、孙玉宇、张广照、张红东

1996 级 7 人

曹继壮、何军坡、刘世勇、万德成、王云兵、杨虎、钟伟

1997 级 7 人

曹毅、高勤卫、李成名、柳波、倪沛红、史联军、周济苍

1998 级 8 人

姜琬、罗开富、罗炎、宁方林、乔向利、王敏、杨武利、张振利

1999 级 6 人

黄兆华、王忠民、姚晋荣、查刘生、朱文、朱志学

2000 级 13 人

陈兆彬、窦红静、甘文君、金岚、吕文琦、童朝晖、王家芳、徐

鹏、徐依斌、杨海健、杨宇红、张俊川、周立志

2001 级 11 人

李鸣鹤、纪仕辰、匡敏、莫汉、陶庆胜、徐嘉靖、徐智中、余英丰、张幼维、周春才、宗小红

2002 级 15 人

曹正兵、陈学琴、邓勇辉、郭坤琨、李莉、刘晓霞、罗钟琳、蒋秀丽、景殿英、邱长泉、韦嘉、王海涛、王竞、夏建峰、喻绍勇、张琰

2003 级 18 人

程成、范德勤、冯志程、侯国玲、贾彬彬、李钟玉、林美玉、刘小云、吕睿、孙明珠、万顺、王桢、俞麟、张欢、张秀娟、张媛媛、赵强、郑永丽

2004 级 37 人

曹绪芝、陈彦涛、崔亭、高广政、高宗永、郭贵全、郭佳、韩文驰、贾中凡、蒋伏广、冷柏逊、梁丽、梁新宇、林媚、刘鹏、孟晟、明明、莫春丽、彭云、任申冬、任勇、沈良、沈怡、孙建国、唐键、唐瑞庭、王国伟、王明海、王涛、解荡、谢龙、徐江涛、徐学伟、杨健茂、杨子刚、张夏丽、周丽

2005 级 25 人

曹惠、郭明雨、郭宜鲁、韩学琴、贺明、胡志强、黄静欢、赖毓霄、李剑锋、李娟、李为、刘超、刘宏波、刘珍、励亮、潘晓赟、庞新厂、宋晓梅、唐晓林、王兴雪、王雅卓、吴佳、杨东、尹建伟、张国杰

2006 级 18 人

程建丽、程林、褚轶雯、杜萍、段应军、付强、李璇、罗晓兰、

马德旺、彭红丹、彭荣、宋文迪、夏菉、章超、张峰、张振海、张正、周婧

2007级 19人

鲍稔、常广涛、陈丹、付诚杰、葛静、郝瑞文、李长喜、梁清、廖小娟、孙冰洁、田剑书、田琨、马新、文建川、杨光、袁青青、詹国柱、赵迎春、周常明

2008级 25人

方明、龚祖光、黄舒、江腾、景荣宽、来恒杰、赖祖亮、林博、林文程、刘江华、刘英、马玉宁、潘震、戚佳宁、宋士杰、滕宝松、王芹、王婷、魏川、韦孔昌、许利、闫策、张和凤、张卡卡、张鹏

2009级 23人

曹恒、曹也文、常柏松、凡小山、郭娟、郝和群、何垚、黄挺、刘也卓、凌盛杰、酒井不二、琚振华、马珣、任璐璐、苏璐、孙胜童、王红燕、王亚芬、谢明秀、徐玉赐、杨修宝、姚响、张金明

2010级 25人

蔡焕新、慈天元、樊玮、费翔、高杰、洪麟翔、季中伟、李典、李浩东、刘美娇、刘沛、刘勇、龙帅、潘登、潘元佳、唐洁、王玄、王杨、吴慧青、许涛、殷冠南、游力军、袁丽、张超、张杨

2011级 24人

曹彬、陈仓佚、陈海鸣、段郁、范艳斌、冯凯、侯磊、季楠、李佳、林锦睿、刘明凯、刘永志、陆姗灵、马力、马万福、缪涵、孙鹏飞、邢士理、徐志学、叶恺、叶志、殷宝茹、章雨婷、郑金

2012级 27人

安乔、曹涵、陈聪恒、陈亮、陈岭娣、陈武炼、董雷、方广强、

郜伟、焦玉聪、焦云峰、李锐、李永明、林铭昌、刘香男、刘一江、缪月娥、王雅娴、王云鹏、王周俊、杨朋、叶章鑫、张卿隆、张喆、张振、张泽汇、邹云龙

2013 级 36 人

崔惠娜、樊家澍、郭冠南、胡逸文、黄静纯、黄云鹏、江力、李瀚文、李钊、李臻、林珊、刘法强、刘志佳、鲁恒毅、漆刚、齐永丽、宋俊清、苏超、苏帝翰、田野菲、王伟冲、王玥、吴可义、吴堃、谢楠、辛元石、杨少辉、叶士兵、于萌、俞云海、张添财、张由芳、赵娟、赵宇、郑天成、周媛媛

2014 级 25 人

窦金康、何鲁泽、黄玉蕙、雷周玥、梁翔禹、廖晚凤、齐文静、王鹏、王雄伟、徐一帆、段华、付超、吕蕾蕾、彭海豹、蒲新明、曲程科、孙浩、孙同杰、田野、王珏、徐芳林、徐广锐、杨光、禹兴海、左立增

2015 级 32 人

陈中辉、邓珏、董庆林、段超、胡榕婷、贾炜、姜文博、李会亚、李科、李磊、李孟林、李梦雄、李雪苗、马前、宓瑞信、潘霜、彭绍军、桑伟、解松林、沈子铭、万家勋、王磊、吴利斌、杨磊、杨鹏、杨洲、张佳佳、张先峰、张宇飞、郑轲、郑爽、朱明晶

2016 级 34 人

包晓燕、崔书铨、陈怀俊、陈雷、陈亮、董文浩、丁爱顺、付雪梅、高振飞、郭冉冉、郝翔、胡波剑、金科、乐洋、李旭萍、刘家琳、刘晶晶、刘青松、刘荣莹、任杰、任圆圆、施翔、王立媛、魏燕霞、吴斌、武超群、肖培涛、谢芮宏、岳兵兵、张隆、赵文峰、赵岩、庄

亚平、周于蓝

2017级 46人

白海鹏、卞巧、蔡青福、曹敏、曹勇斌、陈阳、董海军、段海燕、弓一帆、高晨迪、高镜铭、郭尚振、何立挺、李聪聪、李永婧、李昶浩、李兰、李昕、李嫣然、刘仁杰、刘亚、彭兰、强宜澄、邵靖宇、沈阳、时晓芳、滕以龙、王茹瑾、王二飞、王新鑫、王宗涛、温慧娟、温蕴周、吴秘、谢琼、杨瑞琪、杨孝伟、姚先先、张栩诚、张琦、赵凤美、赵阳、赵则栋、朱建楠、朱明杰、周旭峰

2018级 37人

蔡彩云、陈辰、陈棱、陈舒雯、陈晓斌、崔春雨、邓白雪、董树庆、费纬纬、冯建友、郭振豪、何纪卿、胡恬怡、康华、李达华、李宁、刘沛莹、苗变梁、任思佳、唐成强、汪群松、王戎、王耀本、徐旭阳、许妙苗、杨于驰、杨振宇、尹悦、张鸿杰、张薇、张智、赵宇澄、郑正、周璐璐、周其月、周婷

2019级 32人

包铭、曹丁凌格、崔翔、戴长昊、方怡权、付烨、谷宇、顾恺、韩正意、贺聪泽、黄翰闻、黄竹君、康欣悦、李露阳、李雪凤、米震、全钦之、沈晓雪、宋青亮、孙洪雯、陶晶、王欣、翁炜竣、薛海燕、翟志敏、俞小叶、张佳欣、张鑫饶、赵天成、周杨、朱书茵、邹君逸

2020级 33人

查怀宁、陈嘉伟、陈巧琳、陈志勇、杜昱璇、韩善涛、何佳、何侃麒、黄梦杰、蒋逊原、李鹏洲、刘谋为、刘越、吕轩宇、马明钰、牛文哲、申润佳、施嘉豪、史柏扬、孙强生、陶颖、武玥、杨翠琴、杨鑫、叶林飞、于悦、张铠麟、张李巽、张明花、刘易、张申、赵清清、周斌

2021 级 40 人

毕玉芳、常城、陈凯旋、陈舒、陈宇、程翔然、刁卓凡、董永杰、冯宇镝、傅文彬、傅裕、贾奎勇、姜怡、李华晶、李雯君、梁欣、林铮、刘天宇、刘小梅、刘之菡、聂泽坤、沙璇、王朝芝、王秀丽、裴祥运、肖梦林、许晓妍、薛泓睿、薛良耀、闫馨衡、颜奇胜、尹林、尤欣桐、展豪、张璐、张新月、郑迪、周诚诚、周子豪、朱梦静

2022 级 45 人

陈珂、程建硕、程逸飞、董进、段君锦、范以诚、方笑桐、郜一帆、葛瑛、关新宇、郭兴、郭亚楠、韩辰洋、何乐怡、黄星晔、纪非凡、李红艳、李刘径舟、李忠宇、栗京京、刘文杰、刘梓薇、陆屹、罗煜林、明敏娣、潘游、冉献川、沈黄焱、省绍琦、史怡炜、宋佳恬、孙凯、孙涛、王瀚宬、韦晨阳、杨楠、云杰、臧雨茗、曾雅、张倩倩、张显诚、张玉连、张哲彬、赵文君、周易

2023 级 45 人

鲍奕霖、卞欣雨、曹思炜、陈红岩、陈鹏、崔施文、杜沁浩、杜昕蔚、方宇杰、韩凝、黄雨欣、李朵、李凯、李维航、林子涵、凌祠昌、刘铭源、吕晗昱、宁雯欣、孙式琦、唐颢月、唐诗晴、唐雨田、唐子然、田自强、王涵宇、王一昕、王英鑫、王志超、吴冰洁、吴康、徐甜甜、徐襄云、杨怡清、叶文彦、殷雪旸、张小冉、张云婷、赵俊虹、赵晓雅、郑非凡、郑浩、郑子龙、周洋、朱杰

4. 工程硕士与工程博士名录

(1) 工程硕士

2005 级 3 人

吴筑人、徐荣洲、朱立元

2006级 13人

曹平、花海常、黄伟华、凌冰、刘旌平、潘祺晟、彭春杰、戚平、唐以钧、王景振、王志军、叶明、张莹

2007级 15人

陈春浩、程欢、高梦霏、兰光友、刘海、罗宁、潘杰、苏狄、孙稽、唐银花、王月珍、吴墨云、徐会敏、张明、庄晓彤

2008级 12人

蔡佳斌、戴月平、高源、李锦波、梅林、沈言道、沈跃华、谭振宇、颜超、俞文清、袁锐锋、周姝春

2009级 16人

白昀、蔡正燕、陈保安、刘辉、孟屾、秦华军、石镇坤、宋雪梅、孙伟、孙毅、王茜、王兮希、吴慧、闫平、张赪、张峰

2010级 17人

董新钰、杜赏、樊喆鸣、郭盛东、邝雷、李慧慧、李伟、李勇、刘宇 陆康、闵峻、沈涛、孙华军、吴丽平、熊伟、叶存涛、周一琼

2011级 22人

戈晓飞、郭晓、何静、江文锋、金石磊、刘华平、刘珂、马骁、施锦斌、石远琳、史军、万鹏程、王飞飞、王晕、魏宝晴、吴光麟、奚万江、谢翔 许仙敏、杨斌、张磊、周贵树

2012级 17人

陈帅、池水兴、邓辉、董宪雷、高亦岚、蒋喆、李松莹、李晓俊、刘涵、刘文耕、石岳琼、翁仁秀、徐文晶、徐晓、张凯、张志强、朱万夏

2013级 32人

鲍见乐、包建鑫、鲍添增、曹羽、陈小千、陈颖、崔胜明、杜锦、方贵平、郭涛涛、郭瑶琦、何天泽、李明、刘彦初、柳伟、潘福中、沈红春、沈娟、王怀进、王凯、王志华、吴旭、肖宏、严晶、姚小琴、曾凡金、曾华、张灿灿、张园春、张增飞、赵国伟、周子瑞

2014级 32人

陈轶凡、程成、邓昱、范小银、顾培培、胡明吟、黄艳珍、刘珏麟、刘宁、刘祥、刘亚军、刘玉卫、刘子路、路懿、马爱丽、马卫、马赞兵、沈轶君、万倍祯、王聪、王锋、王海青、王粮子、王奕伟、吴慎汉、吴子虎、肖寒峰、严辉、杨再军、杨泽乾、郑昌堪、朱继华

2015级 18人

陈逍旋、丁鎏欣、段林林、何亚芬、季向茹、江山、李文涛、彭霄蛟、施逢喆、施磊、田钢强、伍朝晖、许琳洁、许宗明、杨彦昊、袁路路、赵玲、朱旭平

2016级 32人

曹云来、曹进、陈春毅、陈惜峰、蔡珺佶、蔡宏伟、蔡正东、富珠峰、付瑶、耿彦朝、顾张裔、江炜、李峰、李波、乐相云、陆奇峰、孙畅、孙军、田婧、王震琰、王欢、王健、魏恒通、徐双双、徐嘉麟、徐飞、许波驰、张金媛、张绳延、张彧平、赵北、赵胜泉

2017级 4人

黄显梧、吴晓、张聪、钟孚瑶

2018级 2人

罗梦恺、潘绍学

2019 级 7 人

栾猛、徐佳印、邢天宇、邢翌、赵志峰、叶张帆、曾雅

2020 级 27 人

白贺、李汤铉、向阳、柴兴鹏、刘文涛、胥鉴宸、常英浩、马义文、姚颖、陈梦瑜、石林、殷志雯、陈倩筠、舒丹、赵佳辉、董程、谭悦阳、周诚达、高彩云、王国华、周瑚燕、郭文、王乾坤、胡斌涛、王一昕、冀振洋、王英鑫

2021 级 29 人

曹高怡、费兆泉、符杨康、郭癸存、何田田、黄宇轩、姜永康、井杰、李琳、林正锰 刘慧琴、刘清泉、龙尧、路云乐、曲芄宇、宋恒尧、屠思聪、王淦宇、王弘宇、王娟娟、吴家琦、夏申欣、杨镕琛、虞峻、虞思汇、张正义、赵伟雨、周长宇、朱文涯

2022 级 28 人

陈添澍、陈恬甜、高瑞、弓小丞、官航、胡云婷、黄鑫荣、刘沛雨、刘昕、刘宇昂、刘雨欣、马首骉、聂玉洁、史辰轩、孙虹纪、孙杰、唐英杰、王琪、王伟奇、王心睿、吴笑笑、谢佼颖、杨传晖、杨幸琇、杨梓萱、姚重阳、张建奇、朱梦瑶

2023 级 29 人

边铭萱、柴煜博、陈前凯、董开心、黄双龙、康孜扬、孔维嘉、李珊、刘承广、刘思源、吕翔宇、马龙妹、马沁雨、马馨叶、阮梦元、史兔荣、宋一菲、唐春云、王博、伍昱晓、邢骋坤、严雨婷、衣芳慧、雍力、余嘉丽、张雨翔、章竹宇、周宇豪、朱天仪

(2) 工程博士

2018 级 18 人

程宝昌、陈仁忠、巩泽浩、江文锋、路晨昊、吕春娜、刘意成、刘艳军、潘艳娜、饶伟瀚、王刚、王剑、王晕、王志军、赵国伟、张华磊、张万谦、曾阳

2019 级 16 人

陈哲、府宇雷、葛远航、蒋元、金维则、孔德荣、李立心、石道昆、吴琪、杨世成、姚琳通、张理火、张岩峰、周贵树、周鹏、周钰丹

2020 级 21 人

陈翠萍、陈志强、黄彦钦、吉明磊、江海波、康琳、康亚红、李迪、李龙、梁世硕 刘春鹏、张鲁、刘仲淇、罗实、申鼎、申莘、王乐泉、魏岩巍、吴光麟、伍朝晖、张超

2021 级 16 人

蔡灯亮、胡洋、黄显梧、蒋鸿宇、康峻铭、李晨曦、骆雪冰、马骏、裴欣洁、王刚、王智超、文鹏、谢志康、袁武宁、张经纬、张骊玮

2022 级 19 人

常英凡、陈畅、陈顺平、胡思平、金剑、李陈子、李峰、林昇、凌丹丹、宋海燕、宋媛媛、孙宏涛、孙孝辉、王胜飞、许梦丽、叶张帆、张丕兰、张义锋、郑义

2023 级 10 人

柴克松、李杰、孙霄、王依然、吴佳丽、谢婉婷、薛策策、杨立诚、杨思奇、周诚达

三、国家课题目录

丁建东	结合材料表面图案化技术探索细胞手性	国际（地区）合作与交流项目
陈国颂	含糖聚酯的结晶驱动自组装及其免疫学功能	国际（地区）合作与交流项目
陈国颂	糖-蛋白质相互作用驱动的蛋白质自组装结构与杂化体功能探索	国际（地区）合作与交流项目
Erlita Mastan	Tailoring Polymer Microstructure in a Continuous-process for Step-growth Polymerization	国际（地区）合作与交流项目
陈国颂	结晶化和糖化学协同诱导的大分子组装：各向异性组装体及其生物学功能	国际（地区）合作与交流项目
刘天西	聚合物与分子科学中法学者双边研讨会	国际（地区）合作与交流项目
唐萍	接枝在无机粒子表面、结构明确的双组分聚合物刷的纳米级微组装行为研究	国际（地区）合作与交流项目
丁建东	中欧生物材料研讨会	国际（地区）合作与交流项目
邱枫	高分子场论中的若干重要问题：排除体积效应、化学反应和超分子自组装	国际（地区）合作与交流项目
陈国颂	大分子自组装体的形貌转变机理及其生命相关拓展	国际（地区）合作与交流项目
聂志鸿	自组装功能序构材料	国家杰出青年科学基金（包括外籍）
陈国颂	基于糖和蛋白质的生物大分子材料	国家杰出青年科学基金（包括外籍）
李卫华	嵌段共聚物分相纳米结构的分子设计	国家杰出青年科学基金（包括外籍）
丁建东	细菌视紫红质蛋白/聚合物复合膜的制备和研究	国家杰出青年科学基金（包括外籍）

续　表

王振纲	发展高分子凝聚态物理的自洽场理论	国家杰出青年科学基金(包括外籍)
武培怡	高聚物测试与表征方法	国家杰出青年科学基金(包括外籍)
祝磊	高分子-小分子液晶基元络合物的凝聚态物理	国家杰出青年科学基金(包括外籍)
邵正中	动物丝蛋白在生物矿化过程中的作用	国家杰出青年科学基金(包括外籍)
汪长春	功能性单分散聚合物微球及聚合物胶束的研究	国家杰出青年科学基金(包括外籍)
江东林	高分子设计与合成	国家杰出青年科学基金(包括外籍)
陈道勇	聚合物及杂化纳米粒子的结构控制、高级组装及功能化	国家杰出青年科学基金(包括外籍)
刘天西	高分子纳米复合材料	国家杰出青年科学基金(包括外籍)
彭慧胜	取向碳纳米管/高分子新型复合材料在能源领域的应用基础研究	国家杰出青年科学基金(包括外籍)
赵彦利	可被快速排泄的氧化硅-聚合物复合纳米粒子用于光热/化疗联合癌症疗法的研究	海外及港澳学者合作研究基金
江东林	共轭多孔高分子的可控合成及性能	海外及港澳学者合作研究基金
陈新	同步辐射红外光谱辅助设计和制备功能性丝蛋白/无机纳米材料杂化纤维	联合基金项目
陈新	同步辐射红外光谱对动物丝结构和成丝机理的研究	联合基金项目
杨东	疏水MOF超晶格材料的自组装构筑及其应用研究	面上项目
汪莹	高离子电导率高模量三元聚合物固态电解质的构筑与性能研究	面上项目

续 表

郭佳	手性共价有机框架的光电催化分解水研究	面上项目
汪长春	磁性功能微球在核酸快速提取及检测中的基础科学问题探究	面上项目
杨武利	具有光焦亡效应的纳米药物用于肿瘤治疗	面上项目
唐萍	含动态可逆相互作用高分子动力学的分子理论及模拟研究	面上项目
李剑锋	基于粒子模拟和机器学习方法的单链动态拓扑缠结的理论研究	面上项目
闫强	基于气体燃料驱动的非平衡态高分子组装	面上项目
陈茂	机器学习辅助测定活性自由基共聚竞聚率用于促进共聚物结构精准调控	面上项目
潘翔城	硼酯类聚合物的可控合成和精准后修饰研究	面上项目
朱亮亮	基于多硫芳烃的物理性自组装光控技术	面上项目
千海	噁嗪力敏分子的多色体系构筑及退激动力学调控的研究	面上项目
王国伟	聚烯烃化纳米自组装体的设计、合成及应用研究	面上项目
张波	质子交换膜水电解装置中催化剂-聚合物电解质界面的原位谱学研究与分子调控机制	面上项目
刘瑞丽	运用聚合物微图案探讨细胞形状调控细胞表型转化	面上项目
陈茂	构建基于新型磺酰基引发剂的无金属可控自由基聚合体系	面上项目
郭佳	二维共价有机框架协同增强电催化二氧化碳还原	面上项目
冯嘉春	Ziegler-Natta 聚烯烃中硬脂酸盐类除酸剂作用机理研究	面上项目
彭娟	共轭聚合物大尺度有序共晶的构筑及载流子传输性能研究	面上项目

续 表

陈培宁	基于交织结构的高性能柔性织物忆阻器	面上项目
孙雪梅	基于有机电化学晶体管的柔性纤维状生物传感器	面上项目
卢红斌	石墨烯框架层间化学调控及其对二氧化碳的捕获与转化利用	面上项目
黄霞芸	通过在聚合物囊泡膜上锚定纳米凝胶来放大其结构对环境的智能响应	面上项目
何军坡	受生物技术启发的聚合物分子编辑	面上项目
杨东	乳液自组装制备碳包覆二元纳米颗粒组装微球及其锂离子电池负极应用	面上项目
郭佳	三元共价有机框架的半导体性质调控及其复合光催化材料的设计	面上项目
聂志鸿	嵌段共聚物接枝纳米粒子自组装的原位观测及动力学研究	面上项目
冯嘉春	成核剂对聚乙烯结晶形态的影响及聚乙烯成核剂作用的再认识	面上项目
江东林	基于共价有机框架材料的二氧化碳选择分离和化学转化	面上项目
陈国颂	以纳米抗体多聚体为新组装单元的生物大分子自组装及其功能化	面上项目
朱亮亮	具有长波响应行为的自主式光开关的设计制备与成像应用	面上项目
俞麟	热致水凝胶共负载磁性纳米颗粒与NO供体用于肿瘤协同治疗的研究	面上项目
邱枫	全共轭嵌段高分子凝聚态结构演化路径研究	面上项目
李剑锋	深度学习应用于嵌段高分子微相分离形态的生成与预测	面上项目
唐萍	含氢键刚-柔嵌段高分子的小尺寸有序结构生成机理的研究	面上项目

续 表

陈茂	可见光控制活性自由基聚合制备官能化氟聚合物	面上项目
杨武利	长循环两性离子聚合物纳米凝胶作为抗肿瘤药物载体的研究	面上项目
汪长春	聚合物凝胶微球表面柔性精准修饰技术及在个性化治疗中基础问题研究	面上项目
徐宇曦	基于三维石墨烯/介孔金属有机框架纳米复合材料的高性能锂硫电池研究	面上项目
张波	硼-多元金属-氧复合原子簇的协同产氧催化机制研究	面上项目
刘一新	复杂条件下高分子材料介观结构的探索与设计	面上项目
陈道勇	具有高度排它性自组装行为的单链Janus粒子的合成、纯化及应用探索	面上项目
潘翔城	基于硼自由基化学的高分子合成研究	面上项目
刘瑞丽	载多因子缓释微球水凝胶仿生人工骨髓纳米人工骨快速血管化研究	面上项目
俞麟	新型X射线显影热致水凝胶的设计、合成及用于体内非入侵式的降解研究	面上项目
杨东	三维有序介孔石墨烯复合材料的制备及其在储能方面的应用研究	面上项目
魏大程	少数层二维共轭高分子液态金属催化化学气相沉积合成及电学性质研究	面上项目
冯嘉春	基于热塑性弹性体的多形状记忆材料及性能调控相关基础问题初探	面上项目
唐萍	高分子多连续网状及液晶结构中的相变路径及稳态、亚稳态生成	面上项目
杨颖梓	自推进链体系的临界状态动力学	面上项目

续 表

李卫华	嵌段共聚物体系中缺陷产生和消亡的机理研究	面上项目
丁建东	医用可注射性热致物理水凝胶的结构研究	面上项目
郭佳	纳米尺度共价有机骨架的功能化及其应用基础研究	面上项目
王国伟	活性阴离子聚合诱导自组装技术的研究	面上项目
孙雪梅	一种新型纤维状的光电转换器件	面上项目
徐宇曦	基于共轭羰基化合物/石墨烯柔性复合膜的高性能锂离子电池有机正极材料研究	面上项目
武培怡	带电温敏单体及其聚合物复杂体系结构性能研究	面上项目
彭娟	全共轭聚硒吩嵌段共聚物的合成、相结构调控及器件性能研究	面上项目
闫强	基于 H_2S/H_2Sn 生物信号的特异响应性大分子设计合成与可控自组装	面上项目
何军坡	基于 Mizoroki-Heck 偶联反应的取代聚乙炔分子工程	面上项目
胡建华	抗菌和抗生物污染性能可控的功能高分子	面上项目
杨东	具有 Yolk/Shell 结构氮掺杂碳包覆四氧化三铁纳米微球的制备及其在锂离子电池负极方面的应用研究	面上项目
彭慧胜	高效率、可拉伸的纤维状钙钛矿太阳能电池	面上项目
冯嘉春	一类芳香二酰胺成核剂在聚丙烯熔体中的分散与组装行为及成核机理再认识	面上项目
张红东	高分子材料裂缝增长和断裂的相场模型	面上项目
唐萍	基于刚-柔多嵌段链模型发展高分子结晶的分子理论	面上项目
李卫华	探索嵌段共聚物分子结构的设计原理——制备非传统相结构	面上项目

续 表

陈道勇	带有环形补丁的各向异性粒子的制备、功能化及组装	面上项目
邵正中	含特定氨基酸多肽及其两亲性多肽的聚集态结构调控和组装体的功能化	面上项目
陈新	先进红外光谱技术对动物丝和丝蛋白基材料结构与性能关系的深入研究	面上项目
王国伟	新型大环共轭聚合物的分子设计、合成与性能研究	面上项目
平郑骅	水在聚合物中的状态及其同膜的分离性质的关系	面上项目
江明	基于大分子络合物的新材料	面上项目
府寿宽	高固含量纳米级聚合物乳液的制备,功能化及应用研究	面上项目
杨玉良	多相高分子复杂流体的临界动力学与形态生成	面上项目
周平	用 DFT 和固体 NMR 研究蚕丝蛋白体系中氢键构象与功能的关系	面上项目
邵正中	蜘蛛丝的特性与其超分子结构和自组装过程间关系研究	面上项目
戈进杰	基于天然废弃植物原料的生物降解性聚氨酯材料	面上项目
李善君	反应诱导相分离精细结构形成机制的研究	面上项目
黄骏廉	含亚胺环高分子共聚物的合成和抗肿瘤转移活性研究	面上项目
姚萍	合成高分子对蛋白质分子体外折叠的促进作用研究	面上项目
周平	用 DFT 和固体 NMR 研究蚕丝蛋白体系中氢键、构像与功能的关系	面上项目

续表

钟伟	水溶性聚合物冷冻相分离的实验观察理论模拟	面上项目
丁建东	组织工程用高分子水凝胶的相结构和粘弹性研究	面上项目
汪长春	氧阴离子聚合制备	面上项目
江明	大分子组装获得空心聚合物纳米微球的新途径	面上项目
汪长春	氧阴离子聚合制备可控壳层的单分散功能性聚合物微球	面上项目
周平	深入研究丝蛋白构想及成丝	面上项目
武培怡	间规聚苯乙烯的二维振动光谱研究	面上项目
陈道勇	由化学交联诱导交束化实现的制备聚合	面上项目
李善君	热塑性树脂改性热固性树脂的	面上项目
府寿宽	由改进的微乳液聚合制备较高 TgPMMA 研究	面上项目
邵正中	动物丝的特性与丝蛋白分子聚集体结构间的关系	面上项目
何军坡	新型二硫代脂对基于 PAFT 过程的可控自由基聚合的影响	面上项目
府寿宽	由改进的微乳液聚合制备富间同立构 PMMA 的基础研究	面上项目
汪长春	碳纳米管表面的可控自由基聚合反应	面上项目
平郑骅	分子间相互作用对可溶剂在致密膜中的溶解扩散性质的影响	面上项目
丁建东	菌紫质膜蛋白在脂质体蛋白体上自组装的定向机制	面上项目
邱枫	复杂嵌段高分子的拓扑结构,嵌段序列和微相形态	面上项目

续 表

陈新	基于蜘蛛和蚕生物体内环境的丝蛋白象转变的研究	面上项目
刘天西	功能性高分子材料的自组装纳米结构/形态及其与光物理性能之间的关系研究	面上项目
丁建东	长海医院合作基金	面上项目
周平	类丝素高分子聚合物结构,构象,加工工艺与其功能关系的固体 NMR 研究	面上项目
姚萍	聚合物分子伴侣对蛋白质折叠的促进作用	面上项目
张红东	多组分囊泡的形状和形态	面上项目
唐萍	非平衡态外场下高分子复杂流体相行为研究	面上项目
黄骏廉	含靶向分子的新型多臂聚乙二醇载体材料在蛋白质药物中的应用	面上项目
丁建东	仿真组织工程血管的构建及其移植应用的实验研究	面上项目
何军坡	烷氧基胺和二硫代酯之间的交换反应-RAFT 过程的模型反应	面上项目
黄骏廉	星型杂臂 ABC 嵌段共聚物合成中的机理转换新方法研究	面上项目
倪秀元	纳米半导体光催化的聚合反应与制备的复合材料特性研究	面上项目
丁建东	适于蛋白质药物缓释载体的新型水凝胶研究	面上项目
陈道勇	由核壳粒子在溶液中的可控聚集来制备核壳聚合物纳米线	面上项目
杨玉良	聚电解质核带电颗粒的组装和病毒中 DNA 链的凝聚	面上项目
卢红斌	支化聚合物的结构流变学	面上项目
杜强国	氟树脂中空间电荷的行为与结构关系的研究	面上项目
唐晓林	聚合反应诱导多次相分离的研究	面上项目

续表

周平	脑神经退行性疾病致病机理及中药治疗的新探索	面上项目
何军坡	基于阴离子聚合的杂臂星状共聚物的合成	面上项目
汪长春	自分散型表面功能团密度可控的单分散功能性聚合物微球的制备	面上项目
陈新	两性带电天然高分子膜的结构、功能和应用	面上项目
唐萍	非均相高分子体系动力学及其介观分子模型	面上项目
姚萍	基于蛋白质和多糖的全天然水相纳米凝胶的构建及其功能研究	面上项目
冯嘉春	β聚丙烯应用研究中的两个基础问题	面上项目
刘天西	聚醚酰亚胺/碳纳米管功能性取向复合膜的制备与表征	面上项目
丁建东	新型可注射性组织工程水凝胶的研究	面上项目
江明	基于包结络合作用的金纳米粒子的可逆聚集及与高分子的自组装	面上项目
武培怡	二维相关红外探针在聚合物研究中的应用	面上项目
陈道勇	高效制备双亲性不对称聚合物粒子的新方法以及粒子间的高级组装	面上项目
卢红斌	碳纳米管/聚合物复合材料界面分子设计及链段松弛行为	面上项目
黄骏廉	环状大分子单体的分子设计,合成和聚合特性研究	面上项目
汪伟志	两亲性嵌段共轭聚合物的合成及其发光性质研究	面上项目
汪长春	基于金属纳米粒子的超高磁响应性复合微球的制备研究	面上项目
邵正中	聚合物表面多层次结构的构建	面上项目
陈新	高性能再生丝蛋白纤维仿生制备的深入研究	面上项目

续 表

李卫华	多嵌段共聚物的自组装和对其形成的复杂结构的调控	面上项目
余英丰	介观粒子在聚合诱导粘弹相分离中的作用机制研究	面上项目
丛培红	高速列车用合成闸片新型基体树脂作用机理研究	面上项目
黄骏廉	结构可控的两亲性大环接枝共聚物的合成和性能研究	面上项目
杨武利	基于聚电解质-无机纳米粒子静电组装的复合微球	面上项目
姚萍	具有不同疏水性和 pH 响应性的聚电解质与蛋白质的作用研究	面上项目
冯嘉春	影响聚烯烃负荷变形温度的多层次结构因素	面上项目
张红东	电荷分布对聚电解质溶液性质的影响	面上项目
唐萍	半刚性高分子相行为的场论模拟及其应用	面上项目
邱枫	"失措"多嵌段高分子微相结构研究的 Fourier 空间新方法	面上项目
汤蓓蓓	新型荷正电复合纳滤膜的制备、表征及基于二维红外相关分析技术的复合膜分离机理的研究	面上项目
刘天西	高分子纳米复合材料的结晶行为及其对力学性能的影响研究	面上项目
胡建华	具有药物控释作用的介孔复合微球的研究	面上项目
何军坡	通过阴离子连续过程合成类树枝状聚合物	面上项目
周平	灵芝有效降糖天然大分子提取物的组成结构及在糖尿病治疗中的作用机理	面上项目
彭娟	半刚性嵌段共聚物的凝聚态结构及其光电性能研究	面上项目

续表

汪长春	新型结构 Fe3O4 纳米粒子簇的可控制备及生物医用研究	面上项目
胡建华	基于二硫键负载药物的接枝共聚物用于药物控释系统的研究	面上项目
武培怡	甲壳型聚合物液晶材料的二维相关振动光谱研究	面上项目
何军坡	基于构效关系研究的带强吸电子基团 RAFT 试剂的合成与性能	面上项目
李卫华	Rod-coil 嵌段共聚物相分离的动力学理论和模拟	面上项目
冯嘉春	聚丙烯釜内合金在外场作用下聚集态结构的演化及低温韧性	面上项目
卢红斌	石墨烯片层的空化剥离、结构演化及界面修饰	面上项目
姚晋荣	含热稳定性卤胺结构高分子抗菌材料的合成及其结构与性能	面上项目
杨东	载药功能化介孔微球与硫酸钙复合制备人工骨及其缓释性能的研究	面上项目
陈新	大豆蛋白功能材料的设计、制备及应用	面上项目
丁建东	材料表面拓扑形貌的细胞响应	面上项目
彭娟	两亲性聚噻吩嵌段共聚物的合成、微相分离和光伏性能研究	面上项目
汤蓓蓓	离子液体功能化纳米复合膜的制备与分离机理研究	面上项目
汤慧	特定拓扑结构液晶聚合物及其功能材料的高效点击化学合成	面上项目
汪伟志	共轭聚合物与单壁碳纳米管相互作用的研究	面上项目
王国伟	氮氧自由基偶合——逐步聚合（NRC‐SGP）反应机理的研究与应用	面上项目

续 表

武培怡	多重响应性聚(N-乙烯基己内酰胺)复合水凝胶材料制备和相变机理研究	面上项目
杨武利	适用于抗肿瘤药物载体的含介孔结构的多重响应复合微球	面上项目
姚萍	面向肿瘤诊断和治疗应用的多功能蛋白质-多糖复合体系	面上项目
余英丰	高性能LED显示器件封装材料的关键科学问题研究	面上项目
俞麟	可热致凝胶化的铂偶联嵌段共聚物的合成及其在联合给药系统中的应用	面上项目
杨武利	一种新型介孔二氧化硅—硫化氢控释纳米微球的构建及在心脏移植保存液中的应用研究-1	面上项目
周平	天然化合物对α-突触核蛋白异常自组装聚集的控制及对蛋白功能的影响	面上项目
唐萍	拓扑结构耦合液晶基元的高分子链构象及相变问题研究	面上项目
胡建华	结构规整的两亲性聚合物分子刷的合成及其在刺激响应性表面中的应用研究	面上项目
刘天西	静电纺聚酰亚胺纳米纤维复合膜的多级结构可控构筑及其性能研究	面上项目
王海涛	具有多级微纳结构孔表面的功能性聚合物多孔材料的结构设计和机理研究	面上项目
杨东	通过二硫键共价载药可聚合单体的合成及纳米药物控释系统的构建研究	面上项目
冯嘉春	复合材料熔融加工过程中氧化石墨烯的原位还原及相关问题	面上项目
周广荣	灵芝蛋白多糖对胰淀素聚集-内质网应激所致胰岛b细胞凋亡的干预作用研究	面上项目

郭佳	具有多孔有机框架结构的光功能高分子的合成及应用	面上项目
何军坡	模板单体的阴离子聚合	面上项目
汪长春	高分子纳米水凝胶微球制备新技术及其生物医用研究	面上项目
姚萍	运用疏水修饰的聚电解质输送蛋白质药物研究	面上项目
俞麟	治疗II型糖尿病的可注射性凝胶/药物复合物体系	面上项目
陈国颂	糖化学推动的嵌段共聚物的自组装研究	面上项目
李剑锋	多细胞体系聚集态行为的理论研究	面上项目
杨武利	可还原降解的聚合物纳米凝胶用作抗肿瘤药物载体的研究	面上项目
武培怡	线性温敏聚合物复杂结构的分子设计和分子光谱表征	面上项目
曾裕文	高性能聚合物的设计合成与应用探索	其他
汪莹	通过人工智能辅助研发双螺旋固态聚合物电解质	其他
高悦	能源高分子材料	其他
冯雪岩	软物质超分子晶体缺陷工程	其他
千海	刺激响应分子设计与力响应高分子材料开发	其他
邱枫	高分子物理及高分子物理化学	其他
戴立威	复杂胶体聚合物的精准构筑及其聚合动力学研究	青年基金
孔德荣	基于核酸酶介导的晶体管传感界面及单核苷酸突变快检应用研究	青年基金
宋青亮	瓶刷共聚物分相结构的分子设计	青年基金

续 表

黄竹君	自由基硅氢化聚合及后修饰研究	青年基金
王亚子	动态可重构手性等离子体纳米阵列的设计、制备与性能研究	青年基金
王立媛	实时监测伤口炎症的柔性电子纱布	青年基金
周婷	质子受体型共价有机框架的离子调控促进光催化性能研究	青年基金
李传发	环糊精基高分子复合隔膜的设计制备及其在纤维状水系锌离子电池中的应用	青年基金
徐一飞	利用冷冻透射电镜研究胶原矿化过程中纳米团簇的结晶动力学	青年基金
董庆树	基于机器学习的嵌段共聚物相图的全自动构建	青年基金
杨帆	基于光热驱动聚合物相分离精确构筑三维手性等离子阵列	青年基金
高悦	有机单分子层对无负极锂电池界面的电化学调控	青年基金
曾凯雯	基于新型卟啉染料的高效纤维染料敏化太阳能电池	青年基金
杨俊英	嵌段共聚物形成新颖螺旋结构的研究	青年基金
许占文	嵌段共聚物/纳米粒子有序分相结构的分子设计及性能优化	青年基金
夏衍	超薄有序介孔高分子膜的可控制备及应用	青年基金
易成林	毛发状无机纳米粒子自组装构筑新型半柔性聚合物链网络	青年基金
王前义	光调控的 Lewis 酸碱对催化单体聚合	青年基金
贺迎宁	基于高分子材料和微流控技术的类脑器官芯片模型元件的设计和制备	青年基金
唐敬玉	热致水凝胶聚合物在水中快速溶解的基础研究	青年基金

续 表

黄霞芸	运用插层法增强聚二炔的近红外吸收以改善其光声成像性能	青年基金
闫强	基于全硫代苯染料的 CO_2 门控型磷光聚合物纳米体系	青年基金
刘琼	材料表面血管内皮细胞和平滑肌细胞迁移的研究	青年基金
姚响	基于材料表面图案化技术探索干细胞的手性	青年基金
潘翔城	基于自由基串联反应的可控聚合	青年基金
陈茂	可见光催化流动化学精确合成超高分子量丙烯酸类聚合物	青年基金
顾也欣	基于微流控芯片的周期性力学刺激对准三维材料环境下细胞行为的影响	青年基金
屈泽华	基于原子力显微镜的水凝胶表面的纳米力学性能的研究	青年基金
王芳	具有刺激响应性纳米结构的芯片技术用于循环肿瘤细胞的检测研究	青年基金
鲍雨	基于"DNA/聚合物胶束"纳米线的精确三维网络组装体	青年基金
王兵杰	高性能的纤维状水系锂离子电池	青年基金
何垚	聚合物涂层调控生物医用材料的降解行为	青年基金
魏大程	大面积二维六方氮化硼低温无转移制备及其在有机场效应晶体管中的应用	青年基金
刘瑞丽	DNA 靶向抗肿瘤药物对肿瘤细胞核变形能力的影响	青年基金
张宇飞	基于肿瘤相关糖抗原和核酸免疫佐剂的纳米大分子组装体研究	青年基金
周蕴赟	具有双作用位点的双酰胺类杀虫剂的设计合成和生物活性研究	青年基金

续 表

张远铭	两嵌段共聚物在流场中的取向行为	青年基金
汪长春	具有光存贮、光电功能的微米级单分散聚合物微球的研究	青年基金
陈新	以天然高分子为基质的亲和膜色谱材料的研究	青年基金
张红东	流体力学和粘弹性效应对高分子相分离动力学的影响	青年基金
何军坡	活性自由基聚合制备可控支化的聚合物	青年基金
邱枫	高分子/无机纳米固体复杂体系的相形态及其生成动力学	青年基金
武培怡	逐层组装法合成有序层状纳米导电高分子复合材料	青年基金
唐萍	非平衡态剪切场下高分子复杂流体相行为研究	青年基金
杨武利	具有多重响应的无机/有机复合微球,空心球的研究	青年基金
武培怡	动物丝蛋白体系二维相关光谱研究	青年基金
王海涛	具有可见光催化活性的纳米半导体表面的受限接枝聚合	青年基金
余英丰	聚合过程中微纤结构的原位生成机理研究	青年基金
汪伟志	两亲性嵌段共轭聚合物纳米组装体系的研究	青年基金
李卫华	嵌段共聚物在软受限和刚性受限下的自组装行为	青年基金
汤蓓蓓	新型荷正电复合纳滤膜的制备、表征及基于二维红外相关分析技术的	青年基金
周平	海藻糖对 α-synuclein 异常聚集致帕金森病的阻断作用及机制(参与)	青年基金
汪长春	龙江07年自然科学基金合作	青年基金

续表

陈国颂	由糖与其特异性蛋白分子的识别作用调控的大分子自组装研究	青年基金
俞麟	热敏的嵌段共聚物水凝胶的调控及其在药物缓释中的应用	青年基金
彭慧胜	电致变色的聚二炔碳纳米管复合纤维	青年基金
汤慧	新型甲壳型液晶嵌段聚合物的合成及应用研究初探	青年基金
彭娟	嵌段共聚物与软化学法耦合制备局域表面等离子体共振薄膜	青年基金
王国伟	新型的环-线多嵌段"串珠"形共聚物的合成及性能研究	青年基金
郭佳	共价有机结构(COFs)的制备及其功能化	青年基金
刘一新	高分子超薄膜结晶中图样生成的计算机模拟研究	青年基金
李剑锋	软胶束纳米粒子的聚集态行为的理论研究	青年基金
杨东	基于二硫键共价载药的介孔二氧化硅微球用于药物控释系统的研究	青年基金
高瑞华	新型 MnO_x/CeO_2-ZrO_2 低维纳米材料的合成及其在苯乙烯环氧化反应中的应用研究	青年基金
杨颖梓	自推进粒子体系的相变与相形态研究	青年基金
孙雪梅	新型溶剂诱导变形的聚乙炔/取向碳纳米管复合材料	青年基金
Julia Jinling Chang	Template-guided Fabrication of 3D Plasmonic Arrays	外国学者研究基金项目
朱亮亮	通过螺旋自组装调控 π-功能体系的光化学与光物理性质	应急管理项目
魏大程	少数层二维高分子与二维晶体杂化结构的控制合成及其性能研究	应急管理项目

续表

潘翔城	高分子可控和精准合成	优秀青年科学基金项目
陈培宁	柔性织物显示系统	优秀青年科学基金项目
孙雪梅	柔性生物电子复合材料	优秀青年科学基金项目
彭娟	聚合物凝聚态结构的调控	优秀青年科学基金项目
李卫华	高分子物理的理论计算和模拟研究	优秀青年科学基金项目
陈国颂	生物功能导向的大分子自组装材料	优秀青年科学基金项目
陈道勇	超结构动态调控与协同机制	重大项目
江明	高分子自组装的新途径及相应超分子聚集体的结构与功能	重大项目
许元泽	联系介观到宏观尺度的高分子共混物流变学本构方程	重大项目
陈道勇	熊思东重大项目分课题	重大项目
邱枫	非理想高分子链的凝聚态结构及其转变	重大项目
邱枫	电中性半刚性高分子统计理论和动力学模拟	重大项目
杨玉良	非理想高分子链的凝聚态结构及其转变-课题2	重大项目
张红东	非理想高分子链的凝聚态结构及其转变-课题3	重大项目
唐萍	非理想高分子链的凝聚态结构及其转变-课题4	重大项目
陈道勇	DNA 的化学修饰及自身免疫识别机制的研究	重大项目
张红东	非理想高分子链的凝聚态结构及其转变	重大项目

续表

唐萍	非理想高分子链的凝聚态结构及其转变	重大项目
聂志鸿	超越自然:仿生聚合物纳米复合材料中的尺度及序构效应探究	重大研究计划
陈国颂	糖肽超分子组装体的手性结构精确调控与功能探索	重大研究计划
潘翔城	立构定向可控自由基聚合高效合成高立构规整度、螺旋形和手性聚合物	重大研究计划
陈国颂	基于糖的大分子精确自组装及生物学功能	重大研究计划
彭慧胜	新型智能聚二炔组装纤维的基础应用研究	重大研究计划
陈道勇	蝌蚪状单链Janus粒子的高效制备、组装及组装体的性能研究	重大研究计划
丁建东	两亲性高分子在水中自组装对于部分药物活性形式的影响	重大研究计划
唐萍	具有链刚性的高分子体系的自组装及相变机理	重大研究计划
江明	大分子自组装:生物分子识别作用的引入和模拟糖萼的构建及其生物学功能(领域:一、二)	重大研究计划
李卫华	聚合物微相结构设计及其材料力学性能的调控	重点项目
丁建东	生物材料融合界面的调控	重点项目
汪长春	高分子介晶材料的设计制备及结构性能调控	重点项目
杨武利	用于肿瘤治疗的环境响应复合微球的研究	重点项目
邵正中	动物丝与丝蛋白基材料中多尺度结构的关联及其构效关系的优化	重点项目
武培怡	刺激响应多功能复合凝胶的设计、制备以及在智能皮肤中的应用	重点项目
汪长春	具有热缩冷胀特性的聚芳基酰胺功能材料的设计合成及机理研究	重点项目

续 表

彭慧胜	具有优异电化学储能性能的新型碳纳米管/高分子复合材料	重点项目
丁建东	生物材料的降解规律和细胞响应	重点项目
杨玉良	具有生命体系结构和过程要素的耗散结构理论研究	重点项目
杨玉良	液晶高分子流变学及其流体力学研究	重点项目
戈进杰	基于天然聚多糖等植物原料的环境友好材料	重点项目
胡建华	钢铁工业冷轧厂含锌2	重点项目
杨玉良	多相高分子复杂流体的临界	重点项目
府寿宽	反应性超支化聚合物的设计制备及其应用研究	重点项目
江明	聚合物胶束的制备及其功能化材料的基础研究	重点项目
邵正中	动物丝和丝蛋白的凝聚态基本问题及再生丝蛋白纤维高性能化的探索	重点项目
武培怡	聚合物凝聚态的多尺度连贯研究	重点项目
丁建东	生物信息高分子材料	重点项目
武培怡	生物大分子间弱相互作用的谱学揭示及相关方法学探讨	重点项目
江明	基于主客体分子识别的超分子聚合与大分子自组装	重点项目
丁建东	细胞与材料相互作用的基本科学问题研究	重点项目
邵正中	非生理活性蛋白质及其多肽片段的聚集态结构调控和功能化	重点项目
陈道勇	DNA与聚合物胶束之间的精确自组装及其应用	重点项目
汪长春	非生理活性蛋白质及其多肽片段的聚集态结构调控和功能化	重点项目

续 表

赵毅立	瓶刷状多嵌段共聚物自组装形成多特征尺寸条纹结构的模拟研究	专项项目
杨玉良	探索研究AI伦理对科研环境的影响	专项项目
杨玉良	科学基金科研不端行为的类型、性质及处理研究	专项项目
钟伟	水溶性聚合物冷冻相分离的实验观察和理论模拟	专项项目
府寿宽	由改进的微乳液聚合制备	专项项目
杨玉良	高分子及生命体系的复杂形态和生成动力学	专项项目
丁建东	"两个基地"合作研究	专项项目
杨武利	具有环境影响的无机/有机复合微球,空心球的研究	专项项目
倪秀元	一维结构纳米半导体光催化的聚合反应与光伏异质结制备研究	专项项目
魏大程	用于新冠病毒快速精准检测的二维晶体管型传感器件及集成系统研究	战略性国际科技创新合作重点专项
俞麟	植入级PEEK材料表面的跨尺度-多层级的成骨活性修饰研究	34.生物医用材料研发与组织器官修复替代
朱亮亮	具有协同效应的高性能三元有机太阳能电池(青年项目)	07.纳米科技
邵正中	碳纳米基纤维的连续制备与结构和性能调控	07.纳米科技
汪长春	用于抗细胞增殖和组织增生的高分子凝胶微球制备研究	34.生物医用材料研发与组织器官修复替代
杨武利	材料表界面与细胞的相互作用	34.生物医用材料研发与组织器官修复替代

续 表

丁建东	生物材料表界面及表面改性研究	34.生物医用材料研发与组织器官修复替代
彭慧胜	纤维状储能器件的构建与电荷分离和传输机制的研究	07.纳米科技
丁建东	材料与细胞/蛋白质相互作用和抗凝机理研究	67.诊疗装备与生物医用材料
孙雪梅	纳米活性材料的定向合成与纤维电极材料的高效制备	35.纳米前沿
彭慧胜	全柔性织物显示系统关键技术研究	35.纳米前沿
陈国颂	动态自适应仿生水凝胶材料设计与制备	18.高端功能与智能材料
高悦	基于多活性中心含锂有机正极和氟醚类电解液的储能电池研究	05.储能与智能电网技术
屈泽华	融合自动化采检和体征监测的智慧化监测预警平台的创建	02.病原学与防疫技术体系研究
俞麟	生殖道结构异常的定制化重建	47.生育健康及妇女儿童健康保障
屈泽华	多技术融合的病原体免疫核酸双靶标快速超敏检测技术研究	02.病原学与防疫技术体系研究
戈进杰	生物降解性高分子材料的合成	留学回国人员科研启动基金
黄骏廉	有特殊构造共聚物的分子设计,合成和性能	高校博士点基金
杨玉良	多相高分子体系的临界动力学研究	重点项目
杨玉良	多相高分子体系加工成型过程中的流变及形态演化	重点项目
汪长春	具有光存储光电功能的微米及聚合物微球的研究	留学回国人员科研启动基金
王振纲	访问学者基金24	其他教育部项目

续表

李新贵	访问学者基金25	其他教育部项目
王利群	访问学者基金26	其他教育部项目
何军坡	用活性自由基聚合合成特定结构的聚合物	霍英东基金
姚萍	合成高分子对蛋白质分子体外折叠的促进作用研究	霍英东基金
陈新	丝心蛋白构象转变动力学及机理的研究	霍英东基金
汪长春	具有光电性能的单分散聚合物微球的研究	霍英东基金
张敏	聚合物分子工程教育部重点实验室1	其他教育部项目
邱星屏	聚合物分子工程教育部重点实验室2	其他教育部项目
Q. T. NGUY	聚合物分子工程教育部重点实验室3	其他教育部项目
姚明龙	聚合物分子工程教育部重点实验室4	其他教育部项目
胡文兵	留学回国人员基金3	留学回国人员科研启动基金
梁国明	聚合物分子实验室访问学者基金5	其他教育部项目
涂克华	聚合物分子实验室访问学者基金6	其他教育部项目
张红东	高分子凝聚态复杂形态的动态自洽场模型	其他教育部项目
武培怡	2001年留学回国人员基金5	留学回国人员科研启动基金
李同生	高分子摩擦的凝聚态	重点项目
李同生	高分子摩擦的凝聚态物理问题	重点项目
邵正中	丝素蛋白模拟物-含天丝	高校博士点基金
邵正中	丝素蛋白模拟物-含天然丝分子链片段结构聚合物	高校博士点基金
陈新	教育部留学回国人员启动基金(200202)	留学回国人员科研启动基金
陈新	时间分辨红外光谱对丝蛋白构象转变过程的研究	霍英东基金

续 表

黄维	高性能有机平板显示器件及相关重大基础问题	其他
武培怡	天然大分子水溶液的二维红外光谱研究	高校博士点基金
丁建东	基于图案化表面的细胞与生物材料相互作用的基础研究	高校博士点基金
杨武利	多功能聚合物复合微球的应用基础研究	其他
丛培红	留学回国人员科研启动基金	留学回国人员科研启动基金
汪长春	环境影响性复合功能微球制备及在生物分子分离中的作用	其他
余英丰	可聚合刚柔嵌段低聚物在反应性溶剂中的微相分离	高校博士点基金
李卫华	多嵌段高分子的自组装	留学回国人员科研启动基金
姚晋荣	新型卤胺类抗菌材料的合成	留学回国人员科研启动基金
彭慧胜	流动形变的聚合物胶束	留学回国人员科研启动基金
彭娟	嵌段共聚物薄膜有序微图案的构筑与调控	留学回国人员科研启动基金
倪秀元	中国高校获国家自然科学奖情况调研与分析	高校博士点基金
俞麟	物理混合嵌段共聚物制备热可逆水凝胶及其在药物缓释中的应用	高校博士点基金
王国伟	含单一活性功能基团的多臂星型聚乙二醇的合成及其应用研究	高校博士点基金
陈国颂	通过糖与其凝集素蛋白连接的大分子非共价胶束组装体	留学回国人员科研启动基金
彭慧胜	2009新世纪优秀人才支持计划	新世纪优秀人才支持计划

续 表

黄蕾	Rheo-NMR 技术研究丝蛋白液晶态的形成和变化	留学回国人员科研启动基金
汤慧	端基修饰富勒烯的甲壳型液晶聚合物的控制合成及其发光性质的研究	高校博士点基金
余英丰	介观粒子在聚合诱导粘弹相分离中的作用机制研究	留学回国人员科研启动基金
何军坡	阴离子聚合合成具有介观尺寸的复杂球型聚合物	高校博士点基金
郭佳	新型共价有机结构(COFs)的合成及其应用	高校博士点基金
陈新	用于淋巴化疗的丝蛋白纳米载药微球	高校博士点基金
杨东	磁响应性碳纳米管的制备及其用于淋巴靶向药物传输的研究	高校博士点基金
武培怡	新型荷正电复合纳滤膜及基于二维相关光谱的复合膜扩散分离机理研究	高校博士点基金
郭佳	共价有机结构(COFs)的制备及其功能化_留学回国人员	留学回国人员科研启动基金
吕仁国	含硫聚合物摩擦化学的研究	留学回国人员科研启动基金
彭慧胜	基于可编织碳纳米管纤维的新型聚合物太阳能电池	霍英东基金
唐萍	弦方法研究半刚性高分子的成核及相变问题	高校博士点基金
彭慧胜	"万人计划"第三批 2023 年度经费	科技创新领军人才专项
彭慧胜	"万人计划"第三批 2019 年度经费	科技创新领军人才专项
邱枫	万人计划第二批 2018 年年度经费	科技创新领军人才专项
彭慧胜	"万人计划"第三批 2018 年度经费	科技创新领军人才专项

续表

邱枫	万人计划第二批2017年年度经费	科技创新领军人才专项
邱枫	2016万人计划-科技创新领军人才专项	科技创新领军人才专项
杨玉良	＊＊＊＊＊	其他科技部项目
江明	＊＊＊＊＊	其他科技部项目
杨玉良	高分子科学学科发展战略研究	其他科技部项目
胡建华	商用光伏并网逆变器产业化	其他科技部项目
李小卯	战略性资源外包及其风险控制的研究	国家科技支撑计划
吴纪华	崇明岛湿地自由生活线虫生态演替过程及机制的研究	国家科技支撑计划
唐萍	环境友好型油墨、树脂及复合胶关键技术研究与产业化010081	国家科技支撑计划
周平	FYGL的规模化生产及药学、药理和药代动力学研究（子课题）	重大专项（参与校外）
丁建东	新型蛋白质药物控制释放载体	其他
府寿宽	纳米药物载体治疗技术-人体恶性肿瘤	其他
冯嘉春	用于高分子材料的新型高效多功能稀土助剂开发	其他
邵正中	性状可控丝素蛋白材料在生物组织修复中的应用	其他
杜强国	可促进内皮修复的功能性药物洗脱支架的研制和开发-参加	目标导向专题课题
胡建华	关于新型可降解纤维调湿材料的研究和产业化	目标导向专题课题
杨玉良	基于PAN链与凝聚态结构的高强度碳纤维新工艺研究-1	重点项目

续表

杨玉良	基于PAN链与凝聚态结构的高强度碳纤维新工艺研究	重点项目
何军坡	基于PAN链与凝聚态结构的高强度碳纤维新工艺研究-2	重点项目
邱枫	基于PAN链与凝聚态结构的高强度碳纤维新工艺研究1-2	重点项目
张红东	基于PAN链与凝聚态结构的高强度碳纤维新工艺研究1-3	重点项目
李卫华	基于PAN链与凝聚态结构的高强度碳纤维新工艺研究1-4	重点项目
邵正中	基于PAN链与凝聚态结构的高强度碳纤维新工艺研究2-2	重点项目
卢红斌	基于PAN链与凝聚态结构的高强度碳纤维新工艺研究2-3	重点项目
李同生	基于PAN链与凝聚态结构的高强度碳纤维新工艺研究2-4	重点项目
唐萍	基于PAN链与凝聚态结构的高强度碳纤维新工艺研究2-5	重点项目
唐晓林	基于PAN链与凝聚态结构的高强度碳纤维新工艺研究2-6	重点项目
彭娟	基于PAN链与凝聚态结构的高强度碳纤维新工艺研究2-7	重点项目
施晓晖	基于PAN链与凝聚态结构的高强度碳纤维新工艺研究2-8	重点项目
冯嘉春	用于烯烃类聚合物的新型	其他
冯嘉春	用于烯烃类聚合物的新型	目标导向专题课题
汪长春	肝病发生发展与肝癌转移复发的蛋白质分子标志物的临床应用研究-2	重点项目

续 表

陈新	有机/无机纳米复合修复材料及其口腔医学应用开发	重点项目
陈国颂	快速制备高质量蛋白质晶体的新技术及其应用	重大项目
丁建东	软骨组织工程用可注射性水凝胶的研究	973计划
杨玉良	通用高分子材料高性能化的基础研究1	973计划
邱枫	"973"-(4)课题	973计划
张红东	流体力学和粘弹性效应对高分子相分离动力学的影响	973计划
平郑骅	有机-无机复合分离膜的研制	973计划
杜强国	高分子膜制备中物理与化学问题和膜材料微结构的控制	973计划
许元泽	高性能热固性符合材料研究	973计划
杨玉良	聚烯烃的多重结构及其高性能化的基础研究	973计划
何军坡	"973"-02子项目1	973计划
邱枫	高分子材料的结构流变学和力学行为的SCFT方法研究973-07子项目	973计划
卢红斌	聚烯经的反应釜合金化和无机纳米颗粒在高分子	973计划
杨玉良	"973-07"子课题骨干课题	973计划
唐萍	"973-07"子课题	973计划
冯嘉春	"973-03"子课题骨干课题	973计划
丁建东	细胞与生物材料相互作用的科学问题研究	973计划
丁建东	三维组织修复替代材料的纳米修饰关键技术	重大科学研究计划
丁建东	面向组织修复与替代的纳米生物材料的研究	重大科学研究计划
陈道勇	多维多尺度纳米结构的制备及其功能性调控	重大科学研究计划

续 表

吕文琦	三维组织修复替代材料的纳米修饰关键技术-1	重大科学研究计划
俞麟	三维组织修复替代材料的纳米修饰关键技术-2	重大科学研究计划
姚萍	多维多尺度纳米结构的制备及其功能性调控-2	重大科学研究计划
武培怡	973合作	重大科学研究计划
武培怡	人工韧带用聚合物材料的改性及其结构表征	重大科学研究计划
王海涛	人工韧带相关生物材料表面纳米修饰研究	重大科学研究计划
邵正中	人工韧带用聚合物材料的改性及其结构表征-2	重大科学研究计划
丁建东	诱导组织形成的材料表面/界面特征及其与蛋白及细胞相互作用的定量关系	973计划
杨玉良	高性能碳纤维相关重大问题的基础研究	973计划
杨玉良	耦合相分离的纺丝流变学	973计划
邱枫	氧化碳化过程中的基础科学问题-耦合各种化学反应的纤维拉伸流变学	973计划
江明	大分子及粒子自组装纳米超分子材料研究	973计划
何军坡	PAN链结构设计与过程控制	973计划
姚萍	大分子及粒子自组装纳米超分子材料研究	973计划
彭慧胜	大分子及粒子自组装纳米超分子材料研究	973计划
俞麟	三维组织修复替代材料的纳米修饰关键技术	重大科学研究计划
姚萍	多维多尺度纳米结构的制备及其功能性调控	重大科学研究计划
李同生	碳纤维的断裂物理	973计划
冯嘉春	碳纤维的断裂物理	973计划
彭娟	PAN链结构设计与过程控制	973计划

续 表

杨玉良	PAN 链结构设计与过程控制	973 计划
张红东	耦合相分离的纺丝流变学-1	973 计划
卢红斌	耦合相分离的纺丝流变学-2	973 计划
李卫华	耦合相分离的纺丝流变学-3	973 计划
邵正中	氧化碳化过程中的基础科学问题-耦合各种化学反应的纤维拉伸流变学-1	973 计划
唐萍	氧化碳化过程中的基础科学问题-耦合各种化学反应的纤维拉伸流变学-2	973 计划
杨玉良	氧化碳化过程中的基础科学问题-耦合各种化学反应的纤维拉伸流变学-3	973 计划
杨颖梓	氧化碳化过程中的基础科学问题-耦合各种化学反应的纤维拉伸流变学	973 计划
李剑锋	耦合相分离的纺丝流变学	973 计划
刘一新	PAN 链结构设计与过程控制	973 计划

四、硕士学位论文目录(1993—2023)

姓名	导师	论 文 题 目
1993		
钟伟	李文俊	新型渗透汽化分离膜研究 2.丙烯酸交联壳聚糖膜
陈新	府寿宽、平郑骅、龙英才	高硅 ZSM-5 沸石填充硅橡胶膜的研究
何军坡	黄秀云	聚甲醛的接枝与增韧
张勤	谢静薇、江明	具有适度相互作用的共混体系(SAN/TPU)的研究
潘懿	杨玉良	高分子包埋液晶(PDLC)材料及器件化研究

续 表

姓名	导师	论 文 题 目
虞涛	李善君	塑封用羟基硅油改性邻甲酚环氧树脂的研究
郑如青	杨玉良	高分子体系中的各向异性相互作用—静态和动态性质的 Monte Carlo 模拟
陈月辉	李善君	电化学阻抗频谱法研究在 NaCl 溶液中覆盖环氧树脂的铝电极
汪晓辉	卜海山	成核促进剂的研究
黄天滋	江明、谢静薇	含特殊相互作用的嵌段共聚物/均聚物体系的相容性研究
马敬红	李文俊	新型渗透汽化分离膜研究 1.戊二醛交联壳聚糖及壳聚糖/聚丙烯腈复合膜
张剑文	李善君、邵正中	硅油改性塑封用邻甲酚环氧树脂及其低应力的研究
1995		
赵军	府寿宽	稀链聚合物微球的制备和特性研究
杨学杰	杜强国	聚氯乙烯共混物的反相色谱研究
沈劲松	李善君	有机硅改性环氧树脂的物理老化与内应力研究
王雪芹	于同隐、邵正中	桑蚕丝-聚丙烯腈共混复合纤维的研究
王汉夫	李文俊	新型 CS:PAA 配合物智能性水凝胶研究
朱正涛	谢静薇	TPU/SAN 共混体系:相容性本质和引入特殊相互作用影响
1996		
陈睿	李善君	环氧树脂、聚酰亚胺及其共混物的物理老化研究
汪敏	胡家璁	有机共轭染料掺杂高分子体系的非线性光学特性研究
1997		
徐小军	府寿宽	丙烯酸酯类微凝胶的制备、表征及应用

续　表

姓名	导师	论　文　题　目
余英丰	李善军	聚醚酰亚胺改性 TGDDM 环氧树脂的相分离研究
蒋霁	黄骏廉	马来酰亚胺 a-苯基丙烯酸乙酯共聚体系的研究
范丽娟	谢静薇	EVA 的化学改性及其与 SAN 相容性的研究
胡晓华	平郑骅	PVA/PVP 交联共混膜的渗透蒸发性质
卢玉华	李文俊	基板界面诱导高分子共混体系的有规相分离——PVA/PAAM 复合膜的制备、结构和性能
朱军祥	杨玉良、丁建东	柔性高分子/液晶小分子共混物的相界面及 Spinodal 相分离动力学的 Monte Carlo
1998		
李兴林	陈文杰	化学反应诱导 Spinodal 相分离及其在材料设计上的应用研究
陆志祥	杜强国	带过氧侧基大分子的合成及其接枝的研究
贾新桥	黄骏廉	马来酰亚胺与 α—羟甲基丙烯酸乙脂、α—丙基丙烯酸共聚体系的研究
杨武利	府寿宽	微米级单分散聚合物微球的制备及功能化研究
吴坚	陈文杰、江明	高分子共混物中的形态控制研究
林志群	杨玉良、张红东	液晶/高分子体系的相平衡及相分离动力学的研究
陈祥旭	李善君	聚合物物理老化中的两个热流转变现象
1999		
王云兵	黄骏廉、于同隐	含 PEO 链段的两亲性接枝和嵌段共聚物的新合成方法研究
陶征洪	汪长春	C60 高分子衍生物的制备、表征及其 C60 功能化微球的研究
沈重	谢静薇	嵌段共聚物 SEBS 的化学改性及其应用研究

续 表

姓名	导师	论文题目
顾震宇	李文俊	新型壳聚糖功能膜—冷冻诱导相分离制微孔膜和HY填充渗透汽化膜性质研究
李清秀	周红卫	环氧树脂耐开裂性能的表征及增韧机理的研究
许国强	丁建东、杨玉良	流动状态下高分子链构象和粘弹性的Monte Carlo模拟
赵艺强	府寿宽	高固含量聚合物微乳液和纳米级高分子物理水凝胶研究
陈俊燕	江明	荧光光谱法对改性高聚物的缔合与络合行为的研究
黄兆华	黄骏廉	高分子药物研究中的官能团重排及保护基的选取
金坚勇	李善君、崔峻	聚醚酰亚胺增韧双马树脂的研究
顾斌	杜强国	微孔聚丙烯中空纤维膜的成孔机理和工艺的研究
2000		
周继青	平郑骅	新型PVA/PVP互穿网络膜性质的研究
刘坚	丁建东	含嗜盐菌视紫红质蛋白的功能材料的制备和初步研究
袁晓凤	江明	功能化聚合物在溶液中自组装的新途径
林昭亮	黄骏廉	磺胺嘧啶的乙烯基化及其共聚合反应研究
章志成	李善君、崔峻	HPES对PEI改性环氧树脂相分离和力学性能的影响
林恒	于同隐	聚谷氨酸衍生物的合成与构象研究
潘全名	谢静薇	嵌段接枝共聚物的合成和表征及其络合行为和相形态结构的研究
李志昂	杜强国	乙烯基过氧化物参与的自由基共聚反应及其在共聚物上的接枝研究
陈靖民	杨玉良	苯乙烯与N-乙烯基-2-吡咯烷酮或α-甲基丙烯酸-β'-羟丙酯活性自由基共聚合反
李莉	杨玉良	活性自由基聚合的Monte Carlo模拟

续 表

姓名	导师	论 文 题 目
2001		
龚洁	江明、姚萍	乙醇和磺化聚苯乙烯环境下细胞色素 C 及脱辅基细胞色素 C 结构转换的研究
李浪	汪长春	具有可控制结构的 C60 高分子衍生物的合成、表征及其光电导性能的研究
朱蕙	江明	两亲性工夫段共聚物的合成、表征及其胶束化和络合的研究
孙媛	黄骏廉	甲基丙烯酸酯共聚物的可控接枝和交联反应研究
孙媛	李善君	以咪唑为促进剂的聚醚酰亚胺/环氧体系的反应诱导相分离研究
郭振荣	黄骏廉	自由基共聚反应的可控性研究以及新共聚物的合成
纪仕辰	丁建东	聚合物水凝胶的体积相变和相关空间图案的研究
丁遗福	李善君	侧基对水在固化环氧树脂中的吸收和扩散性能的影响
杨湧	邵正中	丝蛋白纤维在不同的形貌、力学性能及其与聚酰胺-6 的共混
李贵阳	周平	丝素蛋白构象转变机理及其分子结构的研究
李翔	杜强国	聚烯烃的结晶形态和空间电荷的关系研究
2002		
王雷	府寿宽	反相微乳液聚合及其磁性聚合物纳米微球的制备
洪珂	杨玉良	含液晶物质的图样生成及演化
李华	李善君	含氟端基对聚酰亚胺改性环氧树脂体系相分离行为的影响
段宏伟	江明	刚性链—柔性链高分子自组装体系的研究
陶月飞	杨玉良、何军坡	可控自由基聚合合成特殊结构的聚合物
张家宁	杨玉良	高分子体系在静态及剪切流动下的粘分离

续 表

姓名	导师	论文题目
郭行蓬	杜强国	利用可聚合的过氧化物支化聚苯乙烯的研究
王胜国	周红卫	环氧树脂颗粒相增韧的研究及比较
闵克	胡建华	Rambutan状聚苯乙烯微球的制备
李天龙	江明、谢静薇	大分子在溶液中的自组装及胶束的稳定化
刘萍	汪长春	氧阴离子聚合对聚合物的功能性修饰
蒋秀丽	张红东	聚合物流体混合物的相分离动力学研究
2003		
田骏翔	李善君	BMI-FEI-无机氧化物三元杂化材料的制备与性能研究
张海涛	黄骏廉	含TEMPO单体的制备、共聚以及PEG化顺铂的研究
张卫东	周红卫	非化学键作用对环氧树脂增韧的影响
刘墨君	李善君	二维全反射衰减红外法研究环氧树脂的吸水行为
朱中亮	黄骏廉	α-乙基丙酸(酯)和马来酰亚胺类单体的可控共聚合及共聚物
彭慧胜	陈道勇	制备核壳结构聚合物纳米聚集体的新途径及形态控制
施兴海	戈进杰	新型可降解抗菌聚氨酯材料的合成及其抑菌性能的研究
姜洪进	杨玉良、何军坡	接枝与星状聚已内酯的制备与表征
徐雯	胡建兵	聚(N-烷基)天冬酰胺的合成、表征及初步应用
高海峰	府寿宽	富集荧光素的聚合物分子或微球的制备研究
黄力	丁建东	嗜盐菌质子泵在磷脂脂质体上自组装的初步研究
陆广强	黄骏廉	带TEMPO端基大分子的合成以及其可控自由基共聚反应有研究
刘嘉浩	邵正中、陈新	以壳聚糖为基质的多孔天然高分子亲和膜的研制及应用

续 表

姓名	导师	论文题目
吴睿	戈进杰	基于植物原料的环境友好聚氨酯的研究
卢杰	平郑骅	亲水性 IPN 膜的渗透蒸发性质研究
孙孝辉	倪秀元	聚酰亚胺膜耦合扩散研究及形状记忆型共聚物制备
2004		
董嶒	倪秀元	光激发纳米二氧化钛引发自由基聚合的研究
谢枸	周平	丝素蛋白构象转变的离子效应
杨君炜	汪长春	功能性 C60 和碳纳米管材料的制备
杜伟传	杜强国	直流电场中聚乙烯结晶形态和空间电荷的关系研究
杜伟传	杜强国	一些特殊单体的合成及其可控自由基聚合研究
顾春锋	陈道勇	短寿命水溶性纳米粒子的制备及稀土金属纳米管的表面改性
姚喜梅	陈道勇	嵌段共聚物和小分子脂肪酸在低极性溶剂中的自组装行为的研
穆敏芳	江明、姚萍	大分子组装:含刚性链的非共价键连接胶束及酪蛋白-葡聚糖的接枝
彭显能	邵正中	动物丝蛋白膜的二维红外光谱研究
陈光	周平	丝素和壳聚糖对于组织工程瓣膜支架材料聚己内酯生物相容性的改进
唐晓林	李善君	聚醚砜改性环氧体系二次相分离的研究
2005		
王凡东	李同生	聚酰亚胺/二氧化硅、凹凸棒纳米复合材料的制备及其摩擦学性能研究
梅娜	周平	组织工程心脏瓣膜用支架材料的改性研究
刘毅	邵正中	丝素蛋白与聚酰胺-66 的共混研究及蜘蛛丝的力学性能测试

续　表

姓名	导师	论 文 题 目
惠陶然	陈道勇	由两种不相容分子链构成的混合壳胶束的高效制备及短寿命聚合物胶束研究
陈浩然	胡建华	聚天冬氨酸衍生物的合成、表征及初步应用
林倚剑	杜强国	尼龙的阻隔性能与结晶形态和微观结构关系的研究
段世锋	丁建东	组织工程水凝胶引发体系的细胞毒性和生物活性化的初步研究
杨前荣	陈新	以天然高分子为基质的两性离子交换膜的制备及其在生物大分子分离中的应用
曹亮	府寿宽、杨武利	超支化聚酰胺胺聚合物的合成及功能性研究
叶劲	倪秀元	电荷猝灭剂对纳米 TiO_2 光引发 MMA 聚合影响的研究
吕德龙	杜强国、钟伟	组织工程三维多孔支架的研制
黄海浪	倪秀元	PP/ENR 共混体系结晶、流变和发泡性能的研究
吴豫哲	许元泽	水基高分子体系的开发与流变性质研究
刘昳旻	周红卫	环氧树脂增韧机理的研究
聂莉星	府寿宽、张红东	疏水单体微乳液聚合反应动力学及产物水凝胶形成机理的研究
2006		
孙登峰	邵正中	膨化柞蚕丝结构与性能及热诱导再生柞蚕丝素蛋白构象转变的研究
刘洋	何军坡	RAFT 调控的活性自由基聚合动力学研究
陈小乙	汪长春	新型红外伪装涂层的研究
薛垠	府寿宽	甲基丙烯酸酯类改进的微乳液聚合体系的进一步研究
胡炳文	周平	磁共振技术及其在丝素蛋白结构与功能研究中的应用
杨颖梓	邱枫	非对称两嵌段高分子薄膜形态及力学行为的理论研究

续 表

姓名	导师	论 文 题 目
林江滨	邵正中	再生丝素蛋白及其与尼龙66共混物溶液纺丝的探索
李娟	邵正中	噁唑啉改性共聚物和羧基改性共聚物间界面反应过程的研究
贾璇	陈道勇	多重响应聚合物胶束的制备以及聚合物胶束的含氟改性
任现文	江明	原位聚合法制备温度响应的聚合物核壳胶束及其负载行为研究
王辉	陈道勇	新型聚合物纳米管的制备及两亲性交替共聚物在选择性溶剂中的自组装行为研究
李唯真	武培怡	二维红外相关光谱在聚合物体系中的应用
相飞	李同生	聚酰胺共混物凝聚态结构与摩擦学性能关系的研究
唐威	何军坡	活性自由基聚合成含弱键的聚合物
黄娟	黄骏廉	两亲性文化共聚物的合成和性能研究
孙春霞	杨玉良	MAn-g-EPM热可逆交联体系的研究
张坤玲	许元泽	部分水解聚丙烯酰胺弱凝胶交联过程的流变学研究
2007		
窦奇铮	汪长春	PDMS改性的低表面能高分子膜的合成及表征
敖永	杨玉良	Monte Carlo模拟双硫酯和烷氧基胺交换模型反应的动力学行为
殷杰	杜强国	羽毛角蛋白为原料制备自组装齐聚物
李晶	杨玉良	多链聚乙烯单轴拉伸形变过程的Monte Carlo模拟
徐峰	邱枫	梳型嵌段共聚物的合成和形态研究
张杰	李同生	聚碳酸酯共混物及其复合材料的摩擦学性能研究
曾蓉	陈新	核磁共振对温敏性壳聚糖水凝胶机理研究的探索
徐艳	武培怡	含酰胺基团高分子体系的二维相关光谱研究

续 表

姓名	导师	论 文 题 目
余婧	武培怡	聚合物复杂体系的二维相关(红外、荧光)光谱
沈文明	陈道勇	新型聚合物纳米管及有机/无机杂化纳米管的制备及性能研究
王小军	杨玉良	星形高分子的设计、合成及表征——阴离子聚合
俞峰萍	何军坡	复杂接枝聚合物的合成与表征
胡锦华	姚萍	白蛋白和转铁蛋白自组装纳米凝胶的研究以及在药物包埋方面的初步探索
黄训亭	邵正中	丝素蛋白材料的生物降解性研究
周文	陈新	红外和拉曼光谱对再生桑蚕丝素蛋白构象转变的研究
聂磊	陈道勇	不对称两亲性聚合物粒子的高效制备及其自组装行为的研究
范瑾	张红东	带电高分子以及嵌段共聚物自装行为的模拟
王芳	汪长春	具有自分散能力毛发状聚合物微球的制备及其应用研究
张桃周	平郑骅	无机-有机复合膜的制备及其在渗透蒸发醇/水分离中的应用
陈红刚	卢红斌	多金属氧酸盐-高性能聚合物杂化材料的合成及性能研究
李朋朋	黄骏廉	以 PEO 为主链的星型接枝共聚物的合成及性质研究
朱立元	钟伟	有机/无机核-壳粒子增韧环氧树脂的初步研究
吴筑人	杜强国	汽车用无石棉密封垫片材料的研究
徐荣洲	胡建华	醋丙乳液的生产工艺及检测研究
2008		
阮庆霞	周平	金属离子 K^+、Mn^{2+} 对丝素蛋白构象影响的研究
陈伟	汪长春	聚天冬氨酸及其衍生物的制备、表征和应用

续 表

姓名	导师	论文题目
蔡杰	杨武利	多功能复合微球的制备与表征
刘睿	邱枫	高分子纳米聚集体的形成和解离以及脂质分子衬底支持膜的自组装行为
陈钦	倪秀元	全纤维素复合材料的制备和研究
杨旦	倪秀元	纳米 TiO_2 光催化聚合反应的机理——Photo-Kolbe Reaction 引发途径的发现
吕年剑	钟伟	聚己内酯的表面改性研究
周海	邵正中	乳酸与 ω-氨基酸的直接共缩聚研究及共聚物应用初探
赖博杰	倪秀元	天然重晶石填料的改性作用与机理研究
郭佐军	邱枫	嵌段共聚物的微相分离形态及相图自洽场理论研究
吴起立	唐晓林	磷钨酸/环氧体系的阳离子开环聚合和光致变色研究
雷超	杜强国	氟树脂结构形态与空间电荷关系研究
江艳	武培怡	两类聚合物膜体系的二维紫外相关光谱研究
赵琳	唐晓林	第三组分对环氧改性体系相分离行为影响的研究
翁臻	倪秀元	纳米 TiO_2 光催化聚合引发途径的研究——Photo-Kolbe 反应的扩展
顾瑜	陈道勇	基于聚二炔酸与聚合物之间的协同作用实现聚二炔酸的可逆变色
陈仕炘	汪长春	功能性复合微球的制备与表征
王皎	倪秀元	光催化聚合制备聚吡咯/纳米 TiO_2 光电转换薄膜及界面结构性质研究
尚婧	陈新	基于天然高分子的电场敏感水凝胶
杨鹏	钟伟	环氧树脂/二氧化硅纳米复合材料的制备与性能研究
程飞	陈道勇	含有水核的聚合物胶束的可控制备及聚合物纳米粒子的自组装

续表

姓名	导师	论 文 题 目
洪冰冰	邱枫	耗散粒子动力学模拟两亲分子聚集体形变动力学
吉明磊	杨武利	含胺基共聚物与无机纳米粒子的纳米复合与组装
张毅	黄骏廉	以 PEO 为中间嵌段的 ABC 型三嵌段共聚物的合成及其性能研究
田丰	汪长春	光响应性聚合物微球的制备与表征
毛伟勇	杨武利	CdTe 纳米晶的高效制备及其复合微球
姚增增	杜强国	PBT 和 Mc 尼龙的增韧改性及其形态结构的研究
高昊	姚萍	与不同疏水性的聚电解质相互作用中溶菌酶的结构活性转换和可控释放的研究
邵丹丹	胡建华	磁性二氧化硅复合微球的制备及其在 DNA 和蛋白质分离中的应用
郭培德	姚萍	ph-敏感聚(苯乙烯-co-4-乙烯基吡啶)的自组装及酪蛋白的水解
马健威	唐萍	星型嵌段高分子胶束及纳米粒子填充嵌段高分子相行为的自洽场理论研究
彭祥兵	李同生	PBO 及其短纤维增强聚合物材料的摩擦学性能研究
王睿	刘天西	新型聚芴类共轭聚合物及其荧光纳米微球的制备与自组装行为研究
何其远	陈道勇、黄维	引入咔唑单元并具有枝化结构的蓝色电致发光材料的设计、合成与光电性能研究
李国巍	倪秀元	半导体光催化聚合制备新型无机-聚合物纳米复合光电导材料
花海常	邱枫	晶圆制造过程中光敏型聚酰亚胺的应用及制程改良
凌冰	汪长春	有机硅改性苯丙乳液的中试生产工艺及检测研究
王志军	何军坡	基于超支化聚合物的颜料分散剂
叶明	钟伟	常压低温等离子体聚四氟乙烯表面接枝改性与表面粘接性能研究

续 表

姓名	导师	论 文 题 目
王景振	汪长春	高性能乳液合成及初步应用研究
2009		
安力	卢红斌	聚合物/棒状纳米粒子复合材料的制备与性能研究
张明刚	平郑骅	PVDF膜的亲水改性及抗污染性能研究
周官强	陈新	再生丝蛋白纤维的人工模拟生物纺丝
潘永正	卢红斌	氰酸酯基纳米复合材料的制备与结构性能研究
侯晓雅	陈道勇、黄维	三氟化硼·乙醚催化合成高度形态稳定的有机光电材料及其性能研究
钟一鸣	邵正中	水溶液中再生丝素蛋白构象转变的荧光研究
孙瑞铭	黄骏廉	基于聚环氧乙烷（PEO）的梳型嵌段共聚物的合成和表征
国璋	钟伟	功能化有机硅烷与聚苯乙烯微球在硅基材料表面的自组装
胡盛	唐晓林	无机纳米粘土——热固性树脂复合体系的研究
王春旭	杨武利	基于壳聚糖的聚电解质复合微球的制备和表征
陈立波	汪长春	多功能聚合物药物载体的制备及应用
张恒	杜强国	高聚物相分离制备功能性材料的理论与应用研究
余启斯	武培怡	基于超临界和高压二氧化碳技术制备多种天然高分子/无机物复合材料的研究
于媛媛	汪长春	具有多重响应性聚合物及微球的制备与表征
高莉	武培怡	原位胺化法荷正电膜的制备及性能表征
刘续峰	倪秀元	光催化聚合制备水溶性量子点及光伏电池的研究
邓益斌	周平	磁共振技术研究丝素蛋白与锰离子的相互作用及Aβ42多肽的合成
刘聪颖	杨武利	含介孔结构的多重响应复合微球的制备及载药研究

续 表

姓名	导师	论文题目
徐轲轲	姚萍	大豆蛋白与多糖复合物乳化性质的研究
孙敏	周平	丝素蛋白改性PHBHHx作为组织工程心血管支架材料的研究
孙伟	何军坡	非线形拓扑结构聚合物的合成与表征
肖文昌	冯嘉春	β晶型聚丙烯的结晶行为及结晶动力学
郭述忠	刘天西	新型聚氨酯纳米复合材料的制备、结构与性能研究
彭庆益	李同生	聚偏氟乙烯(PVDF)纳米复合材料摩擦学性能研究
刘旌平	陈道勇	交联聚乙烯四氟乙烯电线辐照交联后处理工艺条件选择
黄伟华	杨武利	载米格列醇电解质复合药物纳米粒子的制备、表征及筛选的初步研究
张莹	陈道勇	银系填料的形貌对导电复合材料的电性能的影响
曹平	武培怡	车灯底漆的研制和开发
潘杰	杨武利	宝钢水源生态治理与研究
徐会敏	何军坡	一种新型嵌段共聚物作为涂料润湿分散剂的应用探索
孙稽	汪长春	环保型耐指纹涂料的研究
程欢	杜强国	微孔PTFE电缆绝缘材料的制备和结构、性能的研究
兰光友	胡建华	轿车发动机密封垫用有机氟涂层的研制何开发
王月珍	张红东、张春雷	高吸水性树脂的合成
2010		
严佳萍	陈新	再生丝蛋白纤维的人工纺丝及其性能表征
翟莉花	倪秀元	碳纳米管负载半导体纳米晶的光催化聚合与光电转换器件的制备研究
管娟	陈新	大豆蛋白的溶液制备及应用初探

续 表

姓名	导师	论文题目
季丹	周平	Fe^{3+}/Fe^{2+} 以及 pH 值对丝素蛋白二级、聚集态结构的影响
赵玮杰	何军坡	活性自由基聚合合成特殊结构性能的凝胶
夏雪	杜强国	不同形态的二氧化硅对环氧树脂热性能的影响
陈旺	陈道勇	嵌段共聚物单分子层的形态调控及基于聚合物、水两相界面不对称粒子的制备
江霞蓉	邵正中	丝蛋白及其复合材料的制备
顾元凯	何军坡	一种硫化促进剂调控夏的 RAFT 聚合
李君君	汪长春	碳纳米管的裁剪、亲水改性及其作为药物载体的初步研究
时静雅	武培怡	关于聚合物与化学介质相互作用的红外及二维相关红外光谱研究
罗彬	汪长春	磁性胶体纳米晶的组装、功能化及作为药物载体的应用
杨华啸	周平	聚羟基脂肪酸酯的亲水性、聚集态相行为和等离子体面改性后的生物相容性研究
杨涛	冯嘉春	同质异晶聚丙烯光氧化过程比较及聚合物稳定化研究
潘牡刚	黄骏廉	基于超支化聚缩水甘油醚的接枝聚合物的合成研究
苏辉煌	余英丰	环氧预浸料的储存老化及印刷电路板的湿热老化研究
王晓燕	刘天西	氧化石墨烯、聚合物纳米复合材料的制备与表征
邓伟	姚萍	蛋白与多糖复合物的自组装及其应用研究
潘祺晟	杜强国	二氧化硅/丙烯酸酯压敏胶复合材料的制备与性能研究
戚平	汪长春	金属保护用水性醇酸涂料的研制
唐银花	冯嘉春	汽车用 PA6/ABS 共混体系性能的研究

续 表

姓名	导师	论文题目
蔡佳斌	黄骏廉	含单一功能端基的两臂聚环氧乙烷及其衍生物的合成方法研究
高源	冯嘉春	聚丙烯在 ISO 和 ASTM 标准下物理性能测试数据的关联研究
梅林	汪长春	水性聚合型分散剂对有机颜料分散性能的研究
沈跃华	陈新	可降解植物纤维调湿材料及其生产工艺的研制和开发
颜超	刘天西	太阳能电池封装 EVA 胶膜的紫外光交联研究
俞文清	杨武利	水性丙烯酸酯改性聚氨脂用作光固化涂料的研究
袁锐锋	王海涛	轿车油泵用交联聚乙烯线材失效的研究
2011		
赵学舟	周平	姜黄素与金属离子和丝素蛋白的相互作用
李婷	张红东	关于软粒子在力场中响应的计算机模拟
刘丛	陈道勇	三嵌段聚合物胶束/DNA 络合物自组装行为的研究
阮玉辉	邵正中	基于再生丝素蛋白/壳聚糖的三维多孔共混组织工程支架材料的制备
许汇	张红东	长程和受限作用对高分子构象和形态的影响:聚电解质溶液和球壳受限嵌段共聚物的研究
陈军宇	何军坡	活性聚合合成热敏性的凝胶
黄韧	陈道勇	交联法制备聚合物纳米粒子及其高级组装
吴凌翔	杜强国	生物医用材料的表面处理及其生物相容性研究
丘雪莹	陈新	新型壳聚糖水凝胶的制备及其凝胶机理的研究
吴耀东	邵正中	壳聚糖和丝蛋白质上碳酸钙生长行为的研究
钟新辉	余英丰	介观粒子在热塑性/环氧树脂共混体系相分离中的强化粘弹效应研究
沈哲颖	汪长春	一种新型二氧化硅复合微球的制备方法研究

续 表

姓名	导师	论文题目
赵永亮	王海涛	二氧化钛稳定的 Pickering 聚合机理研究
王梦吟	武培怡	二维相关光谱性质探索及其在复杂变化体系中的应用
吴极文	武培怡	新型树枝-线性液晶嵌段聚合物的合成及其性质研究
朱弘	刘天西	功能性层状双氢氧化物/聚合物纳米复合材料的制备及性能研究
张衍楠	黄骏廉	Glaser 反应在制备环状聚合物中的应用
唐越超	汪长春	碳纳米管的功能修饰及作为载体材料的初步应用
张晓鸿	胡建华	功能化改性碳纳米管在载药和催化领域的初步应用
王月强	唐萍	运用自洽场理论研究多组分高分子共混物及高分子共混刷体系的微相分离形态
刘静静	姚萍	不同输水修饰的聚丙烯胺与蛋白质的相互作用的研究
程冬	冯嘉春	高抗冲聚丙烯结构演化及其结构与性能关系研究
宋肖洁	汪长春	功能性单分散聚合物微球及其磁性复合微球的制备
张仲凝	黄骏廉	单电子转移和氮氧自由基偶合技术在聚合物合成中的应用
李亚男	陈道勇	以聚合物胶束为模板制备纳米粒子以及酮和醇的一锅法缩合反应研究
张明	倪秀元	新型阳离子光固化体系应用研究
庄晓彤	何军坡、石剑峰	家电卷材涂料的应用与研究
苏狄	卢红斌	PVDF 氟树脂涂料的组成与性能研究
戴月平	张红东	MDI 型聚氨酯类防水涂料的研制及应用
谭振宇	张红东	催化剂对聚丙烯性能的影响
周姝春	丁建东	可注射的温敏性水凝胶用于盐酸阿霉素缓释载体的研究

续 表

姓名	导师	论文题目
白昀	陈新	双组分水性聚氨酯涂料的合成与工业应用
蔡正燕	何军坡	高性能常温固化酚醛粘结剂制备及其性能研究
陈保安	刘天西	玻纤增强及阻燃性尼龙复合材料的结构与性能研究
刘辉	王海涛	水密电缆用阻水材料的研究
孟屾	汪长春	水性汽车色漆的制备
秦华军	余英丰	超支化聚酯改性酚醛型环氧树脂的初步研究
王茜	卢红斌	汽车内饰用改性聚丙烯复合材料耐刮擦性和散发特性研究
王兮希	刘天西	无卤阻燃 PC/ABS 共混体系的加工工艺与性能研究
闫平	何军坡	用于紫外光固化涂料油墨的丙烯酸树酯的结构设计
张赪	杨武利	超临界流体技术制备 PLLA-PEG 载 5-FU 纳米微粒的研究
2012		
李锦波	倪秀元	EVA 的交联与晶体硅太阳能电池组件封装问题的研究
宋雪梅	杨武利	建筑用乳胶漆展色性及分层影响因素的分析及改善
张峰	陈新	壳聚糖基多孔膜材料的研究
杜赏	刘天西	矿物粉填充 PA6/ABS 高胶粉合金的断裂形态和性能研究
郭盛东	汪长春	高性能硅丙乳液的合成及在建筑涂料中应用研究
李勇	张红东	精密挤出管材性能评价及方法研究——Pebax 球囊管材的性能表征
刘宇	陈新	运用高分子材料对纤维调湿材料的降粉尘研究
陆康	汪长春	混合型防污涂料淡水浸泡性能的探究
沈涛	张红东	热塑性聚氨酯改性和性能研究

续表

姓名	导师	论文题目
孙华军	胡建华	碳纳米管在锂离子动力电池导电剂方面的应用研究
叶存涛	汪长春	腰果酚醛胺环氧涂料耐黄变性研究
王轶铮	何军坡	纳米单元的表面修饰及其性能研究
杨芬玲	陈新	单宁共混高分子抗菌材料
韩愉	张红东	湿法纺丝过程中微观动力学参数对纤维形态的影响
陈孟婕	陈新	再生丝蛋白纳米药物载体的制备及应用
陈杰	杨武利	含胺基聚电解质复合纳米粒子的制备和表征
蔡慧飞	陈新	天然高分子材料的结构表征及应用研究：大豆蛋白膜的吸附性能和丝蛋白的构象转变
郭娟	刘天西	基于石墨烯的纳米复合材料的制备及性能研究
黄冰	黄俊廉	两亲性双尾蝌蚪形和"8"字型共聚物的合成
黄焜	黄骏廉	氮氧自由基耦合反应在 AB2 型和蝌蚪共聚物合成中的应用
刘翊	余英丰	固化转化率对环氧材料结构-性能关系的影响
潘忠诚	彭娟	基于聚烷基噻吩体系凝聚态结构的调控
唐红艳	杨武利	基于介孔二氧化硅的环境响应性复合纳米粒子的制备及载药研究
唐倩倩	胡建华	基于二硫键载药的药物控制释放系统的制备和应用研究
田野菲	冯嘉春	温度及剪切场作用下聚烯烃聚集态结构变化及结构性能关系
王蓓娣	胡建华	氧化石墨烯的功能化改性及应用研究
王晨栋	周平	灵芝中有效降糖组分的提取与分离、结构表征与性质研究
王鸿娜	武培怡	多重刺激响应性聚合物相变行为的研究

续 表

姓名	导师	论文题目
王瑞玉	刘天西	基于静电纺丝技术的功能性纤维材料的制备和表征
王章薇	武培怡	基于离子液体和聚异丙基丙烯酰胺相关体系的相变机理研究
谢楠	李卫华	图案化衬底诱导下嵌段聚合物自组装的理论研究
杨倩	陈道勇	聚合物胶束与蛋白质或无机材料的相互作用及其应用
杨周雍	倪秀元	光催化聚合制备聚噻吩/三氧化钨复合薄膜及其光电转化与电致变色性能研究
张菁	冯嘉春	基于纤维素的高性能材料制备
张旭瑞	杨武利	水相 CdTe 量子点的稳定性及其复合纳米粒子的研究
周彦武	何军坡	RAFT/MADIX 试剂分子结构与热稳定性之间的关系及硫代硫羰基化合物阴离子在水相中官能化氧化石墨烯行为研究
朱剑	邱枫	石墨烯力学性能的分子动力学模拟
梁梅妮	邵正中	丝素蛋白对通用塑料的表面改性及改性后材料的表面矿化研究
黄中原	李同生	可交联含氟聚酰亚胺的合成制备与粘接性能研究
闻昊	杨武利	环境响应性介孔二氧化硅复合微球的制备及载药研究
2013		
江文锋	胡建华	硬碳负极材料在锂离子电池中的应用研究
刘华平	王海涛	陶瓷涂层在锂离子电池中的应用
王晕	杨武利	PVDF 粘接剂在锂离子电池中的应用研究
吴光麟	冯嘉春	电动汽车电池日历寿命及其化学表征与应用
周贵树	胡建华	锂离子动力电池用低温电解液的开发
闵峻	王海涛	ETFE 绝缘电线电缆电子辐照交联技术研究
孙毅	陈道勇	表面活性剂在聚合乳液中的吸附在涂料中的应用

续 表

姓名	导师	论文题目
景莹	武培怡	石墨烯/热响应聚合物复合材料的制备与组装行为的二维红外光谱研究
陈鸶	王海涛	表面活性剂改性二氧化钛稳定的Pickering乳液聚合制备表面功能化的聚合物微球
席陈彬	胡建华	两亲性嵌段聚合物的制备、自组装及其在药物控释方面的应用
周翔	冯嘉春	聚丙烯共混体系结晶行为及结构性能关系研究
吴嘉杰	冯嘉春	稀土络合物掺杂的聚合物荧光材料的制备及其性能表征
姚赛珍	陈道勇	两种新型表面增强拉曼散射(SERS)基底的制备及其增强效应研究
杨慧	彭娟	两亲性嵌段共聚物的合成及其微结构的调控
章月虹	周平	EGCG对Zn^{2+}诱导的丝素蛋白构象转变行为的干预
赵珊	陈新	生物大分子抗菌材料的制备与研究
戈晓飞	王海涛	航空航天用聚四氟乙烯内管的研究
杨子平	卢红斌	石墨烯纳米复合材料的制备及性能研究
周晓晖	卢红斌	过渡金属纳米粒子在石墨烯表面的负载及其催化性能的研究
许仙敏	陈道勇	新型碳纳米管(CNT)复合材料在锂离子电池中的应用
杨哲	刘天西	基于层状双氢氧化物的功能性杂化材料的制备与表征
熊伟	余英丰	BMI/二元胺/环氧改性体系自修复材料
胡华蓉	王海涛	以无机颗粒为稳定剂制备功能性聚合物微球和聚合物多孔材料
王一飞	陈道勇	新型刺激响应性聚合物组装体的制备及研究
史军	刘天西	提高含玻纤长链尼龙共混物流动性的影响因素研究

续 表

姓名	导师	论　文　题　目
王飞飞	余英丰	传统卡波树脂与长链烷醇丙烯酸酯类聚合物在个人护理品领域的对比研究
魏宝晴	汪长春	硅烷偶联剂在金属表面处理中的应用研究
孙伟	唐萍	功能性面料与聚四氟乙烯微孔膜材料的表面处理
周一琼	冯嘉春	ABS用抗氧剂乳液的制备及凝聚工艺研究
马骁	余英丰	透明质酸钠和胶原蛋白在激光术后皮肤护理品中的应用研究
董新钰	邵正中	再生丝素蛋白/壳聚糖的三维复合多孔材料制备
李慧慧	刘天西	热塑性聚氨酯弹性体及其老化性能的研究
石镇坤	卢红斌	氧化石墨烯基聚乙烯醇悬浮液的流变行为研究
杨斌	陈新	卷烟物理保润性能评价及封阻性保润剂的应用研究
金石磊	李同生	新能源汽车涡旋式压缩机用PTFE密封材料的研究
奚万江	卢红斌	新一代原子灰的研制和表征
吴慧	汪长春	纳米材料改性聚氨酯涂料
石远琳	胡建华	高分子添加剂对洗发水调理和悬浮性能的影响
陈智芳	江明	基于氟氟相互作用的金纳米粒子自组装及蛋白调控的可逆聚集研究
解超	何军坡	利用阴离子型的自引发单体合成超支化聚合物
2014		
潘妙蓉	杨武利	含硼酸的磁性聚合物复合微球的制备、表征及糖蛋白分离应用
李飞龙	倪秀元	一维纳米半导体阵列的光催化聚合及光伏器件的制备研究
丁徐哲	姚萍	基于蛋白与多糖的纳米凝胶的制备与应用研究

续　表

姓名	导师	论文题目
程烨	姚萍	同疏水修饰的季铵化壳聚糖与超氧化物歧化酶的作用研究
魏宗照	倪秀元	光催化聚合反应制备一维纳米结构光电转换薄膜的研究
赵义清	冯嘉春	定形相变材料的制备及其定形机理的研究
刘涵	余英丰	水性丙烯酸树脂乳液稳定性影响因素的研究
李顾	邵正中	荧光硅纳米粒子性能与应用研究
王淞旸	胡建华	含氮聚合物修饰石墨烯研究
熊伟	余英丰	生物可降解聚酯材料的制备及其性能研究
陈帅	余英丰	纸张类标签用丙烯酸酯乳液的合成与改性
陈昌	丁建东	聚乙二醇/可降解聚酯嵌段共聚物热致水凝胶的研究及其作为顺铂药物输送载体的应用
李婷	丁建东	PEG/聚酯类嵌段聚合物的合成与温敏凝胶化性质表征以及添加剂对凝胶化性质和药物释放性能的影响
虞桂君	武培怡	改性石墨烯与环氧和聚醚酰亚胺复合材料的制备及性能研究
李文龙	武培怡	基于离子液体的高分子复合相变体系的二维相关光谱研究
马占玲	何军坡	聚丙烯腈基碳纤维原丝预处理对预氧化过程影响的研究及相关活性炭的制备和超级电容器性能表征
张波	武培怡	特殊结构热致响应聚合物的合成及其相变机理的研究
张玲莉	汪伟志	共轭聚合物的构型研究与应用
陈仲欣	卢红斌	石墨烯的界面优化与尺寸控制
俞淑英	陈新	负载亲水性抗癌药物的丝蛋白纳米微球
李松莹	王海涛	高聚合度聚氯乙烯耐热耐腐蚀填料环的研究
傅凯昱	陈道勇	功能性聚二炔材料的构筑和性质研究

续 表

姓名	导师	论文题目
纪珊珊	刘天西	二硫化钼纳米材料的制备及其电化学性能
李甜	余英丰	高性能 LED 显示器件封装材料的制备及性能研究
刘珍艳	刘天西	功能性静电纺纳米纤维复合材料的制备、结构及性能研究
冉志鹏	杨武利	二氧化硅基荧光复合纳米粒子的制备及载药
唐婷婷	王国伟	活性阴离子聚合和开环聚合的结合在接枝共聚物合成中的应用研究
田雪娇	杨武利	含金纳米棒的复合粒子的制备及应用探索
吴娇娇	陈道勇	响应型聚合物与有机/无机杂化材料的合成及其应用
张杰	余英丰	介观粒子表面属性、大小以及含量对于聚合诱导粘弹相分离的影响
张霞	陈新	氧化多糖改性胶原水凝胶
钟佳佳	邵正中	生物大分子调控磷酸钙/碳酸钙的生长及其结晶
郑正	王海涛	以氧化石墨烯为稳定剂制备聚合物多孔材料
董宪雷	刘天西	高性能辐射固化水性涂料的开发
刘文耕	周平	一系列磺胺嘧啶类抗癌新药的合成和谱学表征
朱万夏	周平	基于混合分离模式的新型液相色谱法分析复杂体系中的表面活性剂
石岳琼	汪伟志	浇注型聚氨酯弹性体的性能研究
翁仁秀	汪长春	水性建筑涂料的消泡性和展色性研究
樊喆鸣	何军坡	丙烯酸酯压敏胶清洁型溶剂的选择
龙莲花	邱枫	极性抗静电剂在聚丙烯中迁移的分子动力学模拟
邹城	倪秀元	低温韧性可剥离保护膜水性涂料的制备及光催化聚复合材料的研究

姓名	导师	论 文 题 目
朱淑俊	倪秀元	碳纳米管负载锐钛矿晶型二氧化钛半导体纳米晶的光催化聚合与光电转换器件的制备
2015		
陈磊	江明	基于氟氟相互作用的寡糖与蛋白结合的石英晶体微天平研究
曾凡金	冯嘉春	金属氧化物的种类及用量对硅橡胶的耐高温性能的影响
郭晓	冯嘉春	双螺杆挤出机分段加料对高分子/无机填料共混体系分散及性能的影响
谢翔	李卫华	氟硅树脂涂料的研究和应用
张志强	余英丰	有机硅密封胶的有机挥发物测试及方法对比
郭涛涛	王国伟	地坪涂料现场检测技术研究
干怀进	胡建华	锡纳米晶体的合成及纳米锡和氧化锡复合材料作为锂离子电池负极材料的研究
胡必成	倪秀元	汽车用新型聚氨酯、环氧材料与PC/ABS复合材料的制备研究
朱万夏	周平	基于混合分离模式的新型液相色谱法分析表面活性剂产品
马晨	卢红斌	石墨烯尺寸的调控及相关性能影响
刘珂	卢红斌	石墨烯基荧光材料的制备和性能研究
张磊	何军坡	聚异丁烯在淬火介质配方中的应用
鲍见乐	余英丰	LED显示器件的可靠性研究
崔胜明	刘天西	抗冲共聚聚丙烯结构、性能及流变行为研究
郭瑶琦	汤蓓蓓	超滤膜污染及其清洗方法研究
刘彦初	胡建华	NCM正极材料在锂离子动力电池中的应用研究
潘福中	胡建华	聚合物锂离子电池的开发

续　表

姓名	导师	论文题目
吴旭	何军坡	活性聚合制备的高分子分散剂在涂料中的应用
肖宏	杨东	电解液对锂离子电池安全性能的影响
张灿灿	杨东	磷酸铁锂动力电池直流内阻的研究
张园春	王海涛	国产聚四氟乙烯树脂内管加工工艺研究
张增飞	倪秀元	分散剂用量对颜料分散的影响
赵国伟	汪长春	美纹纸浸渍剂的制备及性能研究
周子瑞	卢红斌	全氟聚醚光引发自由基聚合与酯化改性
陈春阳	陈道勇	溶液法制备不对称杂化纳米粒子
陈琳	俞麟	热致凝胶化的聚乙二醇/聚酯嵌段共聚物在预防脊柱术后硬脊膜外瘢痕形成的应用研究
陈树生	冯嘉春	碳纤维/环氧树脂复合材料高性能化的研究
丁倩伟	刘天西	静电纺聚酰亚胺基纳米纤维复合材料的制备及性能研究
胡忠南	余英丰	聚合诱导相分离中的粘弹性研究及其在制备超亲水材料中的应用
黄健	王国伟	原子转移氮氧自由基偶合聚合（ATNRP）的研究和应用
李天骄	武培怡	基于聚异丙基噁唑啉及其相关体系的相变机理研究
李振华	丁建东	材料表面纳米图案化技术及 RGD 纳米间距对干细胞成软骨分化的影响
刘盈新	邵正中	丝蛋白及丝蛋白短肽两亲性分子自组装复合材料
王慧萍	余英丰	腰果酚基环氧/环硫的合成及其改性环氧树脂研究
王学普	王国伟	氮氧自由基偶合-逐步聚合（NRC‐SGP）反应机理的研究与应用探究
吴修龙	陈国颂	脱保护化学反应调控含糖嵌段共聚物的自组装

续 表

姓名	导师	论 文 题 目
杨磊	何军坡	石墨烯化学—$Fe(ClO_4)_3 \cdot xH_2O$ 催化的新型石墨烯官能化反应
杨丽佳	武培怡	功能化咪唑/氧化石墨烯材料改性高分子膜的研究
杨柳	胡建华	Fe_3O_4 复合材料的制备及其应用于锂离子电池负极材料的研究
杨文华	陈新	阿霉素/紫杉醇双负载丝蛋白纳米微球的制备及应用
姚婷	周平	天然小分子化合物对糖尿病相关多肽-人类胰淀粉多肽构象转变的干预作用
易俊琦	陈道勇	核壳结构聚合物纳米线的杂化与改性
张维益	江明	含糖嵌段共聚物自组装及应用
张毅	王海涛	基于 Pickering 乳液模板法制备聚合物/氧化石墨烯复合微胶囊
郑仙华	王海涛	Pickering 乳液模板法设计的多孔材料的结构与性能
夏彬凯	李卫华	受限环境下囊泡和胶束的形态研究
夏昊	彭娟	全共轭聚噻吩嵌段共聚物的合成、凝聚态结构与结晶行为研究
高亦岚	王海涛	航空用膨化聚四氟乙烯密封型材的工艺研究
徐文晶	陈新	纤维干燥剂传统浸渍工艺升级到涂布工艺过程中影响因素的探索与工艺标准化研究
张凯	胡建华	新型环保湿度指示卡的研制与开发
鲍添增	杨东	磷酸铁锂结构参数对锂离子动力电池性能的影响
柳伟	王海涛	进口分散聚四氟乙烯树脂成型工艺的对比研究
王志华	张红东	热塑性聚氨酯和聚氯乙烯共混改性
严晶	刘天西	聚碳酸酯的老化性能研究

续 表

姓名	导师	论 文 题 目
丁艺	胡建华	基于二硫键的刺激响应性共价负载药物控释系统的制备及应用研究
徐敏	姚萍	电荷-pH响应性多功能乳液的制备及其MRI成像和抗肿瘤应用
包建鑫	汪伟志	PBT纳米复合材料及其阳离子染色性能的研究
曹羽	王海涛	聚四氟乙烯内管导电性能研究
曹路平	俞麟	可注射性原位水凝胶的设计、合成及其生物医学应用研究
陈默蕴	汪伟志	荧光纳米粒子的制备及其应用
姜玲	刘天西	埃洛石纳米管杂化材料的制备及其性能研究
金莎	汪长春	刺激响应性高分子凝胶微球的制备及载药研究
马骥	汪伟志	基于四苯乙烯的石墨烯的化学合成及其应用研究
边珊珊	杨武利	可降解的环境响应性聚合物纳米粒子的制备及表征
胡建彤	卢红斌	石墨烯基钴纳米粒子的制备及其催化氨硼烷水解脱氢性能的研究
沈娟	汪伟志	三元乙丙橡胶与金属热硫化胶粘剂的研制
陈小千	倪秀元	汽车丙烯酸氨基罩光清漆的设计（OEM Acrylic Melamine Clear for Automotive）
方贵平	汪长春	聚氨酯面漆与环氧底漆的复合涂覆工艺研究
陈李峰	何军坡	基于机理转换的具有不同嵌段序列的嵌段共聚物的合成及其组装行为的研究
施信贵	倪秀元	水性聚氨酯胶黏剂的合成、应用及热分解研究
赵琳	倪秀元	一种新型水性可剥离保护涂料的合成及其性能研究
郑照堃	陈新	丝蛋白/碳纳米管复合纤维和高强度丝蛋白水凝胶的制备

续表

姓名	导师	论文题目
邰泽慧	何军坡	蒙特卡洛模拟微反应器中的自由基聚合反应
2016		
林国强	邵正中	桑蚕丝素蛋白β-折叠结果对碳酸钙晶体生长行为的调控及机理研究
马晨	卢红斌	石墨烯片层尺寸调控及其对材料性能的影响
侯笑然	何军坡	通过双硫酯前驱体路线合成聚对苯二烯衍生物
张成	邵正中	再生蚕丝蛋白/离子液体溶液的流变性能及凝胶转变
曾华	何军坡	聚氨酯改性丙烯酸乳液水性木器涂料的应用研究
马赞兵	李同生	聚苯硫醚基滑动轴承复合材料水下边界润滑性能的研究
池水兴	邵正中	无硅透明香波配方开发与评估
刘珏麟	范仁华	LCD显示器彩色滤光片的制备及研究
栾家斌	俞麟	热致凝胶化嵌段共聚物的设计、合成及在药物输送体系中应用
程成	何军坡	塞克亚胺改性聚酯漆包线漆的合成和性能测试
顾培培	倪秀元	水性三元共聚树脂的防腐性能研究
刘宁	彭慧胜	基于取向碳纳米管和导电聚合物及氧化锰复合纤维的超级电容器研究
马爱丽	杨东	镍钴锰三元锂离子电池的高温性能改善研究
王海青	唐萍	不同硫化剂对橡胶的硫化及其性能的影响
吴慎汉	余英丰	应用于薄膜类标签的丙烯酸酯压敏胶的合成与改性
吴子虎	余英丰	透明膜类标签用可移除乳液压敏胶开发
严辉	汪长春	碱矿渣水泥混凝土专用减水剂的研发
李锐敏	汪长春	基于密胺树脂微球的SERS活性基底的制备及其应用研究

续 表

姓名	导师	论文题目
刘丽敏	胡建华	低维胶体半导体纳米结构的制备、表面处理及其光电应用的研究
刘雯	陈新	载药再生丝蛋白静电纺丝纤维的制备及应用
刘晔	杨武利	基于碳点的复合纳米粒子的制备及应用探索
沈文佳	俞麟	可注射的PEG/聚酯热致水凝胶作为长效药物缓释载体的研究
鄢群芳	胡建华	具有药物控释功能纳米粒子的制备、改性及应用
杨超	卢红斌	二维纳米复合材料在超级电容器方面的应用研究
郑瑞	杨武利	具有光热效应的磁性纳米粒子的制备及应用研究
陈颖	余英丰	色浆热反射性能的影响因素研究
蒋喆	卢红斌	气相二氧化硅表面改性对聚四甲基醚二醇聚氨酯结构与性质的影响
陈轶凡	汪长春	HEC和Laponite保护胶对水性多彩涂料性能影响研究
范小银	张红东	辐射接枝硅烷交联聚丙烯
刘祥	倪秀元	低挥发低雾化车用聚氨酯软泡
马卫	杨东	石墨烯在锂离子动力电池正极导电剂方面应用研究
王锋	汪长春	丙烯酸改性水性氟碳涂料的制备研究
王奕伟	王国伟	摄像头模组用单组份中温固化环氧胶粘剂的研究
杨泽乾	杨东	锂离子电池锂枝晶的研究与仿真
邓瀚林	李卫华	调控嵌段共聚物自组装的场论研究
沈革斌	唐晓林	低应力超支化聚酰亚胺-硅氧烷共聚物的制备与性能研究
王超男	姚萍	利用蛋白-多糖乳液保护和输送疏水药物和营养物

续 表

姓名	导师	论 文 题 目
王天南	江明	动态共价键构筑的响应性含糖超两亲分子的合成与组装
吴昊	王海涛	具有不同非对称结构的氧化石墨烯Janus颗粒的制备
易文媛	王海涛	Pickering乳液模板法制备多孔水凝胶及性能研究
章智栋	邵正中	基于明胶和丝蛋白功能性水凝胶材料的制备和研究
姜雪娇	陈新	大豆分离蛋白基生物医用材料的制备与应用
邓昱	李剑锋	PAN原丝预氧化过程的初步研究
刘玉卫	汪伟志	柔性食品包装材料的性能研究
路懿	王海涛	胺析出现象在船舶涂料中的研究探讨及配方改进
王粮子	范仁华	2-胺基-4-三氟甲基-5-溴吡啶合成工艺优化的研究
陈斌	冯嘉春	稀土配合物-高分子复合材料的制备与性能研究
李仕宁	丁建东	材料表面微纳米图案化技术探讨RGD纳米间距对软骨细胞去分化的影响
罗君	陈道勇	聚二炔酸-镧系稀土金属体系的构筑和性质研究
王戈	武培怡	基于温敏性离子液体和聚离子液体相关体系的相变行为研究
王璐	倪秀元	光固化环氧树脂复合材料的制备,性能及应用研究
鄢家杰	刘天西	聚多巴胺修饰静电纺纤维材料的制备及其在环境与电催化领域的应用
胡玎玎	冯嘉春	聚丙烯熔体结构对结晶行为的影响及成核剂在熔体中的物理结构变化
李春阳	姚萍	以白蛋白-葡聚糖接枝物为载体制备用于肿瘤诊断和光热治疗的多功能纳米粒子
王良艳	陈道勇	基于可控核-核融合诱导的聚合物胶束自组装
王秋雯	武培怡	温敏性嵌段聚合物水溶液体系相变行为的研究

续 表

姓名	导师	论 文 题 目
徐丽慧	周平	表没食子儿茶素没食子酸酯对 Fe(III) 诱导的 α-突触核蛋白构象转变的影响
张龙生	刘天西	过渡金属硫化物-碳纳米复合材料的结构构筑及其在锂离子电池中的应用
杨再军	杨武利	电子工业用高性能聚氨酯灌封胶的研究
朱昊云	汪伟志	几种半导体材料的制备及其应用于场效应晶体管的研究
刘亚军	汪伟志	车用尼龙 6 性能研究
卢成佼	王国伟	新型两亲性聚醚的合成与表征
杜锦	郭浩	摩擦改进剂的有效搭配组合从而改善低黏度汽车发动机油燃油经济性的研究
徐文晶	陈新	涂布工艺在纤维干燥剂生产中的研究和应用
王聪	杨东	磷酸铁锂电池低温性能研究
黄威	汪伟志	带状共轭聚合物的合成及在场效应晶体管中的应用研究
刘玉洁	王国伟	功能化聚合物/二氧化硅纳米粒子的合成及其在催化反应中的应用
于晶莹	唐萍	刚柔两嵌段共聚物相行为的自洽场理论研究
万倍祯	倪秀元	聚羟基脂肪酸酯 PHA 的热稳定性改性及其应用
陈卓	余英丰	发光二极管（LED）和惯性传感器封装材料的性能及可靠性研究
2017		
徐文晶	陈新	涂布工艺在纤维干燥剂生产中的研究和应用
黄宇立	汪伟志	共轭聚合物分子设计及柔性场效应晶体管应用的研究
吕龙飞	杨东	形貌可控胶体纳米晶的制备及其光电性能研究

续 表

姓名	导师	论 文 题 目
彭兰	魏大程	富氮型共轭微孔聚合物的合成及其在超级电容器中的应用研究
杨鹏磊	倪秀元	水性聚氨酯材料的制备及其在环氧增韧等领域的应用研究
何天泽	张红东	不同助剂对聚氨酯弹性体性能的影响
田钢强	卢红斌	添加石墨烯的车辆齿轮油性能研究
赖飞立	刘天西	结构控制的碳纳米纤维基杂化材料的合成、表征及其能量存储与转换性能研究
刘长振	冯嘉春	高分子-石墨烯复合气凝胶的制备和应用研究
刘杰	陈新	大豆分离蛋白基复合凝胶及其应用
饶壮	汤蓓蓓	功能化的金属有机骨架材料改性高分子膜的研究
任琪林	冯嘉春	无规共聚聚丙烯增韧改性研究
申秀迪	胡建华	用于锂离子电池负极的纳米复合材料的制备及应用研究
宋文广	王国伟	原子转移氮氧自由基聚合(ATNRP)在复杂结构聚合物合成中的应用研究
孙青	周平	高支化蛋白多糖抑制糖尿病相关蛋白胰淀素淀粉样纤维化和胰岛 β 细胞凋亡
于慧娟	胡建华	石墨烯基复合材料的制备及其储能应用研究
张佳星	王国伟	含稳定氮氧自由基的新型聚合物的合成及其性能研究
代亚兰	武培怡	温敏性共聚物相变行为及微观动力学机理探究
顾华昊	刘天西	过渡金属硫化物-碳纳米杂化材料的结构构筑及其电化学析氢催化性能研究
郭涛涛	王国伟	地坪涂料的现场检测技术研究
黄培敏	陈道勇	基于线状 ZIF-8 的 3D 多孔碳材料网络的制备和应用
李一明	彭慧胜	基于碳纳米管的电阻加热丝

续 表

姓名	导师	论文题目
王明明	李同生	液晶聚合物/聚酰胺66共混物的相结构调控及其摩擦学性能
刘子路	冯嘉春	高分子增塑剂改性PVC性能研究
李文涛	王海涛	船舶艉轴密封静环加工工艺研究
许琳洁	王海涛	发动机曲轴油封聚四氟乙烯唇口积碳漏油改善
袁富裕	汪长春	基于离子热脱氢偶联反应制备多孔氮杂芳环框架及其应用研究
郑昌堪	冯嘉春	PP/OBC/无机填料共混材料的制备与性能研究
施逢喆	汪长春	水性光固化涂料制备及涂装工艺研究
杨俊伟	汪伟志	窄带隙小分子和聚合物的设计合成及场效应晶体管的应用研究
姚远思	陈道勇	聚二炔酸热致可逆变色和双色可逆荧光体系的构建
张静	彭慧胜	具有芯鞘结构的应力变色复合纤维
张凌云	王海涛	基于原位聚合——熔融共混两步法制备聚合物/氧化石墨烯复合材料
刘濯宇	余英丰	腰果酚基低吸水性电子封装材料的合成与表征
段林林	汪长春	FEVE树脂在重防腐涂料中的应用研究
江山	杨东	反应型聚氨酯热熔胶的制备与性能研究
孙璐艳	汪长春	磁性聚合物纳米药物载体表面靶向分子的高效可控组装及性能研究
雷科文	俞麟	X射线显影PEG/聚酯热致水凝胶的设计、合成及其潜在医学应用
陈奕沛	俞麟	包载利拉鲁肽的可注射性热致水凝胶长效降糖系统
曹敏	魏大程	有机单晶的可控制备及其光电探测性能研究
柳明	邱枫	环状嵌段高分子分相的强分凝研究

续 表

姓名	导师	论 文 题 目
温瑞恒	余英丰	LED封装用有机硅改性环氧树脂的制备与性能研究
2018		
孙军	汪长春	轨道交通车辆用环氧结构胶的研制
王青	陈道勇	聚二炔酸复合材料的构筑及其热致变色性能研究
蔡宏伟	汪伟志	水性丙烯酸树脂乳液的交联性研究
蔡正东	余英丰	耐高温聚丙烯酸酯压敏胶的合成与研究
曹进	郭佳	水性环氧酯涂料在工程机械领域的应用研究
陈春毅	汪伟志	汽车应用中聚氨酯泡沫的常规及老化性能研究
魏恒通	何军坡	水性丙烯酸共聚物乳液的起泡、消泡性研究
张金媛	汪长春	水性丙烯酸树脂的制备及其耐水性能研究
张绳延	王国伟	特殊功能性紫外光固化材料的研究及应用
陈思远	冯嘉春	通用高分子的高性能化与熔融沉积成型
丁雨雪	汪长春	多功能磁性聚合物复合微球的制备及其在活性氧诱导癌症治疗中的应用研究
韩延晨	陈新	同步辐射红外光谱对桑蚕丝腺体以及远红外光谱对蛋白质共混材料的结构表征
晋慧芸	陈道勇	单分子链聚合物纳米粒子的制备与组装
吕洁	余英丰	含能聚氨酯的微相分离与力学性能研究
彭媛梦	丁建东	聚乙二醇—寡聚酯水凝胶的降解及对干细胞行为的影响
谭昊天	王海涛	基于二氧化硅的新型稳定体系制备聚合物多孔材料
蔡珺佶	倪秀元	水性环氧丙烯酸涂料的研究与制备
乐相云	杨东	免中涂水性汽车色漆的开发与研究
李峰	汪伟志	往复式单螺杆挤出法制备炭黑填充型聚碳酸酯导电材料的研究

续 表

姓名	导师	论文题目
田婧	王海涛	PET/AL/PE复合包装薄膜热封工艺对热封性能的影响与热封窗口研究
王健	倪秀元	冰箱环戊烷/FEA-1100低导快脱体系配方开发与研究
王震琰	余英丰	低温轮胎标签用热熔压敏胶的开发
徐双双	何军坡	低成本建筑涂料用水性苯丙研磨树脂
霍继臻	余英丰	低热膨胀系数透明聚酰亚胺的制备与性能研究
李虹香	姚萍	天然多糖用于降糖多肽的输送研究
马岚	武培怡	基于温敏性离子液体和聚离子液体的复合体系的相变机理研究
杨彦昊	卢红斌	基于化学膨胀石墨制备导电复合材料及其流变行为的研究
胡逸文	丁建东	条纹状微图案化表面细胞是否呈现手性的探讨
曹云来	倪秀元	双组份加成型导热阻燃自流平有机硅灌封胶的研制
陈惜峰	何军坡	丙烯酸乳液耐污渍内墙涂料配方研究
赵胜泉	杨东	锂离子电池钛酸锂负极材料的制备及碳包覆研究
曹警予	彭慧胜	基于取向碳纳米管阵列的多功能超级电容器
潘运梅	卢红斌	二硫化钼基复合材料的制备及其电化学储锂性能
闫艳翠	杨东	复杂结构过渡金属氧化物纳米晶超晶格微球的设计制备及其电化学性能研究
周媛媛	武培怡	聚乙二醇和聚噁唑啉相关温敏体系结构与相转变机理关系的研究
江炜	郭佳	耐热丁腈橡胶结构与性能研究
李波	唐萍	高分子复合物导热性能改进的工艺优化研究
孙畅	卢红斌	氧化石墨烯形成过程中的形貌演化与结构调控

续 表

姓名	导师	论 文 题 目
陈华	汪伟志	窄带隙共轭聚合物的设计、表征及在场效应晶体管中的应用研究
刘月	冯嘉春	聚合物/石墨烯复合材料的制备与性能研究
潘剑	彭慧胜	离子液体复合凝胶电解质在锂二次电池中的应用
沈虹莹	王国伟	微流反应体系中环形聚合物的合成研究
杨观惠	徐宇曦	石墨烯基复合材料用于锂有机正极材料及锂负极材料的研究
郑嘉慧	杨东	纳米自组装在锂硫电池正极结构设计中的应用
蔡智	魏大程	二维有机-无机异质结的制备及传感器件研究
周丽娟	姚萍	新型绿色高分子表面活性剂的制备与相关性能研究
薛锋	李同生	碳纤维织物/环氧树脂基复合材料摩擦学改性研究
涂书画	王海涛	通过高内相乳液模板制备多孔材料及其孔结构调控
唐龙	卢红斌	银纳米线/石墨烯透明导电膜的制备及其性能研究
张攀	陈国颂	基于动态光散射的糖-蛋白相互作用动力学研究
石梦	邱枫	树枝状高分子排除体积效应的自洽场研究
		2019
金哲鹏	魏大程	薄层二硒化钨晶体的可控制备与化学掺杂
刘如屹	倪秀元	光催化聚合反应制备氧化石墨烯-导电聚合物复合材料及其在电子元器件领域的应用研究
许波驰	杨东	有机硅压敏胶在TPU保护膜上的应用研究
徐维棵	俞麟	包载替考拉宁的热致水凝胶作为伤口敷料的研究
王珂	卢红斌	石墨烯基复合材料的制备和改性
王矿	杨武利	磁性纳米晶簇的制备、光热性能及用作抗肿瘤药物载体

续 表

姓名	导师	论文题目
王灿灿	卢红斌	铁基纳米材料石墨烯复合物的制备及其在能源存储与转换领域的应用研究
黄静纯	邵正中	Ⅰ.硅量子点的固态发光性能研究及应用 Ⅱ.以柞蚕丝为模型探究原子层沉积对动物丝力学性能的影响
张力仁	杨武利	含介孔结构的具有光热效应的纳米粒子用于肿瘤光热-化疗协同治疗
丁鎏欣	王海涛	聚乙烯支链结构对集束包装热收缩膜性能的影响
陈宇菲	卢红斌	过渡金属锰、镍化合物/石墨烯复合材料的制备及在超级电容器中的应用研究
田宛丽	汪伟志	基于 Pi-Pi 共轭体系化合物的设计、合成及其应用研究
陶国庆	陈国颂	基于糖功能化的有机金属大环的多级自组装行为及其生物学应用
邢菡箫	余英丰	环氧-硫醇-咪唑快速固化体系的结构与性能研究
易孔阳	魏大程	表面辅助法合成低维共轭高分子及其应用
张宇	杨东	非金属电极材料的设计、制备及其储能性能研究
伍朝晖	张红东	贻贝胶粘蛋白湿粘接机理的计算机模拟研究
王丹妮	俞麟	基于聚乙二醇的可注射性化学交联水凝胶的设计、合成及其潜在的生物医学应用
何梦楠	魏大程	二维及三维超分子聚合物的自修复性质及其器件应用
曹惠	Hai DENG(邓海)	Sub-5 nm 高分辨率液晶聚合物的合成与表征
庞凌云	倪秀元	异佛尔酮二异氰酸酯聚氨酯乳液的改性与应用研究
付瑶	周平	聚氨酯软触涂料的配方优化及研究
赵北	冯嘉春	增粘树脂对苯乙烯嵌段共聚物类化学铣切涂料性能的影响和应用评估
孙晓雯	胡建华	含氟两亲性聚合物分子刷的合成及其抗污表面研究

续 表

姓名	导师	论文题目
陈晓	杨东	纳米粒子二维组装结构的构建及其电化学性能研究
夏月明	李卫华	分子结构设计及几何受限下调控嵌段共聚物自组装
韩锐贻	武培怡	原位改性制备高性能高分子复合膜的研究
田萌	武培怡	用于锂离子电池硅负极的粘结剂的制备与研究
姚卢寅	胡建华	乳液自组装制备过渡金属硫化物/碳纳米复合微球及其电化学性能研究
陈曦	丁建东	热致水凝胶作为艾拉和左炔诺孕酮等药物辅料的研究
赵然然	徐宇曦	二维高分子的合成及其可逆组装
朱熠	丁建东	面向经皮器械运用胶原和聚多巴胺对钛合金的表面修饰
胡雅洁	彭慧胜	基于取向碳纳米管的新型水发电器件
干晨旭	Hai DENG(邓海)	Sub-5 nm 高分辨率含氟快速自组装材料的合成和表征
2020		
彭霄蛟	余英丰	收缩膜用丙烯酸油墨的开发应用
赵玲	杨东	环氧树脂-玻璃纤维复合材料在民用航空上的应用
施磊	武培怡	聚碳酸酯导热性能的研究
陶瑜	邵正中	还原氧化石墨烯/丝蛋白多孔支架的制备及应用研究
张雪纯	杨武利	微米级交联聚甲基丙烯酸甲酯微球的制备及其在光扩散中的应用
吴晓	周平	一种灵芝提取物蛋白多糖诱导胰腺癌细胞凋亡的机制研究
魏博磊	姚晋荣	基于PBAT的新型环境友好材料的制备及性能研究
郭盛迪	杨武利	载二氢青蒿素磁性复合纳米粒子的制备及用于化学动力学治疗

续 表

姓名	导师	论文题目
胡琳莉	陈新	同步辐射技术对动物丝纤维的结构表征
王海鹏	陈新	功能性再生丝蛋白纤维的制备及应用
张泽宇	王海涛	基于水相泡沫模板法制备多孔聚合物水凝胶及其应用研究
汪沁	王海涛	基于无皂高内相乳液模板法制备功能性二氧化硅气凝胶
徐飞	彭慧胜	浮动催化化学气相沉积法制备碳纳米管纤维
王文琦	邵正中	具有耐低温性和保水性的离子导电水凝胶的制备和应用
黄显梧	冯嘉春	二维过渡金属碳化物 MXene 的高效制备及其在高导热复合膜中的应用
杨静	陈国颂	糖基转移酶诱导的糖肽组装新策略及其应用
郑栋潇	朱亮亮	离子型多色荧光碳点及其手性杂化材料的性能研究
左勇	彭慧胜	基于硫化锌/聚合物复合材料的柔性发光器件
高真	彭慧胜	基于交织结构的柔性太阳能电池织物
程乐	冯嘉春	导热/储热用热管理材料的制备与性能研究
王梦莹	彭慧胜	具有多级网络结构的柔性水系镍铋电池的构建及性能研究
高阳	余英丰	聚氨酯潜伏性催化剂的合成与性能研究
许黎敏	彭慧胜	纤维状太阳能电池的力学及温度稳定性研究
吴晓颖	彭慧胜	碳纳米管基纤维状有机电化学晶体管的制备及其高灵敏度生物检测
陈无忌	郭佳	二维共价有机框架薄膜的合成及其在金属电池负极的应用研究
袁诗淋	周平	灵芝蛋白多糖对非酒精性脂肪肝细胞病变的干预

续 表

姓名	导师	论 文 题 目
梁豪辉	周平	灵芝蛋白多糖提取物对 STZ 诱导的胰岛 β 细胞的保护作用
张聪	魏大程	二维有机晶体的可控制备及其光电性能研究
吴晓慧	俞麟	X 射线显影的 PEG/聚酯共聚物热致水凝胶的构建及其体内降解行为的无损示踪
孙瑞祺	李剑锋	溶液中的布鲁塞尔模型及其能量耗散
吴光亚	Hai DENG(邓海)	5 nm 以下高分辨率功能化含氟图形化嵌段共聚物的合成与表征
尚鑫	彭娟	全共轭聚噻吩-聚硒吩嵌段共聚物的合成、结晶结构调控及其在场效应晶体管中的应用
戴乐	Hai DENG(邓海)	侧链液晶驱动的 4 nm 超高分辨率图形化光刻材料的合成与研究
王刚	陈道勇	聚二炔共轭结构调控与非线性光学应用探索
黄彦钦	冯嘉春	聚乙烯管材料的步进循环拉伸行为及耐慢速裂纹增长性能研究
蒋诺斐	唐萍	缔合高分子的粘弹性:粘性 Rouse 模型以及桥连结构的作用
钟孚瑶	陈茂	钯催化两相法合成聚苯胺薄膜及其应用研究
2021		
邹文凯	何军坡	阴离子聚合成特定精确结构的聚合物
顾张裔	周平	正电荷改性尼龙膜内毒素吸附研究
郭倩颖	魏大程	共价有机框架及其复合材料的光电传感性能研究
艾昭琳	魏大程	光敏材料修饰石墨烯场效应晶体管的传感应用研究
吴天琪	卢红斌	二维层状材料的制备及其在高能锂离子电池中的应用研究
潘绍学	卢红斌	石墨烯基聚合物复合物的水相制备及其应用研究

续 表

姓名	导师	论 文 题 目
闫卓	邵正中	再生丝蛋白/无机物复合固体材料的制备及其应用
黄东奇	彭娟	基于噻吩和硒吩类全共轭无规共聚物的可控合成及其结晶结构和OFET性能的研究
周家诺	Hai DENG(邓海)	下一代芯片制造用7 nm超高分辨率的硅基高抗刻蚀快速图案化材料
倪璧君	彭娟	基于嵌段聚合物和共轭聚合物的有机/无机纳米复合多级自组装结构的研究
柳宜卓	陈新	基于1-乙基-3-甲基咪唑醋酸盐/水溶剂体系的多功能聚乙烯醇水凝胶的制备及应用
周诚诚	王国伟	全聚苯乙烯体系的活性阴离子聚合(LAP)-聚合诱导自组装(PISA)研究
林静波	杨武利	载铁死亡药物的磁性复合纳米粒子用于肿瘤治疗
曾荣金	闫强	基于硫属元素取代或环类芳香型化合物的超分子可控自组装研究
顾雪莺	李卫华	AB-型嵌段共聚物薄膜自组装的自洽场理论研究
季显文	李卫华	链结构对嵌段共聚物层状结构相行为的影响
吴凯婷	俞麟	DPP催化的热致凝胶化的PEG/聚酯嵌段共聚物的设计、合成与性能表征及作为本科教学实验的实践
张媛颖	杨武利	ASA核壳粒子的制备及用作抗冲改性剂的研究
赵博华	陈新	钙离子调控下高性能丝蛋白水凝胶的制备及其应用探索
毛天骄	丁建东	基于微流控的单轴周期性力学拉伸刺激下细胞取向行为的研究
李嘉欣	彭慧胜	高性能锂-二氧化碳电池
严丝雨	汪伟志	低维金属卤化物钙钛矿的合成,表征及应用
梅腾龙	彭慧胜	可植入的纤维电化学电池

续　表

姓名	导师	论　文　题　目
李尚育	张波	高效电化学还原二氧化碳制备一氧化碳的催化剂与电解池研究
罗梦恺	朱亮亮	新型热活化延迟荧光材料的构筑以及性能研究
李安泽	朱亮亮	基于超分子手性凝胶的发光材料性能研究
余恒	王海涛	基于无皂高内相乳液微反应器制备功能化二氧化硅泡沫和Janus纳米片
2022		
朱云扬	郭佳	基于稠环基元的多孔有机聚合物材料的制备和电学性质的研究
郭倩颖	魏大程	共价有机框架及其复合材料的光电传感性能研究
王秀丽	丁建东	钛合金表面的生物大分子修饰及其对经皮植入物生物密封的影响
何俊豪	丁建东	纳米图案化材料表面血管内皮细胞与平滑肌细胞的行为差异
李朋翰	王国伟	LAP-PISA中纳米自组装体的功能化应用研究
达高欢	邵正中	高强度双交联再生丝蛋白水凝胶的制备及应用探索
许佳琪	倪秀元	新型环磷腈-NORs化合物的合成及其在热塑性聚氨酯弹性体和聚丙烯中的应用研究
谢金雨	姚晋荣	氨基苯硼酸对可降解聚酯材料的改性研究
赵志峰	倪秀元	聚己二酰间苯二甲胺(MXD6)结晶与阻燃改性研究
杨滨如	杨武利	光响应纳米气体药物的构建及在肿瘤治疗中的应用
冯依婷	汪长春	高SERS活性聚苯乙烯复合微球的制备及在水果残留农药检测中的应用研究
时家悦	俞麟	基于聚乙二醇的可注射水凝胶的构建及其潜在的生物医学应用
王茹瑾	陈国颂	N-连接聚糖调控的糖肽自组装

续表

姓名	导师	论文题目
杨晗	彭慧胜	基于碳纳米管微阵列的多功能电极及其脑皮层检测
翟伟杰	孙雪梅	面向室内应用的纤维光伏电池
郭悦	彭慧胜	可植入的抗生物污损纤维电化学器件
王晶	杨东	组装方法制备锂电池用有序多孔隔膜及其应用研究
邢天宇	冯嘉春	基于双网络水凝胶的超声耦合剂制备与性能研究
潘绍学	卢红斌	石墨烯基聚合物复合物的水相制备及其应用研究
曾雅	陈国颂	唾液酸酶诱导糖肽组装体的形貌转变及其应用
叶张帆	王海涛	基于高内相乳液模板法制备 Janus 纳米片用以增容不相容的聚合物共混物
张颖	周平	灵芝蛋白多糖对糖尿病餐后血糖和心血管并发症控制机制的研究
郭屹轩	卢红斌	二维材料结构设计及其在水系锌离子电池电极中的应用研究
刘黎成	余英丰	电子封装用潜伏性催化剂的制备及应用研究
陆旻琪	陈新	丝蛋白多孔支架及纳米微球的功能化探索
陈倩莹	陈新	再生丝蛋白基柔性可穿戴传感器的制备和应用
丁宁	郭佳	方酸菁共价有机框架的合成及其在光能转换的应用研究
薛舒晴	杨东	锂离子电池用介孔碳导电剂的制备及应用研究
栾猛	王国伟	ppm 铜用量 ATRP 技术在颜料用高分子分散剂合成中的应用研究
赵少权	冯嘉春	SEBS/可结晶石蜡的结构及加工应用中演化行为研究
邢翌	朱亮亮	双吡啶苯酚类给体-受体分子的构筑及性质研究
张哲彬	杨东	基于聚合物诱导的纳米颗粒自组装超结构材料
2023		
王天尧	李剑锋	深度学习方法在 HP 蛋白质折叠预测中的应用研究

续　表

姓名	导师	论文题目
徐佳印	黄霞芸	两亲性混合壳聚合物粒子乳化行为研究及其在含油污水净化中应用
李志成	杨东	配体原位碳化策略构筑高稳定性铂基燃料电池催化剂研究
张李巽	李卫华	圆柱受限下一种新型非线型多嵌段共聚物(BT)AB(AT)自组装行为的自洽场理论研究

五、博士学位论文目录(1996—2023)

姓名	导师	论文题目
		1996
刘璐	江明	含特殊相互作用基团的聚合物的合成和性质
王群	于同隐	聚酰胺 24 的合成及结构研究
吕绪良	于同隐、府寿宽	$0.02-15\mu m$ 单分散聚合物微球的制备、功能化及基础研究
张剑文	杨玉良	橡胶和塑料增韧环氧树脂地反应诱导相分离及其动力学过程研究
汪长春	府寿宽、于同隐	含 C60 高分子材料的制备、表征及光电导性能研究
刘永成	于同隐	再生丝素蛋白及其共混物和酶地固定化
		1997 年
李梅	江明	高聚物和离聚物在溶液中的缔合与聚集行为研究
王海原	黄骏廉	聚氧化乙烯为载体带磺胺嘧啶端基的高分子导向药物的合成、表征和性能研究
陈新	于同隐、李文俊	天然高分子合金膜结构、性能及应用的研究—壳聚糖-丝心蛋白体系

续 表

姓名	导师	论 文 题 目
\multicolumn{3}{c}{1998 年}		
周晖	江明	具有特殊相互作用的聚合物共混体系的相容、络合、结晶及取向行为的研究
陈胜	于同隐、黄骏廉	含 5-非氟尿嘧碇和氮芥的高分子抗肿瘤导向药物的合成及性能研究
鲁在君	于同隐、黄骏廉	阴离子与光诱导电荷转移聚合制备 AB 开嵌段和 ABC 星形共聚物的研究
孙玉宇	于同隐	丝素-丙烯腈类聚合物共混物研究
黄晓宇	于同隐	新型多官能团引发体系合成嵌段共聚物的研究
\multicolumn{3}{c}{1999 年}		
万德成	于同隐、黄骏廉	马来酰亚胺及其衍生物的共聚合研究
张红东	杨玉良	高分子分相动力学的理论和模拟
杨虎	江明、平郑骅、龙英才	疏水 Y 沸石及其填充硅橡胶膜的性质研究
何军坡	杨玉良	活性自由基聚合的 Monte Carlo 模拟及动力学改进
张广照	江明	无规和嵌段离聚物的缔合、络合与聚集
\multicolumn{3}{c}{2000 年}		
刘世勇	江明	高分子络合物的溶液、本体和表面性质及其自组装行为研究
钟伟	杨玉良、李文俊	基于乳酸的环境可降解高分子材料研究
史联军	于同隐	α—取代丙烯酸(酯)与马来酰亚胺的共聚体系及共聚物的药理性能的研究
李成	杨玉良	可聚合稳定氮氧自由基 MTEMPO 控制的烯类单体活性自由基聚合研究

续　表

姓名	导师	论文题目
柳波	杨玉良	化学反应、界面作用及涨落与高分子相分离的耦合
高勤卫	于同隐、邵正中	聚酰胺系列与聚丙烯酸共混体系的研究
2001年		
倪沛红	府寿宽	两亲性聚合物的合成、表征和在聚合物胶体中的应用研究
曹继壮	杨玉良	活性自由基聚合的研究
周济苍	江明、章云祥	两亲体系的自组装行为及其表征中的分子探针方法
曹毅	杨玉良	聚合物混合物相分离动力学的数值模拟及实验研究
杨武利	府寿宽	复苯乙烯分散共聚合的基础研究及微球的应用研究
张振利	杨玉良	高分子相分离动力学及其流变学
罗开富	杨玉良	对称破缺场作用下复杂流体中的图样生成与选择
2002年		
罗炎	李善君	可溶性聚酯酰亚胺合成、结构、性能、及其增韧热固性树脂研究
姜琬	府寿宽	PMMA的微乳液聚合、水凝胶及微凝胶的研究
王敏	江明	高分子自组装的新途径：非共价兼的胶束及中空胶束的制备、结构和性质
乔向利	平郑骅、李善君	中药有效成分的抗氧化性研究及抗污染膜的研制
宁方林	汪长春	聚合物自组装的新体系和新方法的研究
黄兆华	黄骏廉	以磺胺为导向基团的抗肿瘤药物的设计、合成及药理
2003年		
查刘生	府寿宽	热响应性水凝胶纳米粒子和可生物降解聚合物纳米粒子的合成、表征

续 表

姓名	导师	论文题目
王忠民	杨玉良	RAFT调控的活性自由基聚合动力学研究及其在合成复杂结构聚合物上
童朝晖	杨玉良	耦合化学反应相分离中的图样生成与选择
窦红静	江明	基于多糖的全亲水性接枝共聚物的合成及其水相自组装行为研究
2004年		
甘文君	李善君	热塑性改性环氧体系相分离的粘弹性行为
姚晋荣	于同隐、邵正中	类动物丝蛋白聚合物的合成、表征及其与蚕丝蛋白的共混
余英丰	李善君	热塑性树脂改性环氧体系的复杂相分离
匡敏	江明	聚合物空心球的制备及其在纳米晶体负载与释放上的应用
陶庆胜	李善君	聚醚酰亚胺改性氰酸酯体系的反应诱导相分离研究
王家芳	杨玉良、王振纲	相界面、临界核、胶束和囊泡多组分聚合物体系自组织现象的自洽场理论
2005年		
宗小红	邵正中	铜离子和pH对再生丝素蛋白二级结构的影响
张幼维	江明	生物相容及环境响应亲水性胶束和空心球的制备、表征和初步应用研究
陈兆彬	杨玉良、李同生	聚酰胺共混物及其复合材料摩擦学性能的研究
王海涛	杜强国	聚合物/无机物纳米复合材料的制备和性能研究
张琰	府寿宽	聚合物纳米粒子的制备、表征以及作为药物载体的初步应用
邓勇辉	府寿宽	功能性磁性聚合物微球的制备、表征及其初步应用

续　表

姓名	导师	论文题目
赖仕全	李同生	纳米粒子改性聚四氟乙烯和聚酰亚胺的摩擦学性能研究
邱长泉	平郑骅	紫外接枝制备亲水性纳滤膜的研究
韦嘉	黄骏廉	一种新的制备ABC星形杂臂共聚物的方法及共聚物的表征
徐智中	汪长春、府寿宽	磁性聚合物微球的制备
张俊川	丁建东	组织工程预塑形多孔支架的制备和研究
周立志	平郑骅	新型亲水性有机/无机复合渗透蒸发膜的研究
朱文	丁建东	可注射的生物降解水凝胶
2006年		
徐鹏	杜强国	多种聚合物及复合物纳米粒子的制备和性能研究
金岚	汪长春	具有可控壳层的功能性聚合物微球的构筑
李莉	杨玉良	多组分脂质囊泡的测向相分离与出芽
郭坤琨	杨玉良	生物膜形状的理论研究
沈良	杜强国	高分子有机/无机纳米复合材料的制备及其结构性能研究
梁丽	江明	具有不同疏水性的聚阴离子诱导脱辅基细胞色素c和细胞色素c的结构转换
周丽	邵正中	影响丝蛋白构象的外源性因素以及再生丝蛋白纤维的制备
沈怡	武培怡	若干典型聚合物体系的二维相关光谱学研究
彭云	武培怡	二维红外相关光谱在聚合物体系中的应用
吕睿	杜强国	热致相分离法制备EVOH微孔膜的基础研究
刘小云	李善君	双马来酰亚胺改性体系相分离的几个物理和化学问题

续 表

姓名	导师	论文题目
李钟玉	黄骏廉	以聚醚(PEO)为主链的新型两亲性接枝共聚物的分子设计、合成及表征
喻绍勇	江明、姚萍	基于食品蛋白和天然多糖的生物大分子自组装
陈学琴	杨玉良	PBT 及其纳米复合体系的结晶和熔融行为研究及嵌段共聚物自组装行为的 TMAFM 研究
夏建峰	杨玉良	多组分聚合物体系相分离动力学的研究
周春才	邵正中	蜘蛛丝蛋白模拟聚合物的合成及其结构、性能的研究
纪仕辰	丁建东	链状分子软物质的蒙特卡罗模拟和部分实验研究
徐嘉靖	杨玉良	高分子刷体系中相互作用的自洽场研究
徐依斌	许元泽	高分子纳米复合体系熔体的结构流变学
杨宇红	邵正中	再生 Bombyx mori 丝素蛋白在水溶液中结构和性质的研究
2007 年		
吕文琦	丁建东	聚合反应及大单体凝胶化的动态蒙特卡罗模拟
李鸣鹤	府寿宽	可聚合双亲分子的分子设计及纳米结构聚合物材料的制备
俞麟	丁建东	可注射性水凝胶的合成、物理凝胶化及其用于药物缓释载体的研究
郑永丽	府寿宽	壳聚糖基聚电解质复合物纳米粒子的制备、表征及其药物负载性能的初步研究
孙明珠	杨玉良	多嵌段共聚物的相分离和囊泡形状的自洽理论研究
范德勤	杨玉良	RAFT 聚合合成功能化嵌段共聚物及聚合物接枝碳纳米管的研究
明明	丁建东	古细菌视紫红质蛋白的质子泵机理及其与聚合物复合功能材料的研究
陈彦涛	丁建东	蛋白质折叠的格子链 Monte Carlo 模拟

续 表

姓名	导师	论文题目
徐学伟	黄骏廉	基于RAFT聚合的复杂结构共聚物的合成与自组装行为的研究
贾中凡	黄骏廉	基于PEO多官能团引发体系合成特殊结构的两亲性共聚物及其性质研究
王明海	李善君	热塑性树脂改性环氧体系相分离过程中的流变行为
徐江涛	杨玉良	甲基丙烯酸酯类单体的RAFT聚合：动力学、设计合成、结构与性能关系
景殿英	丁建东	可降解聚酯组织工程多孔支架的成型、表征及初步应用
王竞	江明	基于包结作用的高分子及纳米晶体自组装的研究
贾彬彬	李同生	聚合物—聚合物配副的摩擦学性能研究
侯国玲	江明	聚合物胶束的结构控制及其行为的研究
万顺	江明	多重环境刺激响应的多糖基全亲水性接枝共聚物的合成及其自组装行为研究
郭贵全	汪长春	聚合物改性碳纳米管及其在催化、生物学领域的应用
王国伟	黄骏廉	新型两亲性星型杂臂聚合物的合成研究
任勇	黄骏廉	聚环氧乙烷(PEO)类聚合物的合成、表征及应用
解荡	江明	含树枝状大分子体系的自组装及基于包结络合作用的超分子多嵌段聚合物研究
郭佳	汪长春	多功能有机/无机聚合物复合微球的制备、表征及其生物应用
谢龙	杨玉良	纳米碳管表面的聚合物修饰及其初步应用于纳米复合材料的研究
高广政	杨玉良	含多肽嵌段共聚物的合成与性能
曹正兵	邵正中	丝素蛋白自组装行为及其在生物医药方面的应用研究
刘晓霞	李同生	聚四氟乙烯的取向与摩擦学性能关系的研究

续 表

姓名	导师	论文题目
2008 年		
张媛媛	平郑骅	用于内毒素去除的新型亲和吸附剂的制备及性能研究
唐瑞庭	府寿宽	甲基丙烯酸酯类的改进微乳液聚合及所得聚合产物富间规性的研究
高宗永	李善君	液晶环氧低聚物的合成及其改性热固性树脂的研究
王涛	杨玉良	高分子链/分子管复合体系穿管行为及其单分子力谱研究
林媚	杜强国	基质型高分子药物缓释体系的研究
胡志强	李善君	芴基 Cardo 型聚酰亚胺的合成与性能研究
罗钟琳	丁建东、周耀旗	蛋白质折叠的全原子非连续分子动力学模拟
张秀娟	许元泽	热塑改性热固性树脂体系固化中的形貌-流变学研究
程成	邵正中	蚕丝蛋白对无机物矿化的调控及其复合材料的研究
杨子刚	丁建东	多尺度的可降解温敏型水凝胶的制备以及基于微凝胶的蛋白质包裹工艺的研究
张夏丽	杜强国	聚合物基复合材料中无机组分表面性能反气相色谱研究
曹绪芝	平郑骅	新型亲水性聚合物-陶瓷渗透汽化复合膜的研究
韩学琴	杨玉良	RAFT 聚合机理及动力学研究
庞新厂	黄骏廉	基于环状 PEO 多官能团引发体系合成大环接枝共聚物及其性质的研究
刘超	黄骏廉	基于超支化聚缩水甘油醚的复杂结构星型聚合物的合成研究
刘珍	江明	基于主客体包结络合作用的无机纳米粒子和/或大分子自组装的研究

续 表

姓名	导师	论文题目
李娟	江明、姚萍	基于球状蛋白和葡聚糖自组装制备具有核壳结构的纳米凝胶及其作为药物载体的初步研究
潘晓赟	邵正中、姚萍	基于酪蛋白的纳米粒子制备及其应用的研究
刘宏波	汪长春	单分散磁性聚合物复合微球的制备及表面亲水性聚合物的修饰
杨东	汪长春	水溶性碳纳米管的制备及其初步应用
郭宜鲁	武培怡	二维红外及近红外相关光谱对亲水性高分子的研究
励亮	武培怡	二维相关光谱在环氧树脂研究中的应用
2009年		
冯志程	邵正中	以壳聚糖为基质的天然两性膜的制备及其在蛋白质分离中的应用
杨健茂	许元泽	高分子多相复杂流体的多尺度流变学研究
韩文驰	杨玉良	复杂高分子体系的自洽场理论研究及微管动力学的蒙特卡罗模拟
张欢	丁建东	合成水凝胶的流变学性能及相关生物材料的基础研究
王桢	丁建东	骨髓基质干细胞的不连续诱导方法以及细胞在组织工程多孔支架内分布的研究
孙建国	丁建东	PEG水凝胶的金微图案化修饰及其表面细胞黏附行为的研究
崔亭	丁建东、陈征宇	受限高分子单链动力学的格子蒙特卡罗模拟
孟晟	杜强国	磷酰胆碱改性聚合物研究
任申冬	江明	含环糊精聚合物的合成及其自组装行为研究
蒋伏广	邵正中	聚丙烯酸(钠盐)调控碳酸钙结晶机制及其复合材料的制备Ⅱ再生丝素蛋白修饰聚丙烯补片及其应用的初步探索

续表

姓名	导师	论 文 题 目
莫春丽	邵正中	傅立叶变换红外光谱对再生丝蛋白二级结构的表征
冷柏逊	邵正中	仿生学指导下的形貌控制——若干生物大分子在无机物矿化中的作用以及超双疏表面的设计
吴佳	丁建东	视黄醛膜蛋白的质子泵功能及其光响应器件材料的研究
郭明雨	江明	基于包结作用的聚合物空心球的表面修饰及超分子凝胶研究
曹惠	邵正中	丝蛋白单/混纺纳米纤维膜的制备及其诱导无机物的沉积
褚轶雯	汪长春	新型超顺磁性复合微球的制备及表征
周婧	杜强国	热致相分离法制备亲水性微孔膜及其改性研究
罗晓兰	黄骏廉	基于高效"Click"与ATRC偶合反应合成具有复杂结构共聚物的研究
程建丽	何军坡	"V型"两亲性聚合物接枝的纳米材料的制备及其性能研究
付强	黄骏廉	氮氧自由基偶合反应在高分子合成化学中的应用
程林	陈道勇	聚合物粒子的结构控制及其高级自组装
张峰	汪长春	磁性温敏聚合物纳米微囊的制备与表征
夏㬢	汪长春	高磁响应性复合微球的制备与表征
段应军	李同生	含硫特种工程塑料的摩擦学性能研究
李璇	杨玉良	复杂嵌段共聚物相行为与力学性能的自洽场理论研究
2010年		
詹国柱	邱枫	改性氰酸酯树脂及其复合体系的研究
刘鹏	丁建东	材料表面微米-纳米杂合图案的制备技术研究
李剑锋	杨玉良、史安昌	膜的形变与相分离的理论和模拟研究

续　表

姓名	导师	论　文　题　目
林美玉	杨玉良	电解质溶液中带电磷脂的多层管状囊泡的形成及动力学
梁新宇	杨玉良	多组分囊泡的相分离和形变动力学
唐键	丁建东	微图案化表面的制备以及细胞间接触影响干细胞分化的研究
李为	武培怡	若干生物聚合物、无机盐复合物的形貌调控及生长机理研究
张国杰	杨玉良	自洽场理论 Fourier 空间揭发:ABC 星型与线型嵌段共聚物相图计算
宋晓梅	杜强国	非水溶胶-凝胶过程及 Pickering 乳液聚合制备聚合物微球
王兴雪	杜强国	二氧化钛光催化性能研究及纳米复合材料的制备
黄静欢	丁建东	纳米图案化仿细胞外基质表面的制备及细胞粘附行为的研究
赖毓霄	丁建东	具有双重促进细胞粘附效用的生物活性多肽的设计与合成
彭红丹	刘天西	层状双氢氧化物及碳纳米管/聚合物纳米复合材料的制备、结构与性能研究
孙冰洁	武培怡	红外及二维相关光谱方法对外扰作用下聚合物体系演化的微观动力学机理的研究
付诚杰	邵正中	柞蚕丝结构和力学性能的深入研究
2011年		
马德旺	丁建东	合成高分子对视黄醛膜蛋白功能的影响及相应功能材料的研究
田剑书	李同生	含氟聚酰亚胺的合成及摩擦学性能研究
袁青青	邵正中	再生丝蛋白材料的制备及其结构与性能的研究
刘晓亚	江明	双亲性无规-交替共聚物自组装及其应用研究

续 表

姓名	导师	论 文 题 目
贺明	邱枫	全共轭聚烷基噻吩嵌段共聚物的合成、自组装及光伏性能的研究
张正	丁建东	PCLA-PEG-PCLA温致水凝胶的合成、多态包裹与修饰及其医学应用
宋文迪	杨玉良	半刚性链高分子体系相行为的自洽场理论研究
常广涛	丁建东	两亲性嵌段共聚物PLGA_PEG_PLGA的研究及在抗癌药物载体中的应用
廖小娟	江明	基于包结络合作用的超分子水凝胶和大分子自组装的研究
景荣宽	黄骏廉	一锅法合成两亲性接枝和多嵌段共聚物的研究
林文程	黄骏廉	氮氧自由基偶合反应条件的探索及其在嵌段聚合物合成方面的应用
黄舒	刘天西	基于碳纳米管、层状双氢氧化物的聚合物纳米复合材料的制备、结构与性能研究
王婷	邵正中	生物大分子对碳酸钙结晶的调控及其机理探究
龚祖光	邵正中	桑蚕丝蛋白的微纤化和物理凝胶化研究——对富含β-折叠的蛋白质材料结构调整的启示
宋士杰	武培怡	高性能聚烯烃结晶行为及结构性能关系研究
方明博	杨玉良	石墨烯基纳米复合材料的制备及性能
林博	张红东	嵌段共聚物的自组装形态及热分析
2012年		
杜萍	江明	基于具有电化学响应性的包结络合作用的超分子杂化水凝胶及大分子自组装
赵迎春	丁建东、黄伟达	基因突变对细菌视紫红质功能的影响及相关功能材料研究
田琨	陈新	大豆蛋白的结构表征及应用研究

续　表

姓名	导师	论文题目
魏川	汪长春	功能性嵌段聚合物的合成、自由组装及初步应用
滕宝松	周平	灵芝有效降糖组分的筛选及降血糖机理研究
方云	汪明	均聚物/表面活性剂或无规共聚物的水相自组装及微反应器应用
王雅卓	丁建东	具有光驱质子泵功能的视黄醛膜蛋白及相应高分子复合膜的研究
彭荣	丁建东	高分子表面微图案技术研究干细胞形状、尺寸和密度对其分化的影响
李长喜	何军坡	RAFT试剂的氧化稳定性及链转移能力与分子结构关系的研究
梁清	江明	两亲性杯芳烃的自组装及其纳米杂化体系的构筑
陈丹	刘天西	聚酰亚胺取向纳米复合膜的制备、结构与性能研究
鲍稔	杨玉良	多组分脂质双分子层的侧向相分离研究
杨光	杨玉良	含有链刚性的高分子体系相行为的自洽场理论研究
闫策	丁建东	表面微纳米图案化技术及细胞黏附临界面积等问题的研究
刘江华	江明	基于主客体化学和大分子自组装的响应性功能材料和纳米组装结构
张金明	邵正中	基于丝蛋白降解产物的两亲性多肽自组装及其应用
曹也文	武培怡	功能化石墨烯的制备及在高性能高分子材料中的应用
常柏松	杨武利	基于介孔二氧化硅复合纳米粒子的制备、性能及药物控释研究
凡小山	黄骏廉	具有复杂拓扑结构的两亲性环状聚合物合成研究
刘也卓	陈新	壳聚糖改性及壳聚糖基膜色谱材料的设计与开发
孙胜童	武培怡	热致响应聚合物材料的合成与组装行为研究
徐玉赐	邱枫	复杂多嵌段共聚物在本体及几何受限下的自组装

续 表

姓名	导师	论文题目
任璐璐	刘天西	石墨烯纳米复合材料的制备、结构、性能研究
郭娟	陈道勇	聚二炔酸的结构性能调整和基于聚二炔酸的应用研究
葛静	邱枫	全共轭聚烷基噻吩嵌段共聚物的合成及其结晶和微相分离研究
2013 年		
袁丽	胡建华	刺激响应性纳米药物控释系统的制备及应用研究计划
章超	何军坡	基本聚合机理转换的共聚物合成
费翔	陈新	蚕丝蛋白调控功能性无机纳米复合材料的制备
吴慧青	武培怡	无机材料对超滤/纳滤膜性能的改进研究
来恒杰	武培怡	LCST 型聚合物在水环境中的性质与结构
张卡卡	陈道勇	DNA 和聚合物核壳胶束的自组装及其应用
王芹	邵正中	蚕丝蛋白/离子液体溶液的流变学研究及再生丝蛋白材料的制备
江腾	周平	天然小分子化合物对神经退行性疾病相关蛋白异常折叠和聚集及神经毒性的调控
刘沛	李同生	高性能织物增强聚四氟乙烯复合材料摩擦学性能研究
游力军	汪长春	基于酚醛及密胺树脂的新型核壳结构复合微球的制备与应用研究
张超	刘天西	石墨烯复合材料的制备、结构与性能研究
潘震	丁建东	材料表面拓扑形貌的细胞响应以及 PLGA 组织工程多孔支架的制备与医学应用研究
张鹏	汪长春	功能化聚合物多孔微球的制备、表征及应用
潘元佳	汪长春	新型功能聚合物微球的制备、表征及其应用研究
张和凤	杨玉良	通过阴离子聚合连续/迭代合成类树枝状聚合物
戚佳宁	姚萍	基于白蛋白-多糖的自组装及其抗肿瘤应用

续 表

姓名	导师	论文题目
曹恒	邵正中	聚多肽的合成及其在生物矿化中的应用
郝瑞文	陈新	丝肽的制备及其组装行为研究
唐晓林	杨玉良	聚醚砜改性环氧体系多次相分离的研究
2014年		
郝和群	姚萍	具有肿瘤靶向功能的阿霉素/白蛋白-葡聚糖纳米粒子
刘美娇	邱枫	嵌段共聚物自组装形成复杂结构的理论研究
SAKAI FUJI	江明	基于多重多种超分子相互作用的大分子自组装
王杨	杨武利	环境响应性聚合物纳米药物载体的制备、表征及应用
王亚芬	陈道勇	组装体的形貌、结构调控及机制
周常明	陈道勇	新型功能分子与组装单元的制备与组装
韦孔昌	江明	基于聚合物的杂化复杂自组装体系
尹建伟	邵正中	再生丝素蛋白材料的制备
蔡焕新	姚萍	氨基酸、多肽、蛋白质辅助原位制备金纳米粒子的研究
苏璐	江明	糖聚合物的自组装新路线及其生物学拓展
范艳斌	陈道勇	亚细胞水平靶向的纳米材料的设计、制备与应用
刘明凯	刘天西	带状石墨烯纳米复合材料的制备及其性能研究
马万福	汪长春	高性能磁性复合微球的制备及其在低丰度磷酸肽和糖肽选择性富集中的应用
马力	陈新	大豆分离蛋白的化学改性
凌盛杰	陈新	丝蛋白结构的同步辐射红外表征和基于丝蛋白纳米微纤复合材料的制备
何垚	丁建东	可降解聚酯多孔支架的羟基磷灰石修饰、体外研究和体内骨缺损修复

续 表

姓名	导师	论文题目
陈海鸣	李同生	相结构调控法制备环氧/聚醚酰亚胺复合材料的摩擦学性能研究
刘勇	武培怡	智能化及掺杂改性石墨烯的研究及应用
姚响	丁建东	基于材料表面图案化技术研究细胞形状和表面手性特征对干细胞黏附与分化的影响
黄挺	李同生	聚酰亚胺的摩擦学改性研究
许涛	邵正中	壳聚糖和聚乙烯亚胺及其衍生物作为基因载体的若干基本问题的探讨
琚振华	何军坡	基于阴离子聚合的支化共聚物的合成及其组装行为的研究
马新	邱枫	纳米粒子表面接枝高分子共混刷体系的相行为研究
殷冠南	张红东	基于 Pickering 乳液聚合的功能性聚合物微球制备及机理研究
2015 年		
邢士理	唐萍	聚对苯二甲酸乙二醇酯(PET)的成核剂设计及结晶行为研究
孙鹏飞	江明	含糖共轭嵌段高分子的组装及其生物学功能
郑金	杨武利	聚合物/无机纳米复合微球的制备、表征及生物应用
马珣	倪秀元	纳米半导体引发聚合反应制备新型结构的光电功能复合材料薄膜
张杨	何军坡	阴离子聚合前驱体法合成聚乙炔
谢明秀	陈道勇	聚合物单链不对称纳米粒子及单官能度纳米粒子的制备与组装
董雷	卢红斌	二维层状材料的剥离及相关复合物性能研究
焦玉聪	胡建华	三维纳米晶自组装体的制备及其在锂电池中的应用
杨朋	汪长春	多功能空心微球的制备及其在医学成像中的应用

续 表

姓名	导师	论 文 题 目
殷宝茹	姚萍	植物蛋白/多糖复合纳米乳液的形成机制和应用
陈亮	丁建东	分子量分布对嵌段共聚物/水体系的影响及相应水凝胶的防术后粘连运用
陈武炼	胡建华	功能高分子为载体的药物控制释放系统的构建及其初步应用
林铭昌	江明	糖相关的动态共价键调控的大分子自组装
张泽汇	武培怡	碳纳米材料的制备、表征及其应用研究
慈天元	丁建东	喜树碱类抗癌药物的热致水凝胶缓释体系及药物/材料相互作用
高杰	杨玉良	基于半刚性链模型的场论方法及其应用
王玄	丁建东	聚乙二醇水凝胶表面RGD多肽微纳图案化及RGD纳米间距对干细胞的调控
潘登	周平	灵芝降糖提取物分离纯化、结构鉴定及生物活性研究
焦云峰	杨武利	基于空心介孔二氧化硅结构的多功能纳米粒子的制备及作为抗肿瘤药物载体的研究
樊玮	刘天西	石墨烯基纳米杂化材料的结构构筑及其在超级电容器中的应用
缪月娥	刘天西	静电纺纳米纤维复合材料的结构调控及其在新能源领域的应用研究
李佳	何军坡	基于活性阴离子聚合的取代聚乙炔分子工程
许利	邱枫	聚丙烯腈/溶剂/非溶剂三元体系相分离和凝胶化的研究
李典	汪长春	磁性纳米晶簇的结构调控、功能化修饰及其在抗癌药物靶向运载中的应用研究
安乔	汪长春	碳基磁性复合微球的结构设计、功能化修饰及其应用基础研究

续 表

姓名	导师	论文题目
叶志	邱枫	电场下聚噻吩薄膜结晶和表面失稳研究
马玉宁	李同生	PPS、PAR 和 PTFE 纤维自增强材料的制备和性能研究
2016 年		
杨修宝	邱枫	侧链交联聚噻吩嵌段共聚物结晶、微相分离及力学性能研究
王红燕	李同生	酚醛树脂的摩擦学改性研究
季楠	邱枫	嵌段共聚物有序-有序相变的自洽场和弦方法研究
陈岭娣	张红东	基于聚环氧乙烷和聚苯乙烯构筑单元的复杂结构共聚物的合成、表征与性能研究
谢楠	李卫华	嵌段共聚物体系热力学与动力学的理论研究
吴可义	汪长春	多尺度共轭微孔聚合物的可控合成及功能化研究
林珊	卢红斌	化学膨胀石墨、层数可控石墨烯及超级电容器的制备和应用
李瀚文	胡建华	介孔纳米材料的制备、改性及应用研究
田野菲	杨武利	含二硫/二硒键的聚合物纳米凝胶药物控释系统的制备及应用研究
于萌	汪长春	磁性杂化微球的功能修饰及在多肽富集和蛋白质固定中的应用
张由芳	刘天西	聚酰亚胺基复合碳气凝胶的结构构筑及其在超级电容器中的应用
樊家澍	冯嘉春	熔融加工过程对聚烯烃材料聚集态结构的影响
黄云鹏	刘天西	应用于新能源领域的静电纺丝基复合材料的制备及其性能研究
刘志佳	姚萍	可注射型剪切变稀水凝胶材料的制备以及作为药物缓释载体的应用研究

续　表

姓名	导师	论文题目
叶士兵	冯嘉春	氧化石墨烯的宏观体组装及其在聚合物复合材料熔融加工中的原位热还原
陈仓伕	邱枫	表面接枝高分子体系微相分离和排除体积效应的理论研究
叶恺	丁建东	材料软硬度对干细胞分化的调控作用
章雨婷	汪长春	新型功能磁性复合微球的制备及在蛋白/多肽富集中的应用
漆刚	何军坡	富勒烯/POSS-取代聚乙炔杂化材料的合成及性质研究
曹彬	丁建东	材料表面化学因素和细胞几何因素对干细胞成软骨分化与软骨细胞退分化的影响
冯凯	武培怡	高性能 Nafion 基质子交换膜的制备与表征
侯磊	武培怡	热致响应聚合物相变行为与结构关系的红外光谱研究
季中伟	江明	基于葫芦[8]脲稳定非共价作用的大分子链结构调控
王云鹏	何军坡	Core-Shell 型类树枝状聚合物的合成及表征
洪麟翔	杨玉良	含聚 L 型丙交酯杂臂星形聚合物合成及其性能研究
陆姗灵	陈新	大振幅振荡剪切方法对高分子软材料非线性流变行为的探索研究
曹涵	邵正中	用于肿瘤联合治疗及监控的多功能材料设计与构建
缪涵	陈道勇	DNA、聚合物胶束和纳米粒子之间的精确自组装和多层级自组装
李锐	唐萍	高分子材料抗静电改性研究
杨少辉	何军坡	含聚乙炔链段的拓扑结构聚合物的合成与表征
2017年		
龙帅	陈道勇	聚合物及杂化纳米粒子的结构设计与性能调控
江力	陈道勇	纳米粒子间相互作用的精确调控及其组装

续 表

姓名	导师	论文题目
俞云海	何军坡	基于模板单体的共轭聚合物的分子设计
刘香男	丁建东	拓扑微结构材料表面的细胞核变形及其对干细胞分化的调控
王雅娴	邵正中	石墨烯/丝蛋白复合材料结构与性能的研究
彭海豹	杨武利	具有光热效应的功能纳米粒子的制备及应用
孙浩	彭慧胜	纤维状能源器件智能与集成化研究
张卿隆	冯嘉春	乙烯聚合物聚集态结构性能关系研究与高性能化
杨光	江明	双重超分子相互作用诱导蛋白质自组装
左立增	刘天西	聚酰亚胺基复合气凝胶的可控制备、结构及性能研究
陈聪恒	周平	基于丝素蛋白与聚乙二醇复合物用于生物医用材料的基础和应用研究
李永明	倪秀元	氧化石墨烯引发聚合反应制备功能复合材料研究
刘一江	江明	功能性糖肽聚合物的合成与自组装研究
赵宇	江明	含复杂寡糖聚合物的合成与自组装
苏帝翰	邵正中	桑蚕丝蛋白水凝胶的结构调控及其对水凝胶性能的影响
邰伟	刘天西	多维石墨烯基材料的制备及其应用研究
方广强	陈新	丝蛋白纤维的结构表征及丝蛋白基复合材料的制备
张振	陈道勇	不对称聚合物粒子的制备及其自组装
禹兴海	彭慧胜	基于取向碳纳米管的新型纤维状发电器件
田野	杨武利	聚合物复合纳米粒子及其在癌症治疗中的应用
李浩东	陈道勇	聚合物纳米线在构筑多级孔MOFs材料中的应用
吴堃	邵正中	新型卤胺类抗菌塑料的制备及卤胺的稳定性研究
徐志学	周平	铝离子和表没食子儿茶素没食子酸酯对人胰淀素纤维化聚集的影响及机理研究

续表

姓名	导师	论 文 题 目
林锦睿	倪秀元	石墨烯/聚合物复合材料的制备及其阻变性质的研究
苏超	李同生	碳纤维织物/聚酰亚胺复合材料摩擦学性能研究
2018年		
苏超	李同生	碳纤维织物/聚酰亚胺复合材料摩擦学改性研究
段华	张红东	带电囊泡与带相反电荷粒子相互作用的场论方法研究
赵斌	李卫华	嵌段共聚物体系形成混杂结构的自洽场理论研究
段超	邱枫	嵌段共聚物准晶的热力学稳定性
姜文博	李卫华	目标结构导向的嵌段共聚物分子设计及自洽场理论研究
潘霜	张红东	基于共轭聚合物和星型聚合物的有机/无机纳米复合材料的制备和多级自组装结构的研究
王磊	胡建华	聚合物导向纳米颗粒自组装
朱明晶	唐萍	基于噻吩类全共轭嵌段共聚物的合成、凝聚态结构调控及其在有机光电器件中的应用
吕蕾蕾	陈道勇	柔性聚合物粒子的组装及其应用
孙同杰	唐萍	嵌段高分子多连续网状及液晶结构的相变机制研究
徐广锐	姚萍	蛋白多糖纳米载体用于口服递送疏水药物和营养物的研究
崔惠娜	邱枫	侧链羟基改性的全共轭嵌段共聚物的合成、微结构调控及器件应用研究
宋俊清	张红东	长程有序嵌段共聚物薄膜制备相关问题的理论研究
张喆	姚萍	利用胆酸修饰壳聚糖衍生物输送胰岛素的研究
邹云龙	陈道勇	线形/环形纳米材料的制备及应用
桑伟	闫强	电场控制的聚合物成与自组装研究

续 表

姓名	导师	论 文 题 目
万家勋	汪长春	多功能聚天冬氨酸接枝共聚物的制备及在抗肿瘤药物载体中的应用研究
张佳佳	卢红斌	二维纳米材料的可控合成及其性能研究
郑天成	倪秀元	光固化聚合物材料的改性与阻燃等性能研究
邓珏	彭慧胜	基于取向碳纳米管薄膜的驱动和能源集成器件
杨洲	周平	灵芝蛋白多糖提取物对胰岛素信号通路的调控研究
郭冠南	胡建华	乳液诱导法自组装纳米晶超级粒子及其衍生物用于电化学能量存储与转化
鲁恒毅	刘天西	多级结构金属有机骨架衍生碳基纳米材料用于电化学能源领域
王玥	邱枫	共轭聚烷基硒吩均聚物的合成、结晶行为及场效应晶体管应用研究
张添财	邱枫	表面接枝高分子体系的热力学行为研究
赵娟	周平	天然化合物对帕金森病相关α-突触核蛋白构象转变及细胞毒性的影响研究
李钊	陈新	蛋白质/无机纳米复合材料的制备及其在生物医药领域中的应用
徐芳林	李同生	聚偏氟乙烯/液晶高分子复合材料的结构调控及其摩擦学性能研究
张先峰	胡建华	纳米粒子低维自组装结构的构建及电化学性能研究
张宇飞	陈国颂	含糖组装体在肿瘤免疫治疗中的应用研究
辛元石	李同生	纳米粒子杂化体改性聚酰亚胺的摩擦学研究
曲程科	何军坡	基于模板单体的交替共聚物的合成
文建川	邵正中	蚕丝蛋白基材料的制备及其多元化应用研究
付超	邱枫	聚合物络合体系的理论模拟研究
2019 年		

续　表

姓名	导师	论文题目
彭绍军	杨武利	可生物降解的两性离子聚合物纳米凝胶的制备及人工红细胞膜的构建
张佳佳	卢红斌	二维纳米材料的可控合成、机理探究及其应用开发
吕蕾蕾	陈道勇	具有各向异性相互作用的柔性纳米粒子的制备、组装与应用
蒲新明	何军坡	基于1,1-二苯乙烯（DPE）化学的精确可控聚合物合成及性能研究
刘法强	唐萍	复杂拓扑结构刚-柔嵌段高分子体系的微相分离
陈中辉	徐宇曦	新型石墨烯基纳米材料的制备及其电化学储能研究
郑轲	何军坡	新型类树枝状共聚物的合成及其作为单分子胶束和纳米反应器的性能研究
李臻	江明	基于糖的大分子自组装
王伟冲	陈道勇	DNA/嵌段共聚物精确自组装及其组装体的功能化
胡榕婷	江明	基于荧光融合蛋白的结晶与自组装
王珏	江明	基于糖和多肽的大分子组装体结构与机理研究
邹云龙	陈道勇	线形/环形纳米材料的制备及功能化
何鲁泽	邱枫	基于嵌段聚合物的有机-无机纳米复合材料的合成、结晶行为及自组装结构的研究
郭冉冉	杨武利	含介孔二氧化硅结构的复合纳米粒子的制备及其在癌症治疗中的应用
杨鹏	杨武利	金属有机框架基功能纳米粒子的制备及其在肿瘤治疗中的应用
岳兵兵	朱亮亮	超分子嵌段共聚物自组装的动态调控及其应用
宓瑞信	邵正中	基于丝蛋白凝胶复合材料的制备及其应用
沈子铭	冯嘉春	各向异性导热聚合物复合材料的制备与性能研究

续 表

姓名	导师	论文题目
刘家琳	陈新	蛋白质/无机物复合材料的制备及其在传感领域的应用
黄玉蕙	汪长春	含二苯并多元环功能单体的设计合成及相关聚合物可逆热收缩机理研究
李旭萍	朱亮亮	基于吲哚给体的热活化延迟荧光材料
李科	徐宇曦	聚苯胺基纳米复合材料电容性能研究
吴利斌	陈国颂	含糖大分子和蛋白质的自组装及其应用
陈怀俊	江明	含糖生物大分子自组装及其动态调控
陈雷	李卫华	非传统有序相结构导向的嵌段共聚物分子设计
赵文锋	李卫华	两嵌段共聚物诱导自组装形成混杂结构的理论模拟研究
齐文静	江明	基于糖脱保护反应和糖结合蛋白的大分子自组装
廖晚凤	倪秀元	纳米半导体引发光催化聚合及其在制备水性功能材料中的应用
付雪梅	彭慧胜	碳纳米基微型能源器件的设计与制备
陈亮	闫强	新型刺激响应聚合物的可控自组装
张隆	卢红斌	石墨烯基复合材料应用于高性能电化学储能的研究
王雄伟	武培怡	电绝缘聚合物导热复合材料的制备与表征
齐永丽	丁建东	金属-高分子复合策略调控冠脉支架材料降解速率
雷周玥	武培怡	基于高分子凝胶的仿生皮肤
马前	俞麟	X射线显影的碘代聚碳酸酯/聚酯材料的设计、合成及性能研究
梁翔禹	丁建东	关节软骨组织工程多孔支架的制备及其结构力学的研究
徐一帆	彭慧胜	纤维状金属空气电池

续 表

姓名	导师	论文题目
郝翔	闫强	基于环糊精与柱芳烃主客体化学的功能组装材料
肖培涛	徐宇曦	石墨烯复合材料的合成及在新型电池电极材料中的应用
王鹏	卢红斌	石墨烯基聚合物复合物的制备及其力学、电学和传感性能研究
丁爱顺	胡建华	新型负载可见光催化材料的制备及应用研究
武超群	胡建华	基于两性离子共聚物的功能性抗污表面
段郁	邵正中	再生桑蚕丝及柞蚕丝蛋白材料的制备及其性能研究
2020年		
李磊	姚萍	脱酰胺化玉米多肽的制备和加溶与乳化性质研究
刘晶晶	陈茂	共价三嗪二维高分子的高效合成及其功能应用研究
董庆林	陈新	再生丝蛋白纤维的湿法纺丝及其在人工韧带领域中的应用
李会亚	陈道勇	聚合物蠕虫状胶束的杂化及其应用
任杰	何军坡	基于烯烃易位反应的聚合物分子工程:链段编辑与链段重构
刘荣营	陈国颂	基于唾液酸乳糖的大分子自组装
武超群	胡建华	基于两性离子共聚物的功能性抗污表面
张琦	李卫华	受挫ABC型嵌段共聚物形成多级柱状结构的自洽场理论研究
姚先先	杨武利	新型纳米气体药物的制备及在肿瘤治疗中的应用
陈阳	胡建华	基于蒽醌的负载可见光催化材料制备及应用研究
魏燕霞	邵正中	玉米蛋白溶液体系和功能材料的制备及其应用
吴秘	陈新	丝蛋白纳米载体的制备及其在生物医用领域中的应用

续 表

姓名	导师	论文题目
赵阳	彭慧胜	基于取向碳纳米管的新型柔性水系电池及其在体应用研究
解松林	彭慧胜	多尺度取向碳纳米管在细胞行为调控及组织修复中的应用
叶章鑫	武培怡	多元共聚物体系多种作用力驱动的特殊相转变行为机理研究
白海鹏	彭慧胜	非金属异质原子调控铜电催化还原二氧化碳选择性及其机理研究
贾炜	冯嘉春	高选择性纳米材料复合质子交换膜的制备及应用
李永婧	汪长春	多功能聚合物复合凝胶微球的可控制备及在肿瘤诊治中的应用探索
胡波剑	武培怡	功能性超薄二维纳米材料的制备与应用研究
刘仁杰	闫强	聚多肽的光控合成及其一氧化氮响应自组装
李梦雄	卢红斌	石墨烯基热管理材料的制备及应用
任圆圆	冯嘉春	多功能稀土高分子杂化发光材料的制备与性能研究
谢芮宏	杨武利	生物可降解聚合物纳米凝胶的构建及用作抗肿瘤药物载体
杨磊	魏大程	共价有机框架薄膜的可控制备及其在场效应晶体管传感器中的应用
庄亚平	俞麟	负载降糖多肽的热致水凝胶长效缓释制剂的构建及其在2型糖尿病及并发症一体化治疗中的应用
曹勇斌	杨武利	碳纳米粒子用于成像指导的肿瘤光热治疗
王二飞	陈茂	新型高分子催化剂的设计合成及其在过渡金属催化偶联中的应用
段海燕	陈茂	二维聚酰亚胺的高效合成及其功能化应用
包晓燕	姚萍	玉米蛋白为载体的糖尿病治疗多肽口服递送研究

续　表

姓名	导师	论文题目
李雪苗	Hai DENG（邓海）	下一代半导体芯片制造用5纳米超高分辨率快速图形化光刻材料的合成与研究
2021年		
赵岩	邵正中	聚乳酸抗菌复合材料的制备及其性能研究
何立挺	何军坡	Mizoroki-Heck偶联反应在聚合物分子结构中的应用
滕以龙	周平	灵芝蛋白多糖调节免疫及抗氧化生物活性研究
王宗涛	陈茂	基于动态共价键构筑可重复加工型热固性聚合物
杨瑞琪	陈道勇	基于1-萘甲基胺的超分子材料的构筑
张华磊	郭佳	含氮杂环的共价有机框架设计及其在光催化产氢中的应用研究
彭兰	魏大程	共价有机框架材料的超快单晶聚合及其光电性能研究
时晓芳	冯嘉春	多糖基水凝胶的制备与应用研究
周婷	郭佳	多孔有机框架的设计及其在光/电催化领域的应用基础研究
王新鑫	冯嘉春	低间规度聚丙烯的熔体特性及结晶行为研究
曹敏	Hai DENG（邓海）	高度有序的光刻图形化材料的制备与研究
乐洋	冯嘉春	β成核剂在聚丙烯熔体中的结构演化及作用研究
刘意成	卢红斌	面向锂硫电池的石墨烯复合材料设计及性能研究
刘亚	卢红斌	石墨烯类二维材料在能源管理和界面增强领域的应用
刘沛莹	卢红斌	高效非贵金属基光/电催化剂的结构设计与电子调控
周其月	倪秀元	共轭聚合物用于制备新型结构的硅纳米线阵列基功能材料
王戎	郭佳	多孔杂原子聚合物的功能化设计及其在电化学领域的应用基础研究

续　表

姓名	导师	论文题目
尹悦	彭娟	噻吩基共轭聚合物的结晶结构调控与图案化研究及其在场效应晶体管中的应用
刘艳军	冯嘉春	限域组装的手性纳米胶体液晶及其应用
吴斌	朱亮亮	手性π共轭功能材料的组装与手性光学信号的调控
金科	汪长春	含二苯并八元环高性能聚合物设计合成及性能研究
许妙苗	闫强	基于变构作用调控的蛋白质自组装
王剑	王国伟	活性阴离子聚合(LAP)在聚合诱导自组装(PISA)技术中的应用研究
杨于驰	胡建华	乳液限域组装二元超晶体/碳基衍生物及其构效关系的研究
郭尚振	倪秀元	新型结构磷系阻燃剂的合成及其对聚酰胺66阻燃性质的研究
窦金康	陈道勇	从嵌段共聚物出发构筑具有特殊结构、形态和功能的组装体
周于蓝	倪秀元	二氧化钛光催化的自由基与阳离子聚合若干机理与应用研究
陈晓斌	俞麟	可注射的PLGA-PEG-PLGA热致水凝胶体内降解机理及其作为载体用于肿瘤等治疗的研究
弓一帆	朱亮亮	可调控聚集诱导发光多硫代芳香化合物的合成及研究
朱明杰	朱亮亮	二苯丁二炔光聚合的调控及发光纳米材料的构筑
崔书铨	丁建东	可注射聚乙二醇/聚酯嵌段共聚物热致水凝胶的结构研究
何纪卿	彭慧胜	高性能纤维锂离子电池的连续化制备
王立媛	彭慧胜	可植入的纤维电化学传感器及其在体长期检测
施翔	彭慧胜	具有发光和显示功能的柔性电子织物系统

续　表

姓名	导师	论文题目
王宗涛	陈茂	硼酸酯基团用于可逆共价交联聚合物的合成及其性能研究
董庆树	李卫华	从分子不对称性到结构不对称性—ABC 型嵌段共聚物的自洽场理论研究
2022年		
杨孝伟	俞麟	功能化的可注射热致水凝胶的设计、合成及作为递送系统在肿瘤放化疗中的应用
郭振豪	何军坡	逐步迭代阴离子偶联合成精准聚合物
李聪聪	李卫华	调控 A(AB)n 杂臂星型嵌段共聚物不对称相行为的自洽场理论研究
李宁	潘翔城	自由基有机硼试剂在高分子可控合成中的应用
郑爽	丁建东	利用纳米/微纳米图案化表面探究细胞的黏附和迁移
潘艳娜	周平	灵芝蛋白多糖抗氧化对糖尿病及其肾病并发症改善的研究
赵宇澄	陈茂	光致氧化还原可控自由基聚合调控含氟聚合物拓扑结构研究
程宝昌	冯嘉春	柔性可穿戴传感器的制备及其多功能感知应用
朱建楠	闫强	基于酶与气体的响应性分子设计和自组装研究
杨世成	潘翔城	卡宾介导聚合物交联和后修饰研究
路晨昊	彭慧胜	凝胶电解质的原位合成及其在纤维锂离子电池中的应用
宋青亮	李卫华	模拟研究分子拓扑结构对其自组装行为的影响
温慧娟	邵正中	基于桑蚕丝蛋白的两亲性多肽合成、自组装行为以及用于智能响应材料的研究
李立心	彭娟	基于噻吩类全共轭三嵌段共聚物多重结晶结构的调控及其在场效应晶体管中的应用

续 表

姓名	导师	论文题目
谢琼	李卫华	嵌段共聚物体系中非经典相结构的自洽场理论研究
黄竹君	王国伟	基于自由基硅氢化反应合成含硅聚合物
蒋元	潘翔城	生物基单体的规模化合成及聚合反应研究
邵靖宇	唐萍	复杂缔合体系及刚柔嵌段高分子相变及动力学行为——平均场理论和分子模拟研究
周杨	陈茂	光照流动化学可逆失活自由基聚合反应用于聚合物的定制化合成
曾阳	陈茂	自由基共聚制备硼酸酯官能化含氟聚合物及其化学后修饰研究
全钦之	陈茂	光致氧化还原可逆加成-断裂链转移聚合用于氟聚合物的可控合成
周贵树	杨东	长寿命、低阻抗高镍单晶三元正极材料的改性及应用研究
张艳	聂志鸿	基于共聚物诱导精准合成与自组装方法构筑各向异性杂化纳米结构
方怡权	汪长春	单分散功能微球的制备及在智能结构色和核酸提取中的应用研究
强宜澄	李卫华	聚合物自洽场理论的高性能算法研究
沈阳	丁建东	纳米涂层增强镍钛合金表面的细胞迁移及相应左心耳封堵器的研发
张栩诚	汪长春	人工智能辅助单分散微球的可控制备平台构筑
蔡青福	胡建华	分子诱导组装制备有序超结构及其电池应用研究
周旭峰	彭慧胜	织物忆阻器的设计、构建与性能研究
蔡彩云	丁建东	基于热致水凝胶的智能型美白化妆品的材料设计和功效研究
吕春娜	王国伟	三乙基硼/氧气调控的可逆加成-断裂链转移(RAFT)聚合

续　表

姓名	导师	论文题目
李嫣然	陈道勇	嵌段共聚物自组装构筑特殊结构杂化材料及其催化应用
赵则栋	卢红斌	基于二维材料的电极界面设计与电化学性能研究
康华	魏大程	液栅型石墨烯场效应晶体管的界面构筑及病原体蛋白分子检测
孔德荣	魏大程	石墨烯场效应晶体管的生物传感界面设计及其在核酸检测中的应用
陈仁忠	魏大程	光交联聚合物半导体及全光刻有机薄膜晶体管研究
高振飞	江明	基于配体间的非共价相互作用诱导蛋白质自组装及分子动力学模拟在大分子自组装中的应用
张理火	周平	猪纤维蛋白粘合剂开发及其新制剂和新应用研究
温蕴周	张波	钌基酸性水氧化电催化剂:原位反应机理及 PEM 水电解应用研究
米震	杨武利	紫精类共价有机框架材料的光/电性质研究
巩泽浩	闫强	基于三苯胺衍生物的自组装及超分子材料的制备与研究
刘青松	朱亮亮	有机硼多相态发光材料的构筑及其性质研究
赵国伟	汪长春	工业化设计制备基于单分散聚合物微球的光子晶体薄膜
2023 年		
李达华	陈道勇	基于蝌蚪状单链粒子的表面接枝与功能化
朱书茵	彭娟	噻吩基共轭聚合物的结晶结构调控及其在有机场效应晶体管中的应用
全钦之	陈茂	光致氧化还原可逆加成-断裂链转移聚用于氟聚合物的可控合成
李昶皓	杨玉良	生命建模中基本物理过程的非线性动力学与非平衡态热力学

续 表

姓名	导师	论文题目
赵则栋	卢红斌	基于二维材料界面保护的锂/锌金属电池电极的稳定机制及性能研究
董文浩	聂志鸿	聚合物诱导无机纳米粒子自组装构筑动态响应性胶体分子
高镜铭	丁建东	生物大分子基 3D 打印多孔支架诱导关节软骨组织再生
杨世成	潘翔城	卡宾介导聚合物交联和后修饰研究
陈仁忠	魏大程	光交联聚合物半导体及全光刻有机薄膜晶体管研究
于凡真	周平	灵芝蛋白多糖对糖尿病大鼠胰腺和肝脏功能的改善及其分子机制
金维则	杨东	自由基聚合物/石墨烯纳米复合二次电池有机电极材料
郑正	胡建华	聚合物基多孔材料的孔隙结构调控与性能研究
周贵树	杨东	长寿命、低阻抗高镍单晶三元正极材料的改性及性能优化研究

图书在版编目(CIP)数据
复旦大学高分子学科发展史 / 张剑, 段炼, 伍洁静著. -- 上海: 复旦大学出版社, 2025.5. -- (复旦大学院系(学科)发展史丛书). -- ISBN 978-7-309-17953-8
Ⅰ.O63-12
中国国家版本馆 CIP 数据核字第 2025RV2268 号

复旦大学高分子学科发展史
张　剑　段　炼　伍洁静　著
责任编辑 / 张志军

复旦大学出版社有限公司出版发行
上海市国权路 579 号　邮编: 200433
网址: fupnet@fudanpress.com　http://www.fudanpress.com
门市零售: 86-21-65102580　团体订购: 86-21-65104505
出版部电话: 86-21-65642845
上海盛通时代印刷有限公司

开本 890 毫米×1240 毫米　1/32　印张 12.125　字数 242 千字
2025 年 5 月第 1 版
2025 年 5 月第 1 版第 1 次印刷

ISBN 978-7-309-17953-8/G·2674
定价: 80.00 元

如有印装质量问题,请向复旦大学出版社有限公司出版部调换。
版权所有　侵权必究